学芸出版社

はじめに

土質力学は、土木工学の背骨を成す学問であり、他にも建築・資源工学・地学・農学・都市衛生工学など多くの分野で有用な知識を供するものです。また、コンクリート工学とならび、コンサルタントや総合請負業者（ゼネコン）など建設業界が「学生に高等教育において特によく学んできてほしい学問分野」と目するものでもあります。その一方で、水理学や流体力学のように理論で説明できる部分と、必ずしもそうでない経験的な部分が混在した特色ある学問であり、それが故に習得に苦労する学生が多いようです。本書は、大学教員としては比較的若年にあたり、普段から学生の率直な声に接する機会の多い著者らが、「こういった学生がここがわからないと言っていた」と経験を分かち合い、議論のもとに生まれたものです。執筆にあたっては、実際に語りかけるようなトーンとともに、現象のイメージをもったうえで理解して頂くために、写真や図解を可能な限り取り入れ、初学者の直感に訴える努力をしました。

土質力学とその応用である地盤工学がカバーする内容の習得には時間がかかります。大学や高専の教程においては、土質力学はその基本的な部分だけでも二つの学期に分けて土質力学I・IIなどとして講義が設けられることが多いようです。本書はこのような状況に鑑みて、15週×2学期の講義シリーズで用いられることを想定しています。このようなスケジュールでも余裕を持って学べるよう、全24講に分けて構成されており、1週（90分1コマや45分2コマ程度）で1講を習得できるよう、1講あたり8ページ前後におさえるように配慮されています。（著者ら自身がそうしなかったように）まじめに予習をして講義に臨む大学生は実際には多くはないでしょうが、本書のレベルで8ページ程度でしたら、ソファで寝そべって20分も読めば、細部はともかく話の流れは見えるはずです。そのような週課とともに習得を進めるのも効果的と思います。

その他の工夫として、文中・図中で物理量が現れる際には、数値のみならず記号に対しても、かなりの頻度で単位を併記しています。たとえば圧力 p や応力 σ には［kN/m^2］を併記しました。もちろん、［N/m^2］や［MN/m^2］、［kgf/m^2］といった単位を用いることもできるわけですが、SI単位系の中でも一般的によく用いられる形を選びました。扱っている物理量の意味を確認しやすくするほか、単位付記の重要性をよく認識してもらうのが目的であり、これらをよく理解している人にはややうるさいくらい（？）に書き込みました。エンジニアは、単位の間違いだけは決して犯してはなりません。細かいことと思わないでください。

土質力学や地盤工学という広がりをもった学問分野は、基本的な部分だけでも200ページ程度の本書で完全に網羅できるようなものではありません。特に、土質力学は理論と土質試験の習得が両輪となって初めて真の理解が進むものであり、後者の方法や図説については、本書には収まりきっていません。そこで、土質試験については公益社団法人地盤工学会の「土質試験　基本と手引き」等のハンドブックを参照する形をとっています。この本は多くの教育機関において採用されており、本書とぜひ同時に入手されることををおすすめします。

本書は奥の深い土質力学への入り口となるものです。本書を通して土や地盤への興味とともに、社会の中での地盤技術者や研究者の役割や責務を感じて頂ければ幸甚です。その戸を敲(たた)く読者諸兄へのエールを、著者らの自奮自励も込めて送りたいと思います。

なお、本書の準備にあたり、北海道大学の田中洋行教授・磯部公一博士、苫小牧高等工業専門学校の所哲也博士には非常に有益なご助言を賜りました。企画・編集作業に御尽力くださった学芸出版社の岩切江津子様と合わせて、刊行に御協力頂いた全ての方々に深甚なる謝意を表します。

2015年11月

著者一同

目次

第1章
土の形成と分類

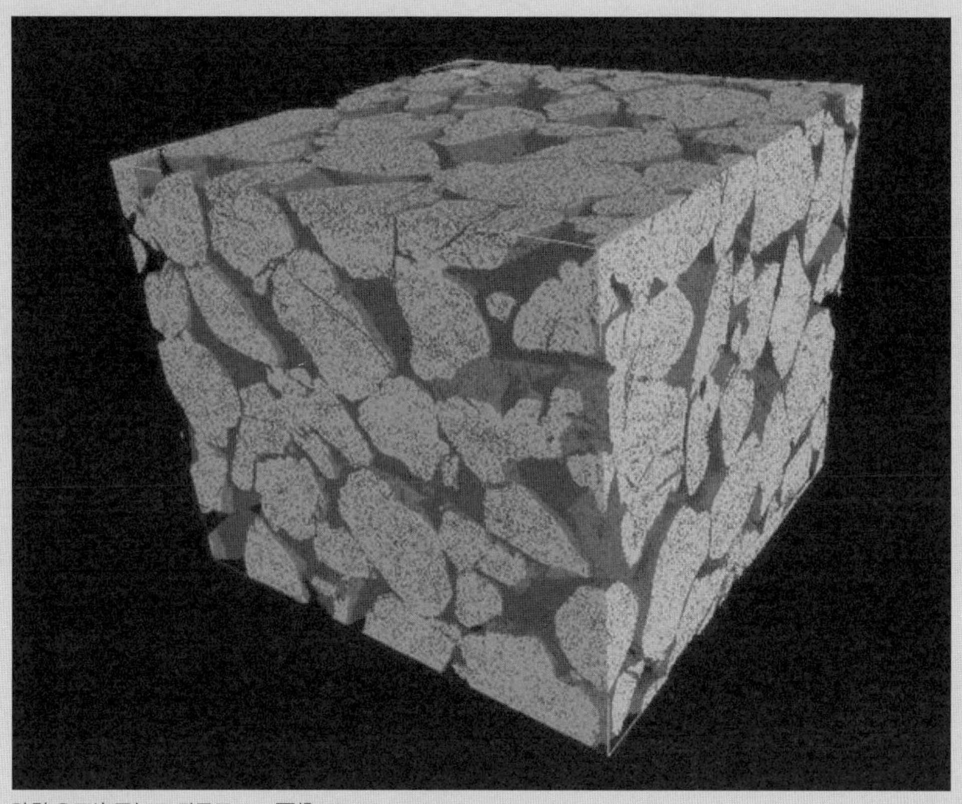

珪砂の三次元トモグラフィー画像（提供：Joana Fonseca 博士）

第１講　イントロダクション：土とは

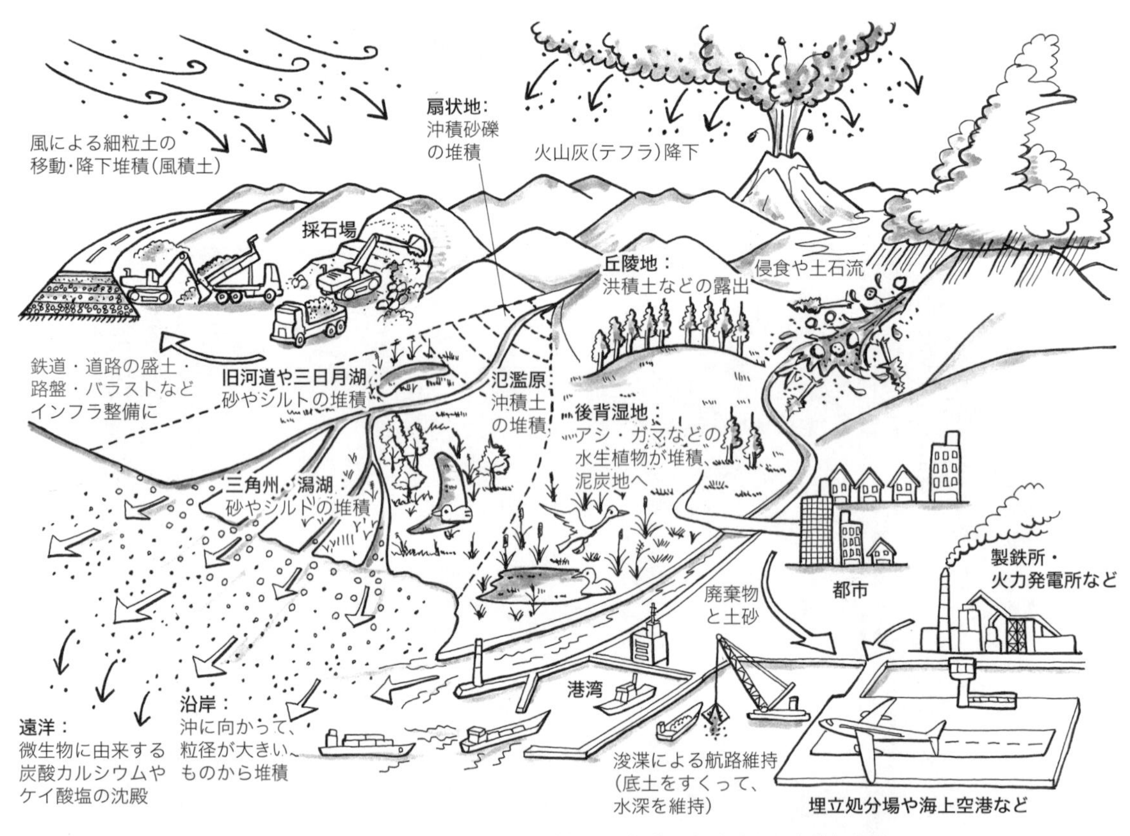

図 1･1　私達の周りは土だらけ：自然界と社会における土の生成と移動

土質力学は、一言で定義するなら、構造物の基礎や建設材料としての土の固さ・強さや、土の中の水の移動について学び、それらの特性を構造物基礎の建設や斜面の安定といった活動に活かす学問です。そこでは、土の種類や対象とする現象にかかわらず成り立つ普遍的な力学理論を用いることが理想的ですが、実際にはさまざまな性質の土が存在するうえ、同じ土でも状況によって振る舞いが異なってくるため、土質力学は、扱う土の種類・状態や対象とする現象の勘所を押さえた理論体系をなしています。そのため、個々のエンジニアは経験・直感にもとづいて場面を見極め適切に判断することが求められます。そこで土の勉強の手始めとして、本講では土そのものに関する基本的な知識を学びます。「土とは何か」、「土はどのように生まれるのか」、「土は何でできているのか」という三つのテーマにそって始めましょう。

1･1　土とは何か

そもそも土（soil）とは何でしょうか？　地盤工学用語辞典[1)]によれば、「一般的には、岩石の風化作用によってできた比較的粒径の小さい粒の集合体をいう。工学的には、地盤を構成するあらゆる材料を含めており、(…中略…) 粒径75mm未満の土質材料とそれ以上の粒径をもつ石分を指す」とあります。また、「火山灰、有機物、ごみなど他の成因によるもの、粒径の概念になじまないものも含まれる」とも追記されています。つまり、**鉱物**(mineral) が細粒化したものが土の主な構成物ということになり、場合によってはこれに種々の物質が混ざって地盤を形成しているということになります。なお、粒子同士が固結しているかどうかで土と岩を区別することもありますが、その境界は必ずしも明確ではありません。

1・2 土はどのように生まれるのか

土が生成する過程は、いくつか異なるものが考えられます。典型的なものとして以下が挙げられます (図1・1)。

①岩石が風化して粒子状になる

②火山灰などの火山砕屑物(さいせつ)として大気中に噴出する

③植物・生物の残骸が分解されずに地中に堆積し、土の一部となる

④人工的に作製される

これらのうち、どの過程が支配的に地盤を形成するかは、地域や過去の経緯によって異なります。日本をはじめ多くの地域では、利水の便や農耕への適性から、低地平野を中心に集落・都市が形成され、そこで建設活動がさかんに行われてきました。このような場合、①のように、岩石が風化して生成した土粒子が河川に運ばれ、いずれ沈降・堆積して地盤を形づくるケースが多く、土質力学の議論の大半は、このような堆積土を主に念頭において展開されます。ただし、本節(2)、(3)項で記すように、②や③の過程が非常に特徴的な地盤を形づくった地域も多くあります。ここでは、今後現れる用語の準備も兼ねて、それぞれの過程をもう少し詳しく見ていきましょう。

(1) 岩石の風化による土の生成と堆積

岩石は自然の熱・風雨・流水・乾湿作用・凍結融解作用・生物作用などにより、非常に長い時間をかけて削られ、細かい単位に分解していきます。この過程を**風化**(weathering) とよびます。このようにして生成された土がそのままその場所に残って地盤を形成する場合、**残積土**(ざんせきど)(residual soil) とよばれます。熱帯地域では、花崗岩などが風化してそのまま残ったラテライト (煉瓦をつくる赤土) や、日本では関西・中国地方に多くみられる、やはり花崗岩が風化したまさ土 (図1・2) が代表的な例です。

一方、風化して生成した土が流水によって運搬されると、河道・氾濫原・湖沼・海洋沿岸に広く堆積します。このような過程は、地球の歴史において、水循環が活発である温暖な時代には常に起こっていたと考えられますが、現在私たちが見るこのような土は、最終氷河期が終わった後、つまり完新世 (約1万年前～現在) の新しい土であり、

図1・2 まさ土 (容器直径35㎜) (山口県防府市)

図 1･3　沖積粘土の例（北海道恵庭市）：指が簡単にささるほど軟弱

図 1･4　洪積粘土の例（大阪府和泉市）：崖として数 m は自立するが、手で簡単に削れる

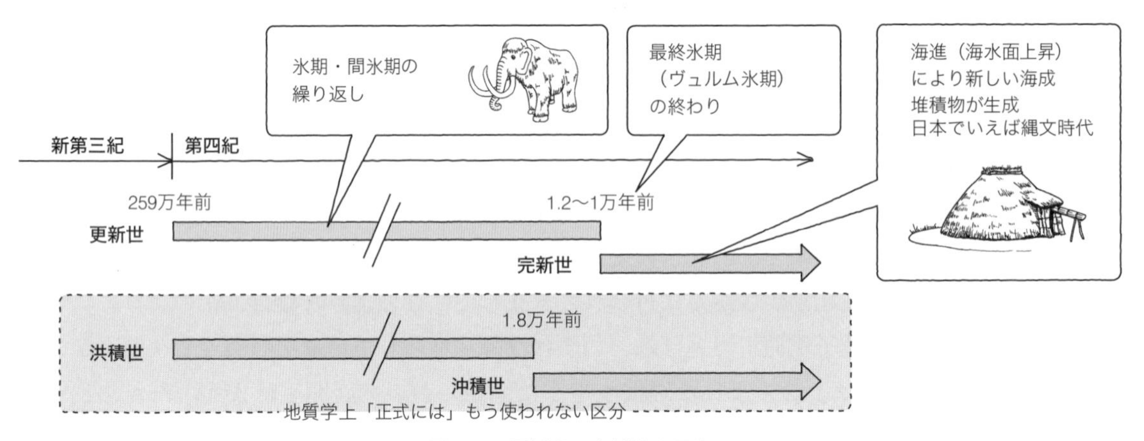

図 1･5　更新世と完新世の区分

沖積土（alluvial soil：図 1･3）とよびます。一方、氷河の存在に特徴づけられる更新世の土は、**洪積土**（diluvial soil：図 1･4）とよばれています。実は、沖積世・洪積世という言葉は地質学用語としてもはや使用されなくなったうえに、完新世・更新世の区分とは年代が微妙にずれているのですが、地盤工学の実務ではこれらはしばしば「ほぼ」同義として扱われます（図 1･5）。一般的に、沖積土は新しいがゆえ、まだ強度が低く、粘土では地盤沈下、砂では液状化など、多くの問題を引き起こします。これに対し、洪積土は比較的強度が高く、多くの建設工事では良好な地盤とされます。

他にも、一度堆積した土が再び風により運搬されたり、崖から崩落して改めて谷に堆積することもあります。前者を**風積土**（aeolian soil）、後者を**崩積土**（colluvial soil）とよびます。日本では、風積土は砂丘の他、中国から飛来する黄土（こうどとも読む：loess）が有名です。

（2）火山灰として生成する土

近年では 2011 年新燃岳噴火や 2014 年 11 月 14 日御嶽山噴火により**火山灰（テフラ：tephra）**が降り注ぐ様子を、メディアを通して見た人も多いと思います。このようにして堆積する火山灰は、マグマに由来する鉱物、あるいは、その融解物が急冷され結晶質に戻らず、ガラス状の粒子として地上に残ります（図 1･6）。時間を経てこれらが変成し、後述のような粘土鉱物になることもあります。火山灰地は日本の広範囲に存在します。北海道中央部の火山灰丘陵地、九州南部のシラス台地、関東に広く存在する粘土状の関東ローム層などが有名な例です。砂状のものは粒子が破砕しやすく、土全体としてせん断強さ（第 11 講参照）が比較的低い場合が多く、また、風化によりアロフェンやハロイサイトなどの粘土鉱物に変成したものは弱層となって地滑りの引きがねとなる可能性も疑われています。

図 1･6　火山灰砂質土の例：北海道千歳市の支笏（しこつ）火山灰。拡大写真から、多孔質であるのがわかる

COLUMN　洪積土と沖積土

「洪積」とは、洪水に由来して堆積した土という意味であり、具体的には旧約聖書「創世記」に記された、いわゆるノアの方舟の逸話で知られる洪水によって堆積したと信じられていたため、このような名がついたといわれています。その堆積地質年代である洪積世にほぼ相当する年代が更新世と地質学の分野で正式に改称されたのにあたり、その堆積物も**更新世**（Pleistocene）堆積物などとよぶことが正式とされています。同様に、沖積土も**完新世**（Holocene）堆積物などとよぶことになりました。しかし実務上、地質断面図（**右図**）ではいまだに「Dc（Diluvial clay：洪積粘土）」「Ds（Diluvial sand：洪積砂）」「Ac（Alluvial clay：沖積粘土）」「As（Alluvial sand：沖積砂）」の記号が見られるのが普通ですので、これらの名前も覚えておく必要があります。

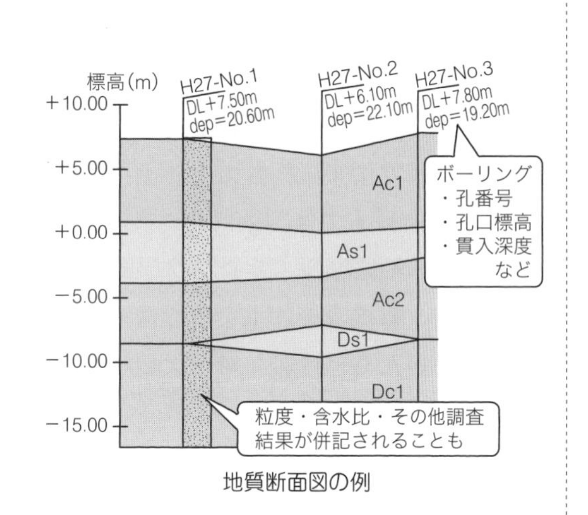

地質断面図の例

ボーリングコアを並べた見本

図 1･7　北海道サロベツ原野での泥炭：繊維質が残っているのがわかる

図 1･8　水深 1000 m から採取したココリス混じりの細粒土（提供：田中洋行博士）

（3）植物・生物に由来する土

図 1･9　イギリス･ドーヴァーのチョーク層（提供：Clark Fenton 博士）

植物の死骸は、多くの環境下では微生物によって分解され、地盤中にはほとんど残りませんが、冷涼な気候下において、湿地帯などで嫌気状態（酸素が少ない状態）が生じると、分解が進まず大半が残存することがあります。このようにして有機物が多く残る土を**有機質土**（organic soil）とよび、なかでも大半が植物由来の物質である土を**泥炭**（peat）とよびます（図 1･7）。日本では関東以北に多く見られ、特に北海道では石狩平野・釧路湿原・サロベツ原野などに大規模な泥炭地があります。有機質土は水を多く含み、非常に強度が低く、圧縮しやすいため、特別な対処なしに建設した構造物はほとんどの場合、地盤沈下の影響を被（こうむ）るといっても過言ではありません。地盤工学上は最も厄介な地盤の一つです。ちなみに、この泥炭が長い地質年代を経て圧縮・変質したものが石炭です。

また、生物の残骸や分泌物が土を形成する場合もあります。例として、外洋では円石藻（えんせきそう）という植物プランクトンの表面を覆っている炭酸カルシウム（ココリス：coccolith）が堆積し、化石となり、海底の土の一部となります（図 1･8）。英仏海峡のイギリス側の白亜（チョーク：chalk）の崖壁（図 1･9）はこのようにして堆積したほぼ純粋な炭酸カルシウムの粒子が結合して、弱い岩石状になったもので、いわゆる石灰岩（limestone）の一種です。

（4）人工的に作製される土

鉄道のレール・まくらぎ周辺で使われる砕石（バラストという）や、道路の路盤に使用される砕石（図 1･10）は、その名の示す通り岩を人工的に砕いて作製されたものであり、これも土質力学で扱う地盤材料の一つで、広義の土とよべます。また、近年では製鉄所から排出される副産物の鉄鋼スラグ（図 1･11）や、掘削（くっさく）・浚渫（しゅんせつ）により発生する泥土をセメントで固化して新たな地盤材料とし、埋め立てなどに使用することも多くなりました（図 1･12）。これらはいずれも鉱物という意味で、もともと地盤材料ではありますが、人工的に形を変えて新たな土として生まれ変わったものです。

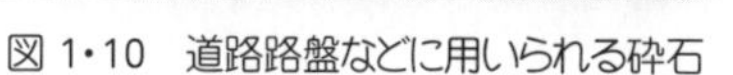

図 1･10　道路路盤などに用いられる砕石

図 1･11　製鉄副産物である鉄鋼スラグ

図 1･12　泥土とセメントの混合固化

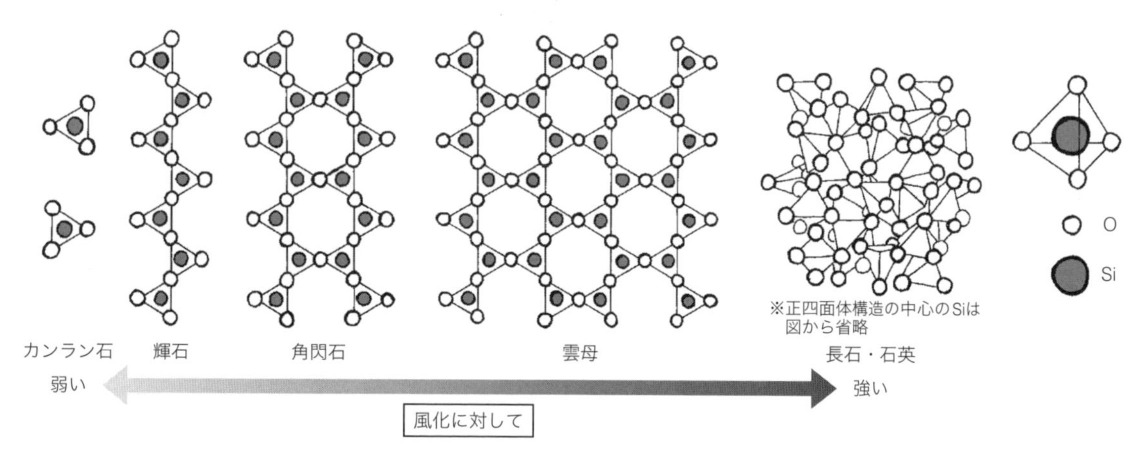

図 1･13　ケイ酸塩鉱物の結晶構造

1･3 土は何でできているのか：粒子を形づくる物質

さまざまな成因をもつ土ですが、その粒子自体はどのような物質でできているのでしょうか。岩石が風化して土となる場合、その岩石を構成する鉱物がどうなるか、二つの場合が考えられます。一つは、元の岩石（母岩）がそのまま細かくなり、鉱物としては一切変化しない場合です。このようなものを一次鉱物とよびます。主な一次鉱物としてはケイ酸塩鉱物・炭酸塩鉱物・金属鉱物などがあり、礫や砂のように、まだ比較的粒子が大きい土（第 2 講参照）は主にこれらの物質から成ります。もう一つの場合として、一次鉱物が熱や圧力のもとで化学変化を起こしたり、他の物質と反応したりすることで、別の化学組成をもつ鉱物に変化することがあります。このような鉱物を二次鉱物とよび、粒子の細かい粘土を構成する粘土鉱物などがこれに含まれます。

（1）砂礫と一次鉱物

一次鉱物はいわゆる岩石鉱物ですから、その詳しい説明や結晶の写真は地質学の図鑑などに見つけることができます。砂や礫（これらの定義は第 2 講参照）のように、岩が風化されてすぐに生成されるものはこの一次鉱物から主に構成されています。砂礫を構成する一次鉱物の代表的なものは、いわゆる珪砂（けいしゃとも読む）の主成分であるケイ酸塩鉱物であり、SiO_4がつながった結晶構造をもっています（図 1･13）。カンラン石のように、SiO_4単位同士の共有点が少ないものは比較的風化に弱く、逆に石英のように共有点が多くしっかりした構造のものは風化しづら

図 1･14　イギリス･ライゲイトの珪砂採取場と珪砂

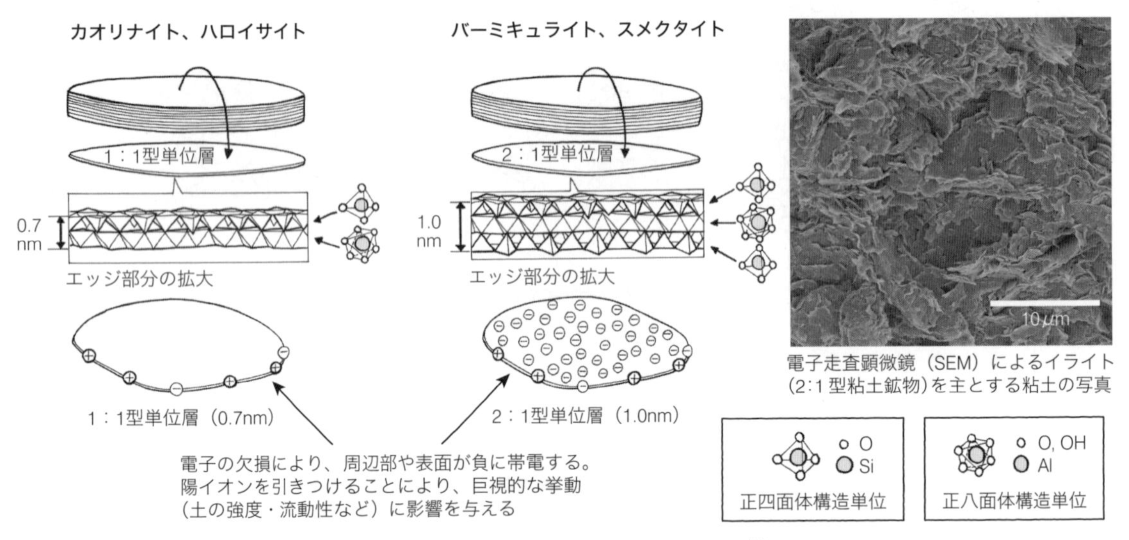

図 1･15　粘土鉱物の基本的な構造（足立・岩田（2003）[1]をもとに作成）

く、砂や礫として細かい粒子状になりながらも一次鉱物として存在し続けます。珪砂は建設材料としての他、石英ガラスの原料などとして工業的にも重要な資源です（図 1･14）。また、1.2 節で述べた石灰岩に由来する炭酸カルシウムも砂礫を構成する主要な一次鉱物の一つです。

（2）粘土と二次鉱物

一次鉱物がさらに風化すると、変成し、別の化合物である二次鉱物になります。土質力学上特に重要な二次鉱物は、**粘土鉱物（clay mineral）**とよばれるもので、数μm（1 μm $=10^{-6}$ m）以下の非常に小さな粒子として存在します。粘土鉱物の代表的なものにはカオリナイト・イライト・スメクタイトなどがあり、それらの多くは図 1･15 のように、SiO_4 や Al_2O_3 からなるシートを重ねた構造をもち、その結果として、粒子が平板状になっています。この平板状の粒子の表面や周縁部では電荷の欠損が起こっており、負に帯電しています。この電荷が巨視的な力学特性にも影響をおよぼし、また、土壌養分である陽イオンの吸着・解放を通して、農地としての適性にも深く関係しています。自然の粘土は、上記の粘土鉱物のうち単一のものだけで構成されていることはなく、ほとんどの場合、一次鉱物も含めた複数の鉱物から成り立っています。

● COLUMN ●　粘土の定義

第２講で、粘土粒子は５μm以下の大きさの粒子として定義されますが、厳密には、粘土鉱物からなる粒子と定義するべきなのかもしれません。実際、北欧などには氷河によって削られた一次鉱物が５μm以下の大きさで存在し（「岩石の粉」Rock flourとよばれます）、上の定義によれば、これらは粘土鉱物をあまり含まないのに粘土として分類されてしまいます。一方、第３講で学ぶ塑性指数は、「土がどの程度、粘土らしく振る舞うか」という観点で粘土らしさを数値化する指数です。地盤工学では、合理的な定義・分類と慣習的な分類が併存することに注意が必要です。

（3）その他の物質

地盤工学は、時代の要請に対して発展していく学問です。ここまで説明したさまざまな土質材料に加えて、近年では廃棄物の材料力学特性についても研究が行われています。廃棄物処理場の容量が不足する場合、既存の処理場の上に、さらに新たな処理場を設ける場合などがあります。この場合、すでに存在する廃棄物が新たな処理場の支持層になるため、「土」として物性の評価が必要になります。また、2011年の東日本大震災では、津波により大量のがれきが発生しました。このがれきから樹木などを取り除き、残りを破砕するなどの処理をして建設材料（例えば盛土材）として用いることが望まれていますが、やはりこのような「土」は私たちにとって新しいものです。本書では、主に沖積土や洪積土（完新世堆積物・更新世堆積物）を念頭に話を進めていくことが多いですが、土質力学はそのような限られた土に対してのみ適用する学問ではありません。

1·4　土の知識と土質力学、そして地盤工学

この教科書では、以降多くの講において、土を巨視的には均一で「連続的なもの」（つまり粒子の集合体であることを意識せず、大きく見れば豆腐のようにのっぺりとしたもの）としてとらえて、その挙動や性質を議論していきます。そのなかで、土がどのような物質でできており、どの年代に堆積したものであるかを常に意識しているとは限りません。しかし、実際の地盤は不均一であることが多く、本書で学ぶ土質力学の理論通りの挙動を示さない場合も多くあります。このような際に、土の由来や生成に関する地質学的な知識は、「なぜこの地盤はこのような性質を示すのか」「調査のおよんでいない部分・場所ではどのような性質をもつだろうか」という疑問へのヒントを与えてくれます。構造物の設計や地盤防災の評価などの「地盤工学」に土質力学を正しく応用できるようになるためには、このような知識や、それにもとづく判断力を長い経験により培っていく必要があります。本講では土の勉強の入り口として、土の多様な由来とその様相をまず感じてもらえればと思います。

第２講　土の基本的性質と状態

土は、個々の土粒子が集合して成り立っています。図 1･14 に示した珪砂を、三次元トモグラフィーによって可視化したものが第１章扉絵および図 2･1 です。明灰色で示された土粒子の間にある黒色のスペースを間隙（かんげき）(void) とよびます。間隙は、地下水位以深では主に水で満たされていますが、浅い位置では、水と空気が混在しています。また、他の気体や液体（有機ガスや油分など）が混在することもあります。土の性質や状態を表わす量のうち最も基本的なものとして、土粒子の大きさ・重量に加えて、これら間隙物質の量（重量・体積）や、それらの間の比率が考えられます。本講ではそれらについて解説します。なお、土の性質や状態を実際に求めるには多くの種類の実験が必要となりますが、具体的な方法については他の文献[2)]などに譲ります。

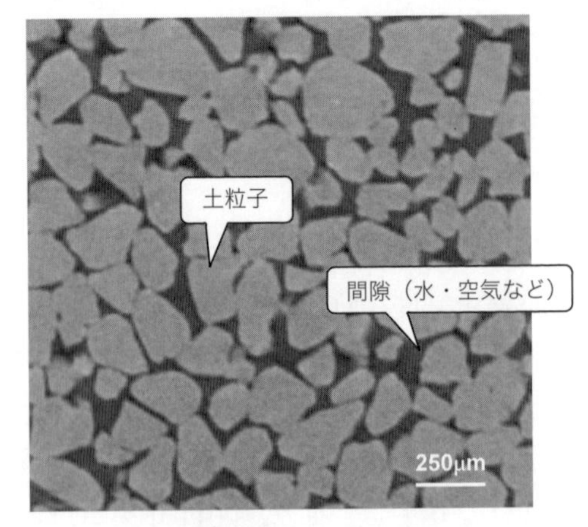

図 2･1　砂の微視構造（提供：Joana Fonseca 博士）

2･1 粒径とその分布を知る：粒度

粒径、つまり粒子の大きさの分布のことを粒度（りゅうど）(gradation) とよびます。土粒子は必ずしも真球ではなく、いびつな形をしているので、まず粒「径」を定義する必要があります。土粒子は小さいうえに、あまりに多いので、実際には個々の粒子の大きさを測ることはせず、日本工業規格 (JIS) で定められた以下の二種類の実験により粒径を求めます。

(1) ふるい分析試験（sieve analysis：JIS A 1204）

目の粗いふるい（75、53、37.5、26.5、19、9.5、4.75、2 mm）や細かいふるい（850、425、250、106、75 μm）を、目の粗い順に上から重ねて、一番上に土を入れてふるい分けを行うと、それぞれのふるいに残る土の質量や、全体に対するその割合がわかります。例えば図 2･2 の例では、75 mm の目は越えるが、53 mm の目は越えられない土粒子の割合は、53 mm の目のふるいに残った質量 M_2 を全体の質量 M で割り、$M_2/M \times 100\%$ ということになります。これらの粒子は、粒径が 53 mm より大きく 75 mm 以下であると見なされ、これがそのまま粒径の定義となります。

(2) 沈降分析試験（sedimentation analysis：JIS A 1204）

粒径が 2 mm 以下の細かい土粒子に対して用いられます。後述のように土粒子は水より密度が大きいため、細かい粒子からなる土を水と混ぜて作製した泥水は水より大きな密度をもちます。しかし、時間とともに粒子は容器の底に沈降して行くので、容器上部に残る泥水はしだいに密度が小さくなっていきます。一方、直径 D の真球は、D^2 に比例した速度で粘性流体（この場合は水）の中を沈降することが知られています（ストークスの法則）。この理論を用いれば、ある時間が経ったときに、図 2･3 のように、容器上部に残っている粒子（真球であると仮定したなら）がどの

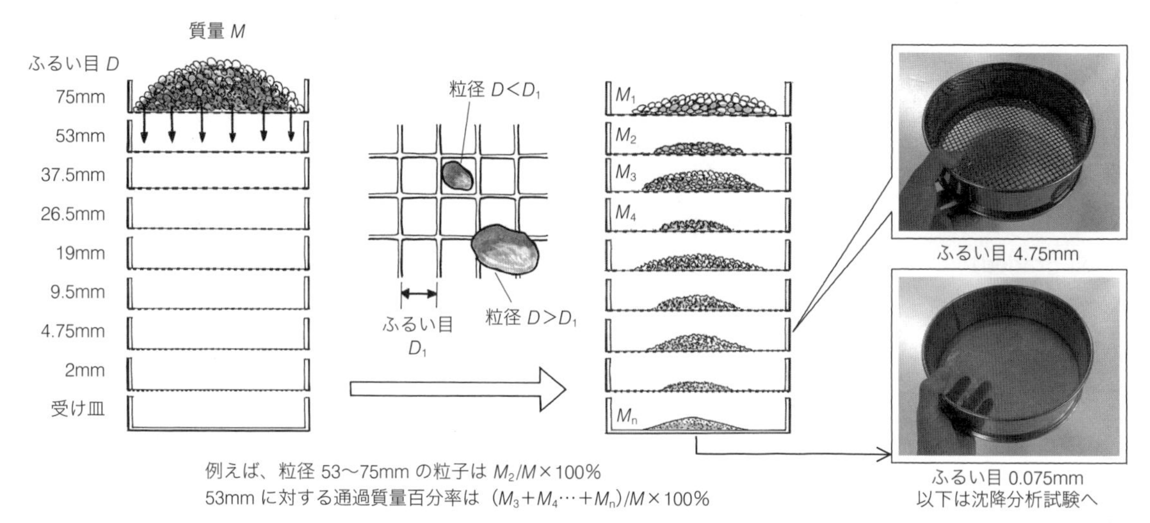

図 2・2　ふるい分析による粒径の測定

大きさ以下でなければならないか計算できますし、その部分の泥水の密度を計れば、漂っている土粒子がどれだけの量であるか計算できます。この実験では、「真球と見なしたときの沈降速度から逆算される径」が粒径の定義となります。

以上の二種類の試験結果をつなげれば、図 2・4 に示すような**粒径加積曲線**（particle size distribution curve）を描くことができます。通常は横軸（粒径）を対数スケールで示します。この図の例では、質量通過百分率（求め方は図 2・2 参照）が 60%に相当する粒径は 0.41 mm であり、質量にして全体の60%の土粒子は 0.41 mm より小さな粒径をもち、残りの 40%の粒径はそれより大きいということになります。このような粒径を D_{60} と記し、同様に D_{10} や D_{50} も定義します。図 2・5 中に、**均等係数**（coefficient of uniformity）U_C と**曲率係数**（coefficient of curvature）U_C' という二つの係数の定義式を記しました。均等係数は粒径がどれだけ揃っているかを表わし、曲率係数は粒径加積曲線の曲り度合いを表わす係数です。

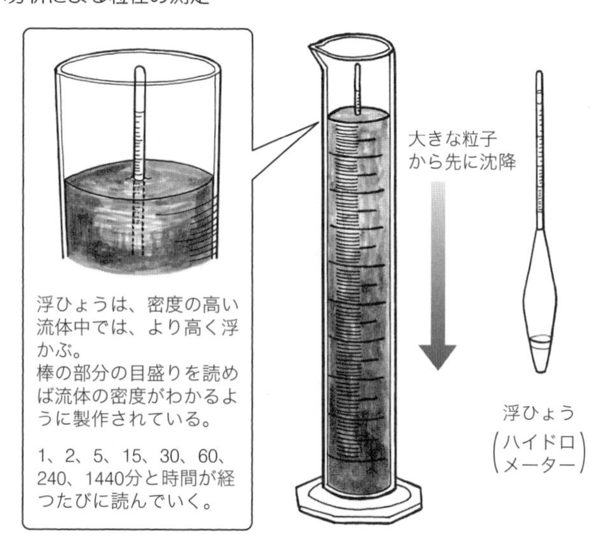

図 2・3　沈降分析試験の様子

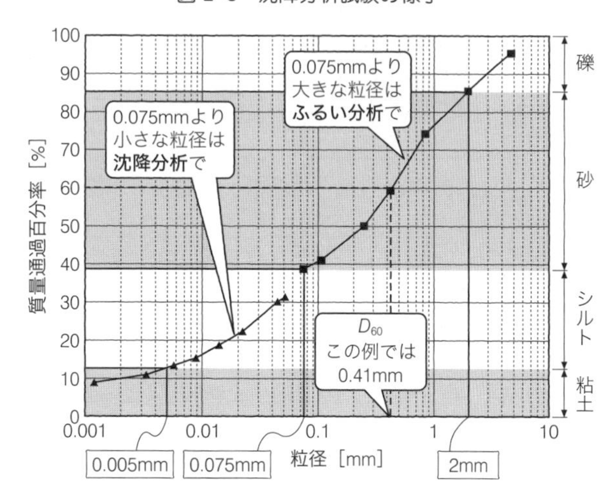

図 2・4　粒径加積曲線の例

均等係数が10未満[1)]の場合、**分級された（poorly graded）**（つまり均等な）土といいます。逆に均等係数が大きく、曲線がなだらかな土は、さまざまな粒径の粒子を含んでおり、**粒径幅の広い（well graded）**といいます。

ここで特に重要なのは、土粒子がその粒径によって呼び名が異なるということです。図2・6に示すように、0.005 mm、0.075 mm、2 mmを区切りに、細かいものから**粘土（clay）・シルト（silt）・砂（sand）・礫（gravel）**とよばれます。図2・4のような粒径加積曲線が得られた場合、この土のうちこれら四つの区

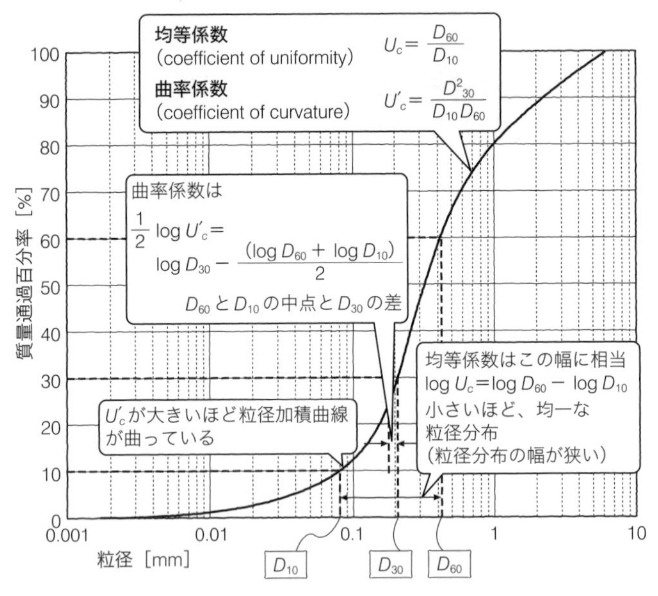

図2・5　均等係数と曲率係数の定義

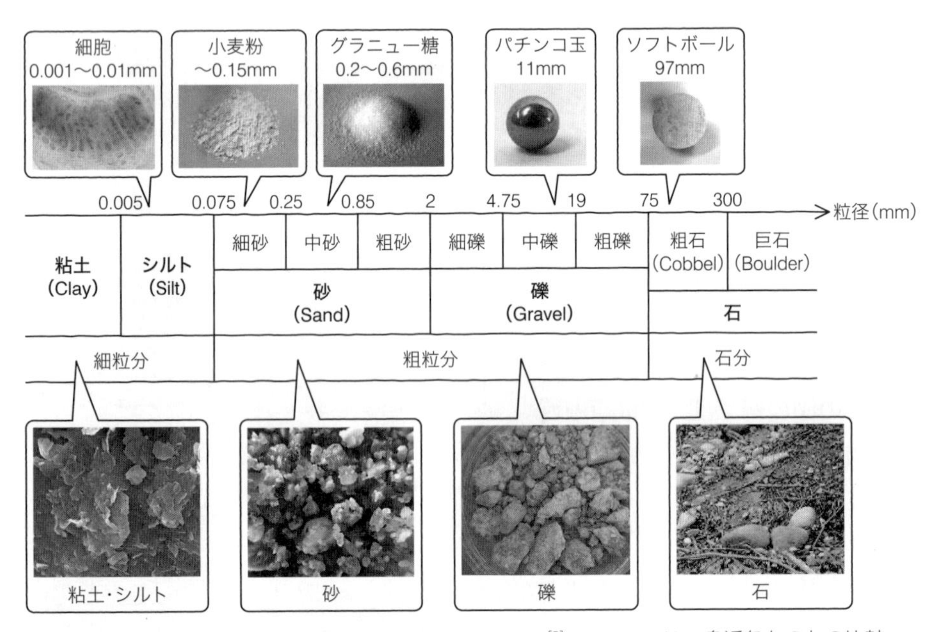

図2・6　土粒子の粒径による区分（地盤工学会（2010）[2]をもとに作成）：身近なものとの比較

● COLUMN ●　粘土粒子の観察

粘土とシルトの粒子は、肉眼で粒子を観察することができません。粒子が細かい土を現地で採取した際、粘土分が多いのか、あるいはシルト分が多いのかを見分けるために、かつては歯で噛んで簡易判断することもありました。歯にジャリッという感覚が残れば、シルト分が多いと判断でき、一方、粘土粒子はあまりに細かく、ペースト状の感覚しか残りません。現在では、衛生の問題上、推奨されない方法ですが……。砂やシルトの粒子は光学顕微鏡で観察できますが（図1・15）、粘土粒子は光学顕微鏡の分解能より小さいため、電子走査顕微鏡（SEM）という、電子線と物質の干渉を画像化する装置で観察できます（図1・15）。

分の粒子が、質量にしてそれぞれ何%含まれているかを簡単に読み取ることができます。

2・2 土の構成を表わす諸指標

土の性質は、構成する物質（すなわち土粒子と間隙水・間隙空気など）の量の相対関係に大きく依存します。ある土の体積Vのうち、それぞれの構成物質の総質量・総体積を図2・7のような模式で表わすと、図2・8にように、体積に関わる指標である、**間隙比**（void ratio）e、**間隙率**（porosity）n［%］、**飽和度**（degree of saturation）S_r［%］と、質量に関わる指標である**含水比**（がんすい）（water content）w［%］などが定義されます。間隙比と間隙率など、似ているものもあり覚えづらいですが、「比」というときは、分母は土粒子の量、「率」というときは、分母は全体の量と覚えればよいのです。土質力学では、粒子間隙の相対的な総体積（つまり、「粒子の詰まりのゆるさ」）を表わす指標として、間隙率よりも間隙比をより頻繁に用います。間隙比eは土がゆるければいくらでも大きくなりますが、間隙率は定義上1より大きくはなりません。飽和度とは、その間隙の体積の何%を水が占めているかを表わす量で、0%（乾燥）～100%（水で飽和）の値をとります。含水比は、土粒子に対する水の質量の比であり、これが大きいほど湿った土ということになります。含水比は間隙比同様、0以上のどのような値でもとります。

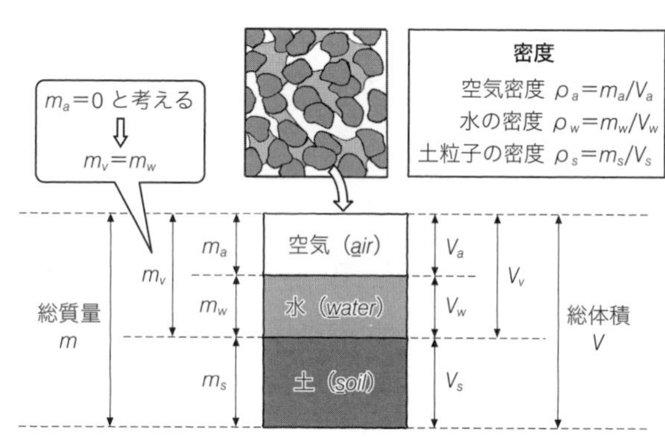

図2・7　土の構成の模式図

2・3 密度と単位体積重量

空気・水・土粒子の密度（つまり、単位体積あたりの質量）は、図2・7にあるようにそれぞれρ_a、ρ_w、ρ_s［kg/m^3］と表わします。水の密度ρ_wは常温ならほぼ1000 kg/m^3

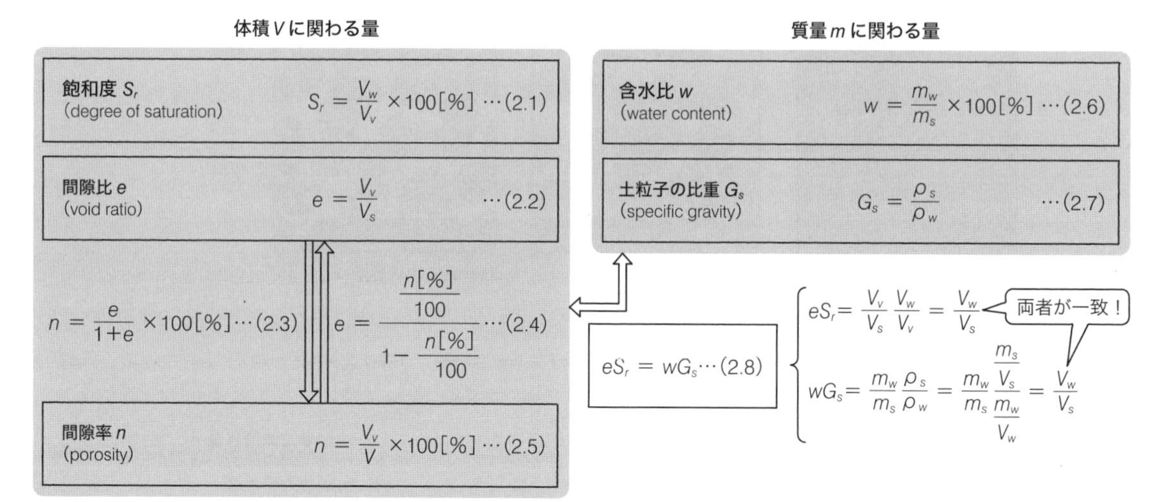

図2・8　土の質量・体積構成に関わる諸量

であり、空気密度ρ_aはほとんどの場合ゼロとして考えますので、この本でもそのように扱います。ここで、土粒子の水に対する**比重（specific gravity）**は$G_s = \rho_s / \rho_w$と表わします。表2・1に示すように、比重G_sの大きさは鉱物によって大きく異なりますが、典型的な無機質土では、2.5〜2.8程度におさまることが多いことを覚えておくとよいでしょう。これは、例えばアルミニウムの比重2.7とほぼ同じで、当然のことながら土粒子は水に沈みます。

図2・8中にある式（2.8）は、体積に関わる量（左辺）と質量に関わる量（右辺）を関連付ける重要な式です。この式はどのようにして示されるのか、図中を見て確認してください。

土質力学では、密度ρとともに、単位体積あたりの重量γ [kg/m^3] というものも用います（$\gamma = \rho g$：gは重力加速度 [m/s^2]、表2・2下部参照）。すべての構成物質を含めた土全体に対して、図2・9のように、**湿潤単位体積重量（total unit weight）**γ_tを定義します。特に、間隙が水で飽和している場合はこれを**飽和単位体積重量（saturated unit weight）**γ_{sat}、逆に完全に乾燥している場合は**乾燥単位体積重量（dry unit weight）**γ_dとよびます。図中にある**水中単位体積重量（submerged unit weight）**γ'とは、水で飽和した土全体を水中に沈めたときにかかる浮力を引いたものであり、簡単に言えば、水の中で土をもったときに手が感じる（単位体積当たりの）重量

表2・1　主な鉱物と土粒子密度の典型的な範囲（Blyth & de Freitas（1984）[3]、地盤工学会（2010）[2]をもとに作成）

無機質土	比重 G_s
石英	2.6〜2.7
長石	2.5〜2.8
雲母	2.7〜3.2
方解石	2.7
粘土鉱物	2.5〜2.8

土	比重 G_s	備考
洪積砂質土 / 沖積砂質土	2.6〜2.8	実際には砂質土は一次鉱物以外、粘性土は粘土鉱物以外の鉱物も含むので、自然の土粒子の平均密度はこの程度に落ち着く
沖積粘性土 / 洪積粘性土	2.5〜2.75	（同上）
泥炭	1.4〜2.3	植物の残骸（セルロース）などにより軽い
関東ローム	2.7〜2.9	
まさ土	2.6〜2.8	
しらす	2.3〜2.5	火山灰は溶岩の急冷により生成する非晶質シリカなどからなる。多孔質であり、粒子に内包された孔の分、軽く計測される

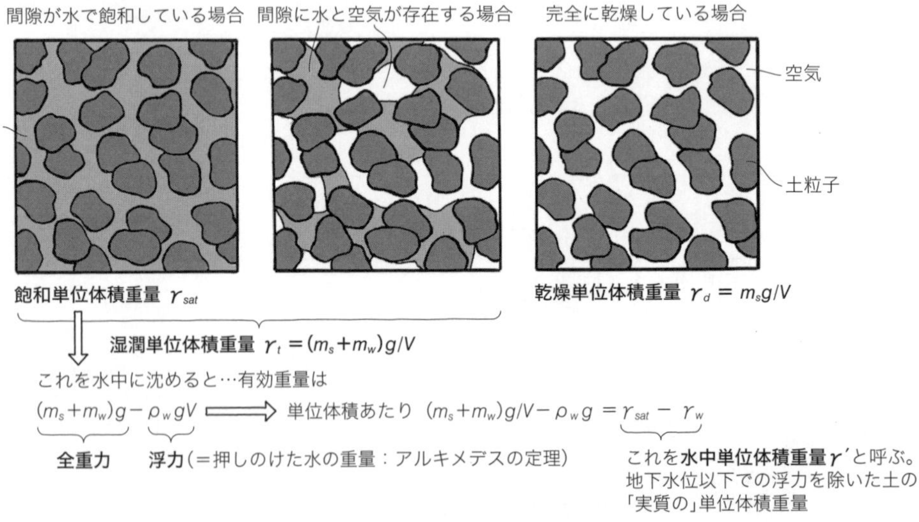

図2・9　単位体積重量の定義

ということになります。

湿潤単位体積重量が2.2節で定義した諸指標を用いてどのように表わされるかを表2･2にまとめました。飽和度S_rを0%とすれば乾燥単位体積重量が、100%とすれば飽和単位体積重量を求めることができます。図にあるように、含水比や間隙比などがすべてがわかっていなくても各種の単位体積重量を計算できます。

間隙比eに1を加えたものを**比体積**（specific volume）v（$=1+e$）とよびます。土の体積Vは

表2･2　乾燥密度ρ_d（あるいは乾燥単位体積重量γ_d）と湿潤密度ρ_t（あるいは湿潤単位体積重量γ_t）

飽和土なら $S_r=100\%$
乾燥土なら $S_r=0\%$

多くの土で
$G_s=2.6\sim2.8$（表2･1）

定数（$\rho_w=1000\text{kg/m}^3$）
でよいので常に既知

求める ＼ 既知	式	e 間隙比	S_r 飽和度	w 含水比	G_s 比重	ρ_w 水の密度	ρ_d 乾燥密度	ρ_t 湿潤密度
乾燥密度 ρ_d（$\gamma_d=\rho_d g$）	$\rho_d=\dfrac{\rho_t}{1+\dfrac{w[\%]}{100}}$			○			＼	○
	$\rho_d=\dfrac{G_s\rho_w}{1+e}$	○			○	○	＼	
湿潤密度 ρ_t（$\gamma_t=\rho_t g$）	$\rho_t=\rho_d\left(1+\dfrac{w[\%]}{100}\right)$			○			○	＼
	$\rho_t=\dfrac{G_s+e\dfrac{S_r[\%]}{100}}{1+e}\rho_w$	○	○		○	○		＼
飽和密度 ρ_{sat}（$\gamma_{sat}=\rho_{sat}g$）	$\rho_{sat}=\dfrac{G_s+e}{1+e}\rho_w$	○			○	○		＼

乾燥：$S_r=0\%$

飽和：$S_r=100\%$

wの代わりにe、S_r、G_sのいずれかがわからない場合：$eS_r=wG_s$（式2.8）の関係を組み合わせて用いればよい

●**式の導出の例**

m_aはほぼゼロ：考えなくてよい

含水比w

$$\rho_t=\frac{m_s+m_w}{V_s+V_v}=\frac{m_s}{V_s+V_v}+\frac{m_w}{V_s+V_v}=\frac{m_s}{V_s+V_v}+\frac{m_s}{V_s+V_v}\frac{m_w}{m_s}=\rho_d+\rho_d\frac{w[\%]}{100}$$

$$\therefore\rho_d=\frac{\rho_t}{1+\dfrac{w[\%]}{100}}\xrightarrow{\text{重力加速度}g\text{を両辺に掛ければ}}\gamma_d=\frac{\gamma_t}{1+\dfrac{w[\%]}{100}}$$

COLUMN　土粒子の密度ρ_sと比重G_s

水の密度は常温でほぼ1000kg/m³、つまり1g/cm³です。よって、**土粒子の密度**（soil particle density）ρ_sを、日常的に慣れているg/cm³の単位で表わすと、その数値は比重G_sと同じものになります。つまり石英からなる土粒子の密度は2.65g/cm³であり、かつ比重は2.65になります。数字上は同じでも、単位の有無には気をつけてください。

$V = V_s + V_v$ ですので、これは $V_s(1 + V_v/V_s) = V_s(1 + e)$ と書きかえることができます。一般に土粒子は非常に固く、その体積 V_s はほとんど変わらないので、土全体の体積 V は $1 + e$ に比例することになります。よって、土の体積全体の増減を考える場合には、e そのものではなく、$1 + e$ を指標にして考えることがあります。例えば、e が 1.5 から 1.0 に減少すると $1 + e$ は 2.5 から 2.0 になるので、土の体積は 2.0 / 2.5 = 0.8（80%）に減少するということになります。

2・4 相対的な密度を表わす指標

ここまで定義した量を用いて、さらに定義される量の一つとして**相対密度**（relative density）D_r があります。これは主に砂礫（されき）に適用される概念で、粒子の詰め方が最もゆるい状態の間隙比である**最大間隙比**（maximum void ratio）e_{max} で D_r = 0% とし、最も密な状態の間隙比である**最小間隙比**（minimum void ratio）e_{min} で D_r = 100% と定義したものです。計算式とイメージを図 2・10 に示します。最小間隙比 e_{min} は、カップに土を入れながら、その側面を繰り返し叩いて密にすることで、また最大間隙比 e_{max} は、ろうとのようなものを使って、落差をつけずに土をゆっくりと流していくことで求めます。第 11 講で詳しく説明しますが、D_r が高く密な状態にある砂ほど固く（変形しにくく）、強い（壊れにくい）と考えることができ、相対密度は砂礫（されき）質地盤の工学的評価にはきわめて重要な指標といえます。沖積層や埋立地の砂質地盤では相対密度 D_r = 50% あるいはそれ以下というゆるい状態になっていることがしばしばあり、地震時に液状化（第 24 講）を起こします。逆に、洪積層などで相対密度が 90% などと非常に密な状態にある砂は、杭の支持層（第21講）などとして用いられます。

粘土やシルトは、水を含むと塊になってしまいますし、乾燥させて上記の試験を行うと、埃のように舞い散ってしまい、いずれにしてもこのような実験作業は無理なので、相対密度を求めることはありません。砂や礫を主体とする粗粒土の相対密度に対応する概念として、粘土やシルトを主体とする細粒土に対しては液性指数という指標があり、これについては次の第 3 講で説明します。

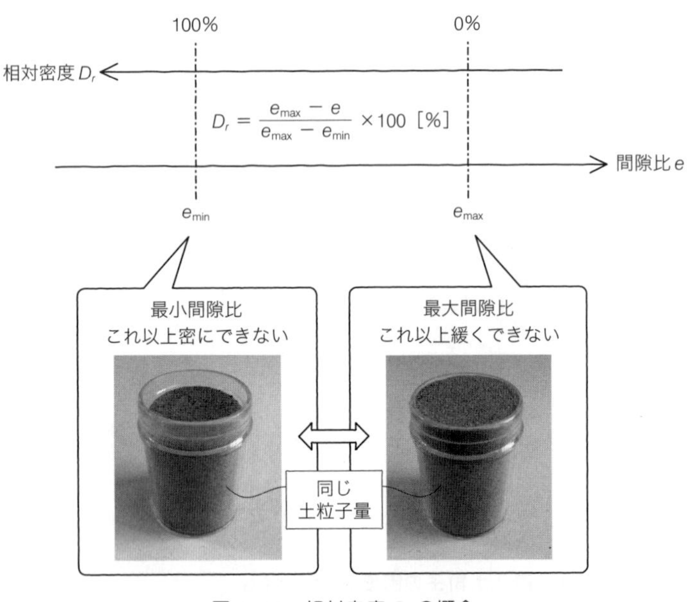

図 2・10　相対密度 D_r の概念

第 3 講　土の工学的分類

土にはさまざまな成因や粒子の大きさがあることをここまで学んできました。そのなかで粒子の大きさによって粘土・シルト・砂・礫など粒子の呼び名があることも紹介しましたが、自然の土では、さまざまな大きさの粒子が混じっているため、粒径による分類を示した図 2･6 を覚えるだけでは地盤・地層の分類はできません。ここでは、土をより体系的に分類する方法について学びます。土の工学的分類（「工学的」とは、地盤工学に役立てるための分類という意味であり、地質学や農学・土壌学のそれとは必ずしも一致しないこともあります）は、おおむね世界共通の考え方で行われているようですが、詳細な方法は国や地域によって異なります。本講では、日本地盤工学会の定める分類方法を紹介します。

3･1　土の流動性を表わすコンシステンシー限界（アッターベルグ限界）

粘土やシルトなどの細粒土の分類には**コンシステンシー限界**（consistency limits）という概念を利用します（砂や礫といった粗粒土には用いない概念なので、この節では一時忘れてください）。

コンシステンシーとは日本語にしづらい言葉で、そのままカタカナで使われることが多いですが、おおむね「流動性」と考えてよいです。粘土は含水量が少なければひび割れてカチカチになり、逆に含水量が多ければドロドロの液体状になることは明らかです（図 3･1）。これらの状態の「境目」に相当する含水比 w［%］をコンシステンシー限界、あるいは概念の提唱者アッターベル

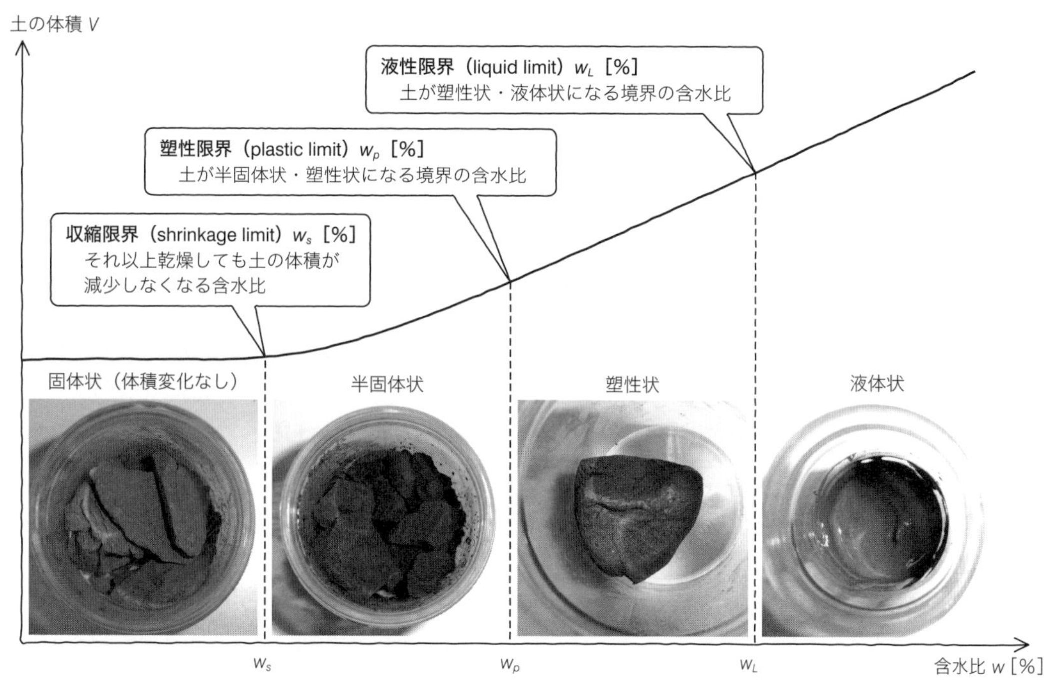

図 3･1　コンシステンシー限界の定義：同じ粘土が異なる含水比でとる状態

グ（Atterberg）の名前から**アッターベルグ限界（Atterberg limits）**とよび、図 3･1 に示す三つ（**液性限界：liquid limit・塑性限界：plastic limit・収縮限界：shrinkage limit**）があります。

液性限界 w_L [%] と塑性限界 w_p [%] の間では、粘土はベトベトした塑性状になります。陶芸を試したことがある人なら、陶器やセトモノをつくるのに適した状態、といえばわかりやすいでしょうか。この状態にある含水比の範囲、つまり $w_L - w_p$ を**塑性指数（plasticity index）**I_p とよびます（w_L と w_p は%で表わしますが、I_p は%をつけず、「30」など数字だけで表わすのが慣習です）。

コンシステンシー限界は、細粒土の物性値のなかでも最も基本的かつ重要なものといってよいでしょう。これらの特性は、細粒土を構成する粘土鉱物の種類に由来していると考えられています。図 1･15 に示すように、粘土鉱物はそれぞれ固有の微視的構造をもち、結果として異なる表面電荷特性をもちます。粒子表面や、粒子を構成する単位層間（図 1･15）に水を吸着するポテンシャルの大きいスメクタイトなどの鉱物は、多くの水を含んでもなかなか液体状にはなりません。逆に考えると、コンシステンシー限界がわかると、その土を構成する鉱物についてある程度推測できます（図 3･2）。

上記に関連して、**活性度（activity）**A という概念が提案されています。活性度は塑性指数 I_p を粒径 2 μm 以下の粒子の重量百分率で割ったものです（活性度の概念が生まれたイギリスでは粘土の定義が「粒径 2 μm 以下」であるため）。活性度が大きい（$A > 1.25$）粘土として、上記のスメクタイト（モンモリロナイトはその一種）などがあります。カオリナイトなどの不活性鉱物では、$A < 0.75$ となります。

ある土のある状態を考えるとき、液性限界と塑性限界に対してどのくらいの状態にあるかを表わせれば便利です。そこで、その状態での含水比 w を用いて、図 3･3 のように表わされる**液性指数（liquidity index）**I_L というものがあります。土は $I_L = 0$ のとき塑性限界にあり、$I_L = 1$ のとき液性限界にあるということになります。大変まぎらわしいのですが、塑性指数 I_p は土に固有の性質を示す定数ですが、液性指数 I_L は同じ土でも含水状態によって異なる状態を表わす変数です。言いかえれば、ある土に対して I_p は定数ですが、I_L は乾いたり湿ったりするのにしたがって変化します。I_L の定義は、砂・礫などの粗粒土に対する相対密度（2.4 節）の定義に似ていることがわかると思います。

砂や礫などは、水を加えても陶器をつくれるようなベトベトな状態になることはないため、これらの概念は適用しません。また、粘土・シルトの大きさの土粒子でも、塑性指数 I_p が 0 であるものもあります。このような土は NP（**非塑性：non-plastic**）と書いて表わします。

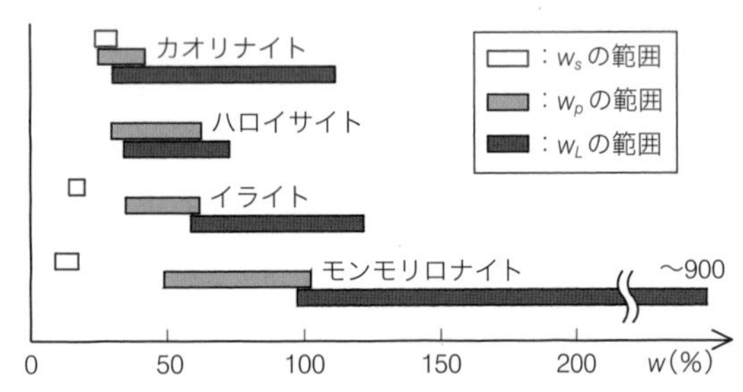

図 3･2　代表的な粘土鉱物のコンシステンシー限界（石原（1988）[4]、Mitchell & Soga（2005）[5]をもとに作成）

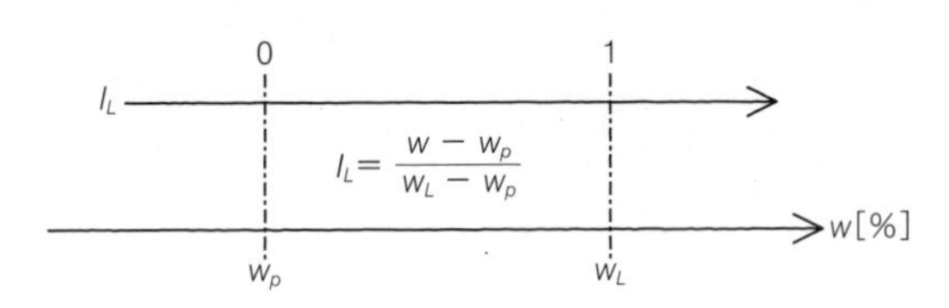

図 3･3　液性指数 I_L の定義

3・2 コンシステンシー限界の求め方

粘土に水を加えていっても、ある含水比で突然塑性状から液体状に変化するわけではなく、その変化の様子は遷移的・連続的です。したがって、「決めごと」にしたがって液性限界を定義しないと、w_L の値が各人の感じ方によって異なってしまいます。塑性限界にも同じことがいえます。そこで、これらの値を求める試験を簡単に紹介します。詳細については、参考図書[2),3)] を参照してください。

(1) 塑性限界の求め方（日本工業規格 JIS A 1205）

塑性限界の求め方はほぼ万国共通で、必要なものは、含水比測定器具（乾燥皿、乾燥炉、はかり）の他、すりガラスと自分の手だけです。パチンコ玉程度の大きさに練った土を、すりガラスの上に押しつけながら転がし、太さ 3 mm の棒状にします。再び玉状にしてこれを繰り返してい

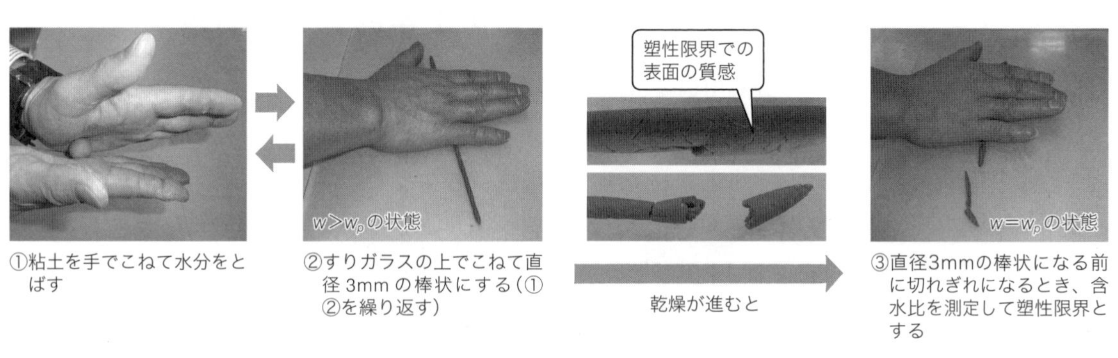

図 3・4　塑性限界試験

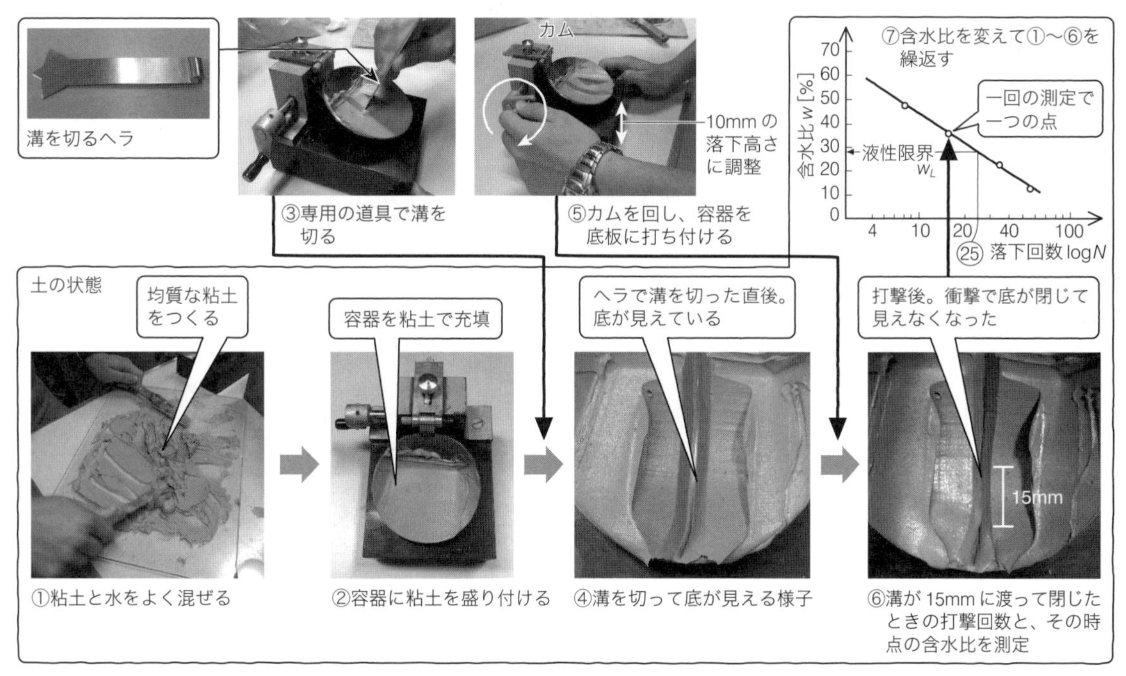

図 3・5　液性限界試験

くと、手の熱でしだいに土は乾いていき、あるところで、3 mm の棒状にしようとするとひび割れて、バラバラになるようになります（図 3･4）。この状態での含水比を塑性限界と定義します。

（2）液性限界の求め方（日本工業規格 JIS A 1205）

図 3･5 に示すカップに土を盛り、所定の形をした溝切りゲージで溝をつくります。ここで装置のハンドルを回すと、カムを通じてカップが 10 mm 持ちあがり、硬質ゴム台に打ちつけられます。この動作を 25 回繰り返したときに溝が 15 mm の長さにわたって閉じたとき、その土の状態での含水比を液性限界と定義します。もし閉じるのに 26 回以上の打撃が必要なら $w < w_L$、24 回以下なら $w > w_L$ ということになります。なお、上記の方法は日米などで主流となっているものですが、液性限界の求め方には、英国をはじめとするヨーロッパで主流となっているフォールコーン方式もあります。こちらの方法も地盤工学会で規定されています。両者により得られる液性限界はおおむね一致することが確かめられています。

3･3 コンシステンシー限界・塑性指数の工学的意義と利用

上記の試験は、たいした装置も用いず、とても原始的に見えるため、学生が最初に見て驚く土質試験の一つです。しかしながら、コンシステンシー限界は本講で学ぶ土質分類に用いられるだけでなく、それなりに深い力学的意味と工学的有用性があります。

過去の研究[4),5)]から、3･2 節の試験によってコンシステンシー限界を定義した場合、土の強度（厳密には非排水せん断強さ：第 14 講参照）は液性限界でおよそ 1~2 kN/m^2、塑性限界ではおよそ 100~200 kN/m^{2}程度と計測されています（これらの数字は文献により多少異なります）。この結果によれば、例えば塑性指数 I_p が 30 の土を考えると、土を圧縮するなどして水を絞り出し、含水比を 30% 下げれば、せん断強さが 100 倍になるということになります。I_p が 60 の土で同様に強度を改善するためには、より多くの水を絞り出さないとならないことがわかります。別の見方をすれば、I_p が大きければ、水を吸ってもせん断強さが下がりにくい、ともいえます。

図 3･6 に示すように、コンシステンシー限界や塑性指数は、土の圧縮性など、多くの力学的性質との相関が報告されています。これにより、実務において詳細な力学試験結果が手に入らない場合でも、粘土・シルトを主体とする細粒土地盤に限ってはコンシステンシー限界にもとづき、地盤沈下から破壊安定性評価までさまざまな簡易的計算ができます。土を「こねくりまわしただけ」で地盤の沈下や安定解析が（一応）できる、というのは興味深くありませんか？

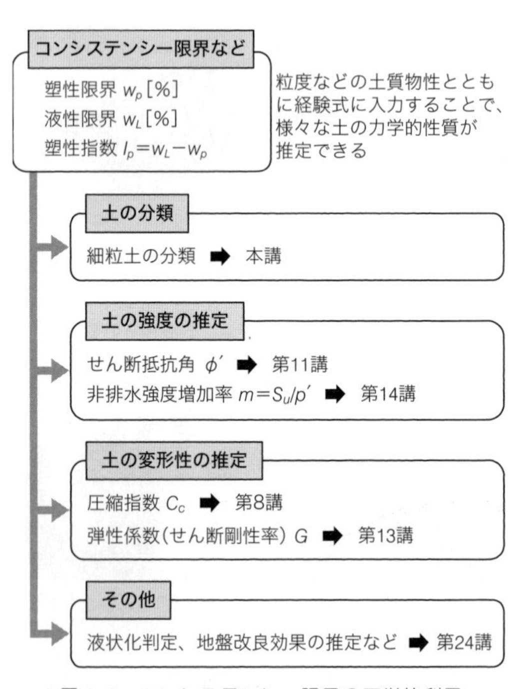

図 3･6　コンシステンシー限界の工学的利用

3・4 地盤工学会による土の工学的分類

土の工学的分類は、日本では地盤工学会の定める方法によることがほとんどですので、ここではそれを簡単に紹介します。下記の説明でとりあえずの分類はできますが、より詳しい情報は参考図書[2),3)]を参照してください。分類は、基本的には「観察によりわかる特徴」「粒度」「コンシステンシー」の三つにもとづくもので、以下のステップにしたがっていきます。粘土・シルト・砂・礫・石の粒径による定義については、図2・6を参照してください。

(1) ステップ1：地盤材料の分類

石分（> 75mm）の比率により図3・7のように分類します。ふるい分析などの粒度試験を行わなくても、通常は目視観察で分類できます。以下のステップでは、「土質材料Sm」のさらなる分類を考えていきます。

(2) ステップ2：土質材料Smの大分類

土質材料は、さらに目視観察や、その他地質・地理情報にもとづいて図3・8のように分類します。図を見るとわかるように、粗粒土Cmと細粒土Fmの区分と、礫質土［G］と砂質土［S］の区分は粒径にもとづいています。観察により区分するのが難しければ、もちろん粒度試験（ふるい試験：2.1節）を行えばよいのです。有機質土や火山灰土は、第1講で述べたように、独特の土の表面の様子（テクスチャ）や地形を様することが多く、観察によって多くの場合は容易に判定できます。人工材料とは、こちらも第1講で述べたような、砕石や、スラグ・セメント混合土などで、これらについては、何らかの記録があれば、その情報にもとづいて容易に分類できます。

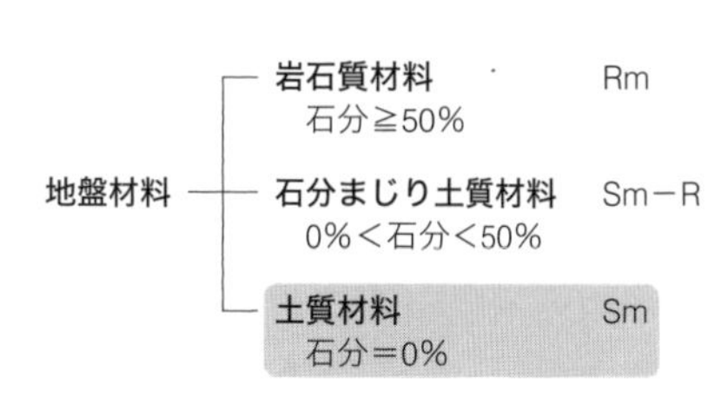

図3・7 地盤材料の分類

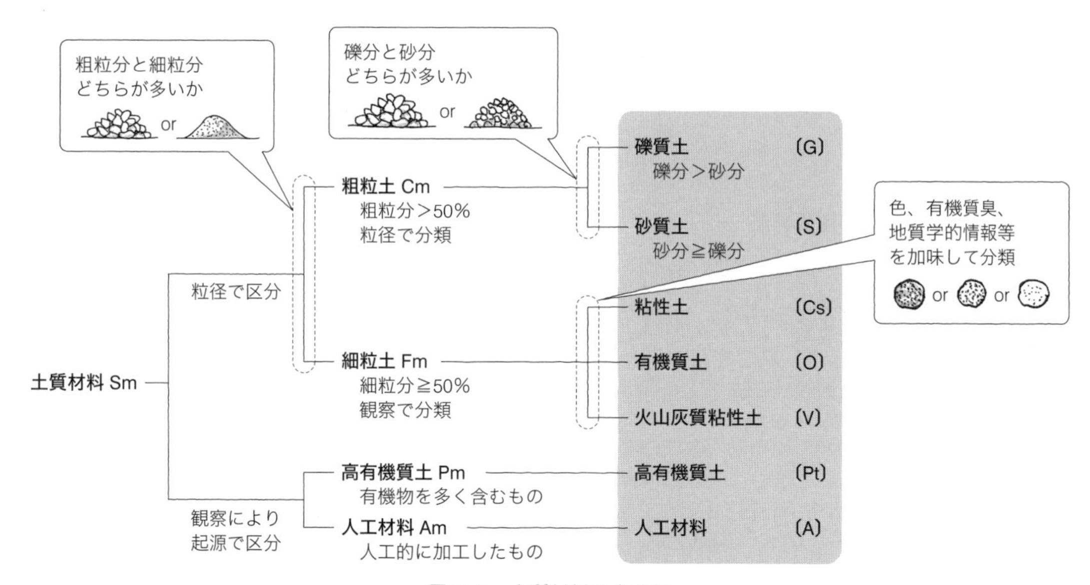

図3・8 土質材料の大分類

ここで行った「大分類」から先の分類は、それぞれの粗粒土・細粒土・高有機質土・人工材料のそれぞれに特有の基準でさらに分類していきます。本書では、粗粒土と細粒土の区分のみここから説明していきます。

（3）ステップ 3-A：細粒土の中分類・小分類

細粒土は、まず観察や地質情報などにもとづき、有機質土（図 1･7）・火山灰質粘性土であるか確認し、それらに該当する場合は図 3･9 にしたがって分類します。これらに該当しない場合は通

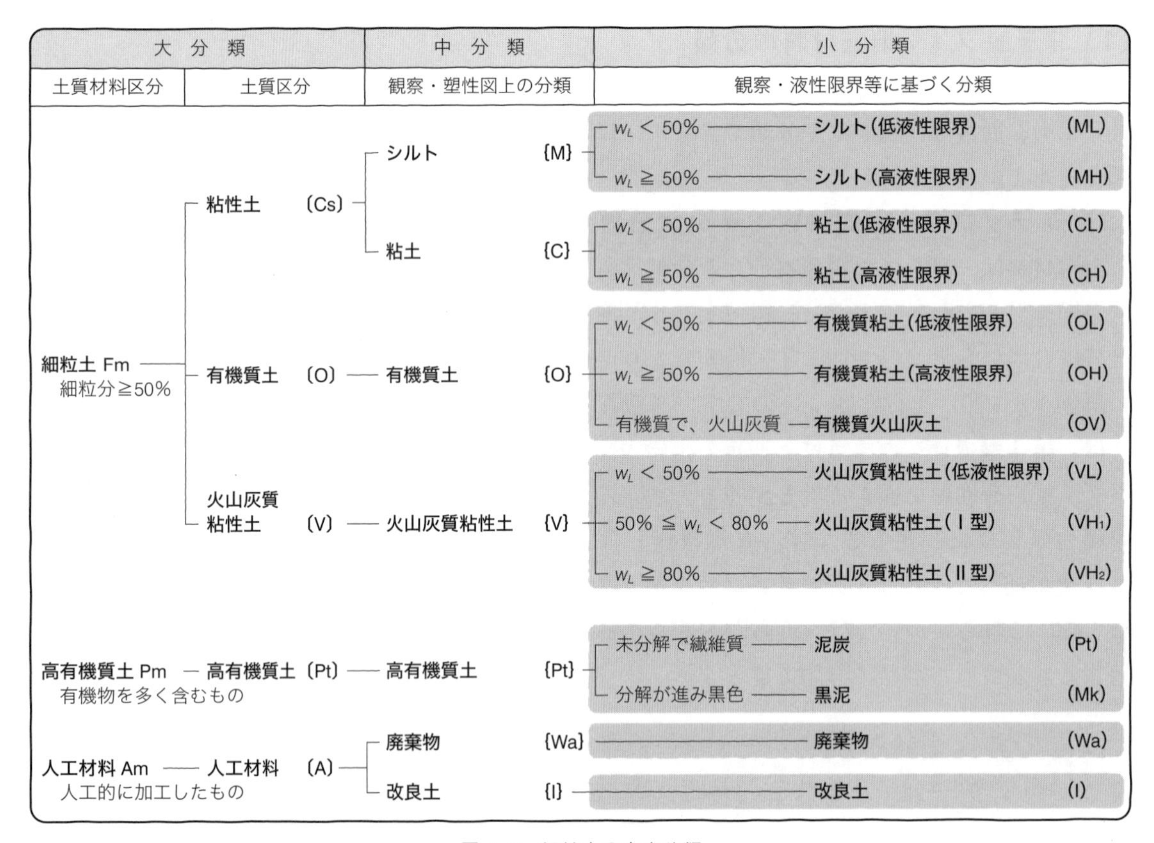

図 3･9　細粒土の中小分類

◎ COLUMN ◎　粘土の定義再訪

第２講では、粒子の大きさが 0.005 mm 以下のものを粘土、0.005 ～ 0.075 mm のものをシルトと定義しました。個々の粒子ではなく、その集合体としての土を分類する際には、これらとまた違った体系（コンシステンシー特性）により粘土・シルトの分類を行っていることに注意してください（図 3･9 には粒径の話など出てきません）。そもそも、粘土特有のベトベトとした「塑性」というものは、粘土鉱物の表面電荷特性などに由来しています。砂粒子を根気よく砕いて 0.005 mm 以下の粒子にしても、粘土のような塑性はもちません（つまり、活性度がほとんどない）。よって、ここでのコンシステンシー特性による分類は、粒度より構成鉱物を重視した分類ということもできます。また、実務的な面から言えば、沈降分析（下準備を含めると１～２日かかる）により 0.075 mm 以下の粒度を求めるより、塑性・液性限界試験（準備・片づけ含めて小１時間程度）のほうがはるかに手っとり早いのです。ちなみに、シルトを M としているのは、スウェーデン語でシルトを意味する Mo に由来します。Silt から S とすると、砂（Sand）の S と同じになってしまいますよね。

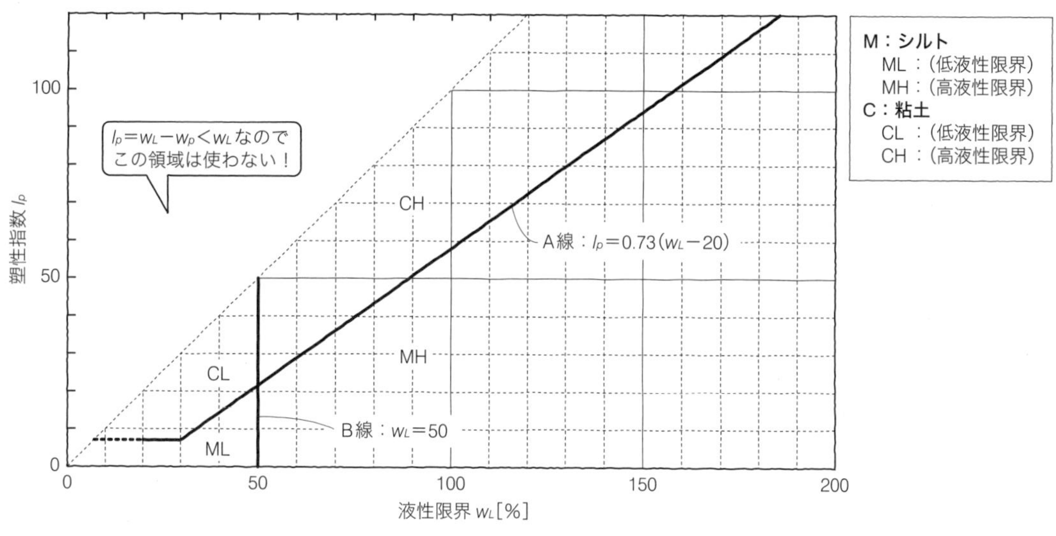

図3・10　塑性図による粘性土（シルト・粘土）の分類

常の粘性土として、さらに中分類へと進みます。ここで用いるのが図3・10に示す**塑性図**（plasticity chart）で、A線とB線で区切られた四つの領域のどこに相当するかで、粘性土を分類します。液性限界のわりに塑性指数が大きいもの（A線の上）を粘土、小さいものをシルトとし、液性限界の大小によりL（Low）とH（High）を分類しています。

（4）ステップ3-B：粗粒土の中分類・小分類

粗粒土に関しては、図3・11にしたがって、粒度にもとづいて分類を進めていきます。ここでは、観察による分類が難しい場合、ふるい分析により、図2・4のような粒度分布が求められていることが前提となります。最終的な分類では、砂・礫・細粒分の重量割合により、「細粒分まじり砂質礫」などといった表現とともに、アルファベット1〜3文字で表わされます。ここで「○○まじり」とは5%以上15%未満、「○○質」とは15%以上50%未満の重量割合を示しています。

土質材料の工学的分類は、以上のように、図3・9、図3・10のような図表の「あみだくじ」をたどればよいだけですので、粒度やコンシステンシー限界を求めれば、仕事はほぼ終わりです。なお、他の文献[2)、3)]には上記の分類をもう少し詳しくいろいろな形でまとめたチャート群があります。

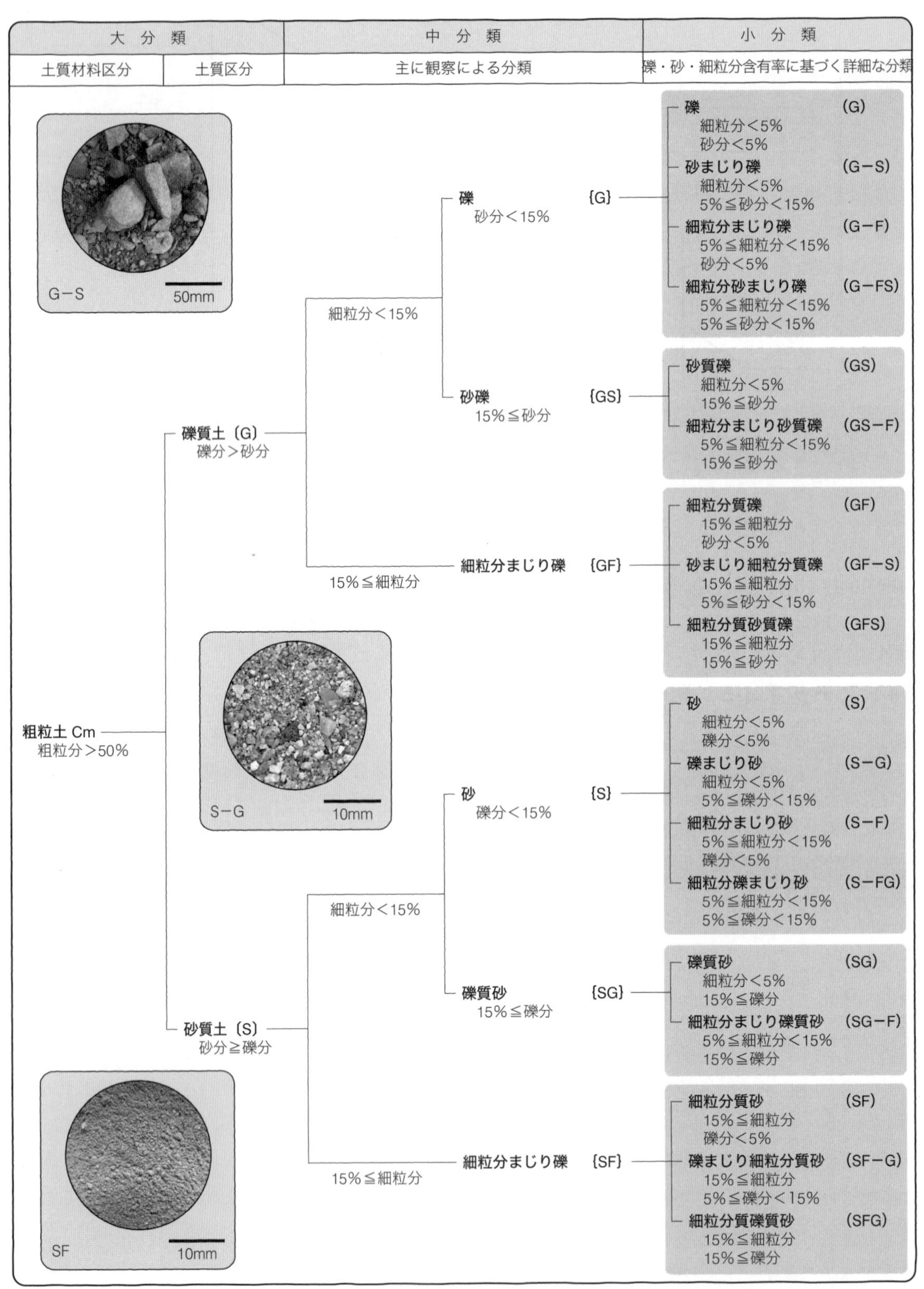

注：含有率［%］は、土質材料に対する質量百分率

図 3・11　粗粒土の分類

第 4 講　土が地盤になるには：締固めと圧密

これまで、物質としての土に着目して話を進めてきましたが、この土が堆積すると、構造物や私たち生物を支えるマス（塊）である地盤となります。ここでは土がどのような過程を経て、強固な地盤や軟弱な地盤を形成していくのか学びます。「締固め」と「圧密」という二つの重要なキーワードに則して話を進めますが、後者の理論については、第 8 講～第 10 講で詳細に議論しますので、ここでは「さわり」だけ記します。

4・1　締固めと圧密

締固め (compaction) と**圧密** (consolidation) という二つの言葉は、どちらも外部から力がかかって間隙中の気体・液体が部分的に排除され、土の体積が減少し、密度が増す現象を指します。地質学では compaction を consolidation の意味で用いることもありますが[6), 7)]、土質力学においては、これら二つの語が一般的に指す現象はかなり異なる印象を与えます。感覚的に表現すると、締固めはバンバン叩いて固める、圧密はギュッと絞って固める、というのがわかりやすいかと思います（図 4・1）。荷重をかけた瞬間に体積変化が起こるものを締固め、荷重をしばらく保持して徐々に体積変化が起こるものを圧密（第 8 講）とイメージすればよいでしょう。

図 4・1　圧密と締固めのイメージ

では、なぜこのように荷重に対して体積変化の応答が異なる場合があるのでしょうか。これは、土中の間隙が水で**飽和** (saturated) しているか、あるいは土が空気を含む**不飽和** (unsaturated または partially saturated) 状態にあるかの違いに由来します（図 4・2）。水は空気よりも粘性がずっと高いので、土粒子の集合が外からの荷重によってすぐには排出されませんし、水自体の圧縮性は非常に低く、体積圧縮はほとんどしません。よって、飽和している場合は水が徐々に排出されるまで待たなければなりません。これが圧密です。一方、土が空気を含めば、瞬間的な載荷に対しても、その空気が速やかに排出されることにより、すぐに体積圧縮が起こります。これが締固めです。砂や礫のように極めて透水性が高い土に対しては、飽和状態でも締固めが可能な場合もあります。

締固めはほとんどの場合、人工的な地盤の形成手段として行われます。宅地造成の際の客土（きゃくど）敷設や、道路盛土・河川堤防・アースフィルダム（図 4・3）の築造などの**土工** (earth work) が典型的かつ重要な例です。土は密な状態で存在するほうが強度・剛性が高いため（第 11 講）、より健全な地盤や土構造物をつくるには、十分に締固めを行う必要があります。また、ダムや堤防を築造する際には、締固めによって透水性を下げ、治水・利水機能を高めることができます。土の密度を高くするには、水で飽和させて圧密により絞り出すより、不飽和の状態にして締固めるほ

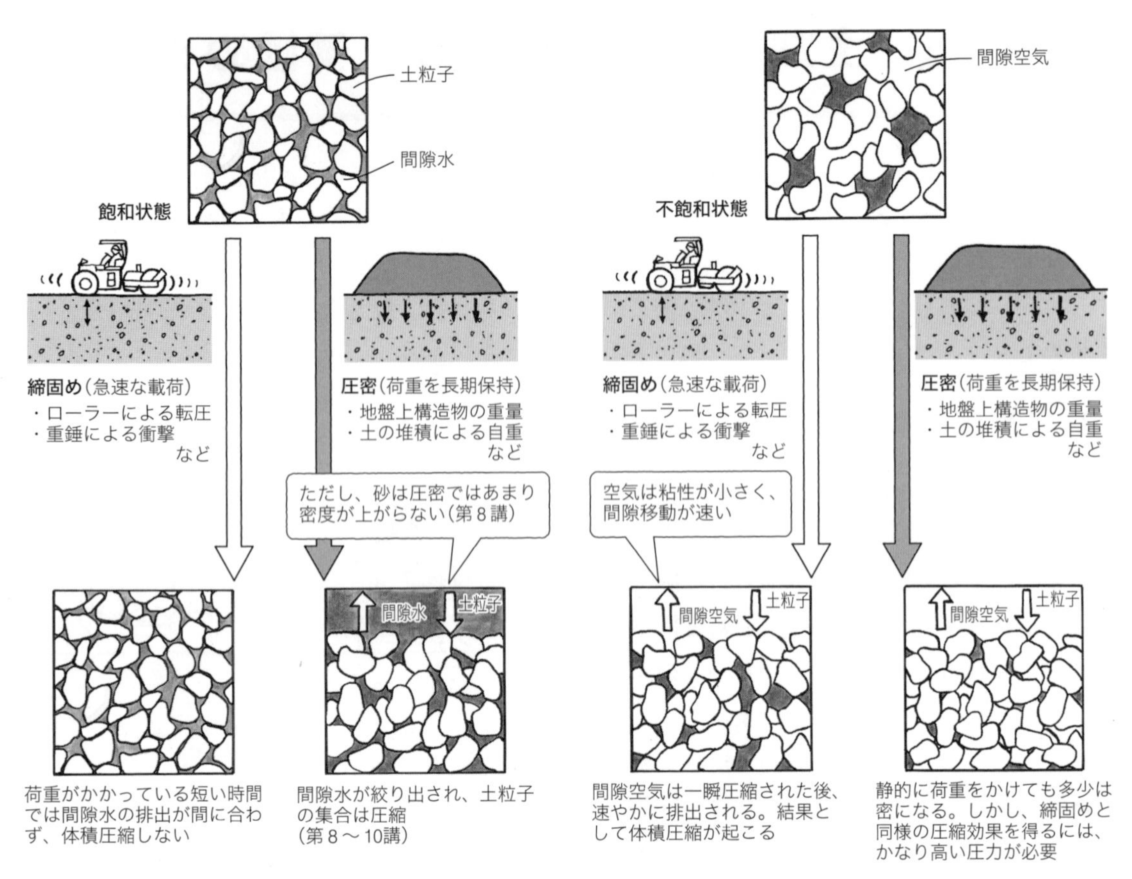

図 4・2　飽和土と不飽和土に対する締固めと圧密の効果

図 4・3　（左）**締固めによる河川堤防の築造**：細部はハンドローラーで締固めている　（右）**アースフィルダム**：中心に見えるのがコアとよばれる遮水性の高い細粒土部分（図 4・9 参照）

うが速く容易に行える場合が多いのです。

一方で、自然に地盤が形成される場合の多くは、海や湖沼で静かにゆっくりと堆積し、あるいは洪水により水で飽和した土砂が運ばれ、氾濫原（はんらんげん）に急速に堆積することになります。その後、自重やさらなる上載堆積物の重量によって、間隙の水を排出していく、圧密という過程がさまざまな時間スケールで起こります（図 4・4）。粘土のように粒子が細かく、粒子間を水が通り抜けにくい地盤では、圧密による体積減少が落ち着くまで、何十年という時間が必要です。粘土地盤などで、深い位置ほど地盤が密（つまり含水比や液性指数が低い）であり、せん断強さが大きい傾向が一般的に見られることは、地盤の自重による圧密現象を理解せずには説明できません。

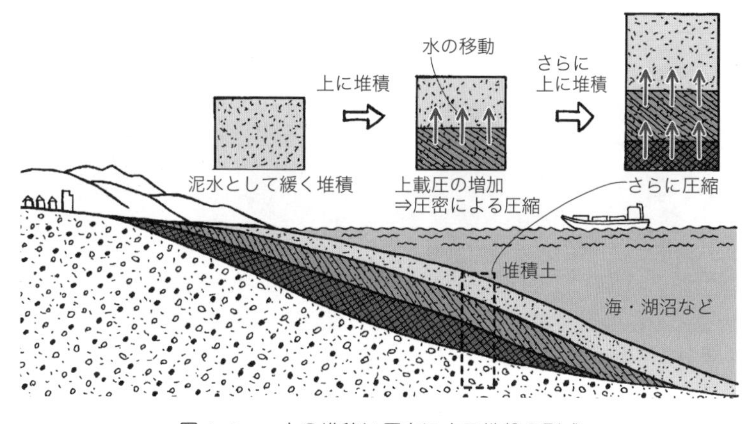

図 4･4　土の堆積と圧密による地盤の形成

4･2 粒からマス（塊）へ：土質力学での「地盤」の見方

この第 4 講から、土を個々の粒としてではなく、集合体として、つまり地盤の一部として主にその力学的特性について学んでいくことになります。土木工学で扱う材料であるコンクリート・鋼材・木材などにもそれぞれ固有の特徴がありますが、なかでも土はかなり際立って特徴ある性質を有しています。個々の粒子と、間隙の気体・流体からなる「離散体」（図 2･1）であるので、粒同士の間の粘着や、外から押さえつける圧力がなければバラバラになってしまいます。また、粒が細かくてのっぺりと見える粘土でさえ、微視的に見ればスカスカで、水などの流体が粒子間を透過することができます。

これらの特徴にもかかわらず、現在の土質力学は、土の集合体（地盤の一部、言いかえれば地盤の一要素）をゴムや金属のような連続体としてとらえる場合が多く、考える個々の問題（例えば斜面の安定性や、構造物下の地盤の変形など）に対して、そのつど弾性・塑性など、異なる性質を仮定して解を求めていきます。これは、例えば土石流のように土粒子が激しくバラバラに運動する現象などに対しては、現実的なとらえ方ではないかもしれません。しかし、本講で見るように、土の粒子が締固めや圧密という過程を経て、巨視的に「連続的」「固体的」になった地盤に対しては、多大な成功を収めてきたアプローチです。本書でももっぱらこのように土を連続的なものとして扱っていきます。ただし、粒の集まりはあくまで粒の集まりであることは常に覚えておかなければなりません。

4･3 土の締固め特性

（1）締固め曲線と締固め試験

締固めは多くの場合、不飽和状態の土に対して行うと説明しましたが、ではどのくらいの含水量で土を締固めると最も効率良く、最も密に、そして最も強固にできるのか、というのは古くからの地盤工学のテーマです。これを体系的に理解するための概念が**締固め曲線**（compaction curve）であり、これを求めるために**締固め試験**（compaction test）を行います。締固め試験は、その体系化に大きな貢献をしたプロクター（Proctor）にちなんで、慣例的にプロクター試験とも

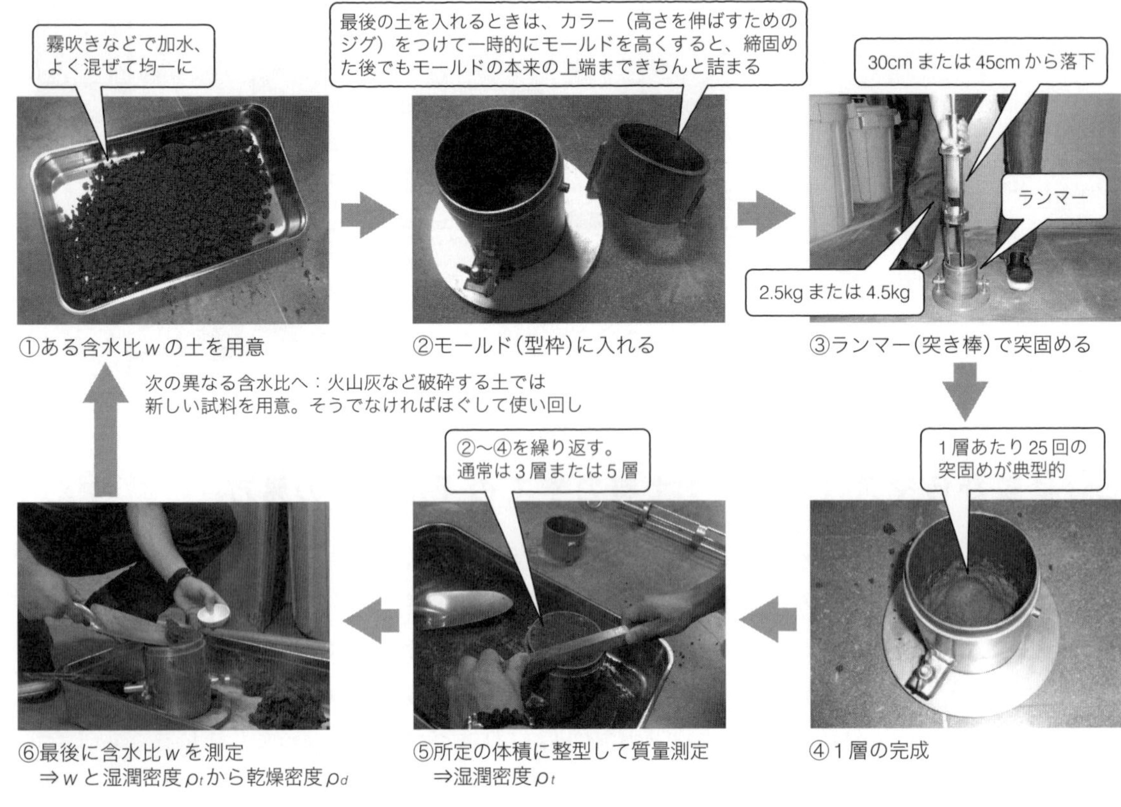

図 4･5　締固め試験の流れとイメージ

よばれます。

締固め試験のあらましを、図 4･5 に沿って簡単に説明します。土をある含水比 w［%］で用意し、モールド（型枠）にゆるく詰め込みます。そこに一定の高さ H［m］から一定の重量 W_B［kN］のランマー（突き棒）を所定の回数 N_B 落とすことにより、突固めを行います。これを 1 層として N_L 層分繰り返すことで、一定の体積 V［m^3］の土試料を用意します。締固められた土の質量 m［kg］を求めると、締固められた土の湿潤密度 $\rho_t = m/V$［kg/m^3］が明らかになります。表 2･2 より、w、G_s（土粒子の比重）、ρ_t から乾燥密度 ρ_d（つまり、全体の体積が変わらずにそのまま土が水を失った場合の密度）が計算できます。これをさまざまな含水比 w に対して行い、ρ_d と w の関係を求めたものが締固め曲線になります。締固め試験の詳細な手順については、文献[2)、3)]を参照してください。

（2）締固め曲線の特徴

図 4･6 に土の締固め曲線の例を示します。この曲線について、次の四つの特徴を覚えてください。

①乾燥密度 ρ_d が最大となる含水比が存在する

最大乾燥密度（maximum dry density）$\rho_{d,max}$［kg/m^3］をもたらす含水比を**最適含水比**（optimum water content）w_{opt}［%］とよびます。つまり、同じ方法でも、土を湿らせるなり乾かすなどして最適含水比で用意して締固めれば、乾燥密度が最も高くなります。最大乾燥密度・最適含水比を求めることが締固め試験の主な目的の一つです。

②締固め曲線の右側は飽和度 $S_r = 100\%$ 曲線で頭打ちになる

表 2・2 中の 2 番目の式に式（2.8）を代入すると、

$$\rho_d = \frac{1}{\dfrac{1}{G_s} + \dfrac{w}{S_r}} \rho_w \ [\mathrm{kg/m^3}] \tag{4.1}$$

という関係が成り立ちます。ここで土粒子の比重 G_s と水の密度 ρ_w は定数ですから、ρ_d と w の関係は、異なる飽和度 S_r の値に対して、図 4・6 中の曲線のように表わされます。飽和度 S_r が 100％を超えることはありませんから、締固め曲線は必ず $S_r = 100\%$ の曲線（**ゼロ空気間隙曲線：zero air voids curve**）で頭打ちになります。これにより、最大乾燥密度というピーク値が現れることになるのです。

③土によって締固め曲線は異なる

このため、地盤なり土構造物なりを構築する際には、使用する土に対してそのつど、締固め試験を行って最大乾燥密度 $\rho_{d,max}$ と最適含水比 w_{opt} を求めなければなりません。図 4・7 に示すように、シルトや粘土では、砂や礫よりも一般に最適含水比が大きく、締固め曲線が平坦になる傾向があります。

④締固めエネルギーによって締固め曲線は異なる

締固めに用いられたエネルギーは、落とされる直前のランマーがもっていた位置エネルギー × 打撃回数に他なりません。よって、締固め後の土の体積当たりの締固めエネルギー E_c [kJ/m³] は以下のように計算できます。

$$E_c = \frac{W_R \times H \times N_L \times N_B}{V} \ [\mathrm{kJ/m^3}] \tag{4.2}$$

W_R ランマー重量 [kN]、H:落下高さ [m]、N_L：層数、N_B：1 層あたりの突固め回数、V：土の体積［m³］

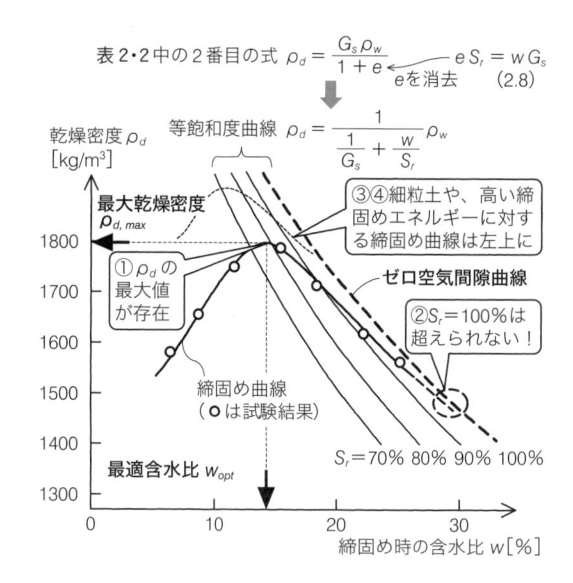

図 4・6　締固め曲線の例

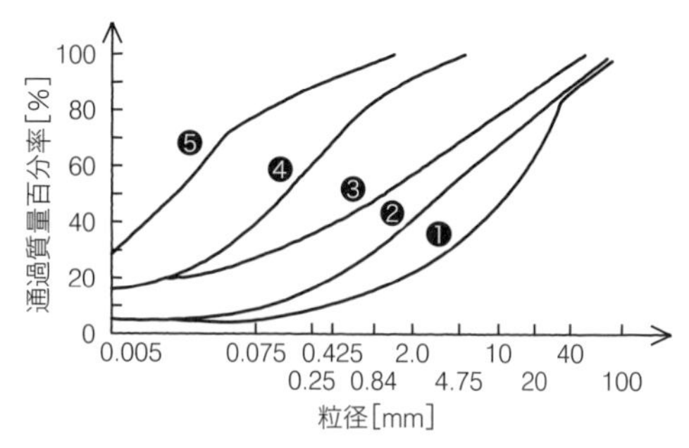

(a) 各土試料の粒径加積曲線

土試料	❶	❷	❸	❹	❺
最適含水比(％)	9.0	12.3	18.5	21.0	37.5
最大乾燥密度(kg/m³)	2120	1940	1700	1620	1280

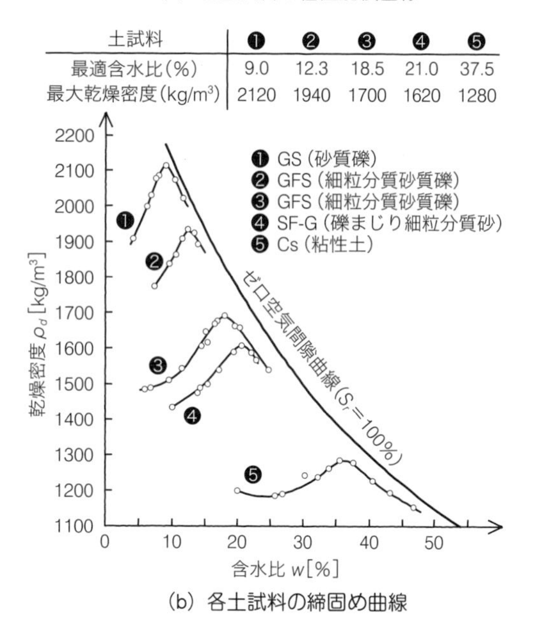

(b) 各土試料の締固め曲線

図 4・7　種々の土の締固め曲線（地盤工学会（2010）[2]をもとに作成）

図 4・8 に示すように、同じ土でも、締固めエネルギーが大きくなると、最大乾燥密度は（当然のことながら）増大する一方で、最適含水比は小さくなります。平易にいうなら、激しく締固めるなら、多少乾き気味のほうが適している、ということになります。

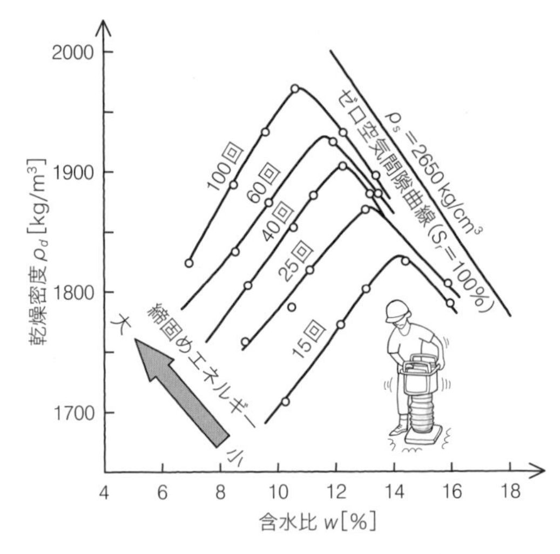

図 4・8　締固め曲線と締固めエネルギーの影響（3 層試料打撃回数の比較）

（3）実務における締固め

実際の土工では、土質材料の種類によってさまざまなローラーを使い分けて、層ごとにその上を往復して荷重をかけ（転圧）、締固めを行っていきます（図 4・9）。締固めをするにあたり、まずゆるい状態で土を撒(ま)きます。このときの層厚を撒き出し厚といい、30 cm 程度の撒き出し厚がよく採用されます。前述の締固め試験は、ローラーによる荷重や、転圧回数に応じて推定される原位置での締固めエネルギーにもとづいてあらかじめ行っておきます。

どのような地盤材料を用いるかは、土構造物の用途や、その時・場所での入手の容易さによります。例えば、鉄道のバラストや道路の路盤など、グニャグニャ変形しては困るものには、砂や礫が適しています。一方、堤防やアースフィルダムのコア材（中央の遮水部：図 4・9）には、透水性の低い粘土やシルト、細砂などが適しているといえます。

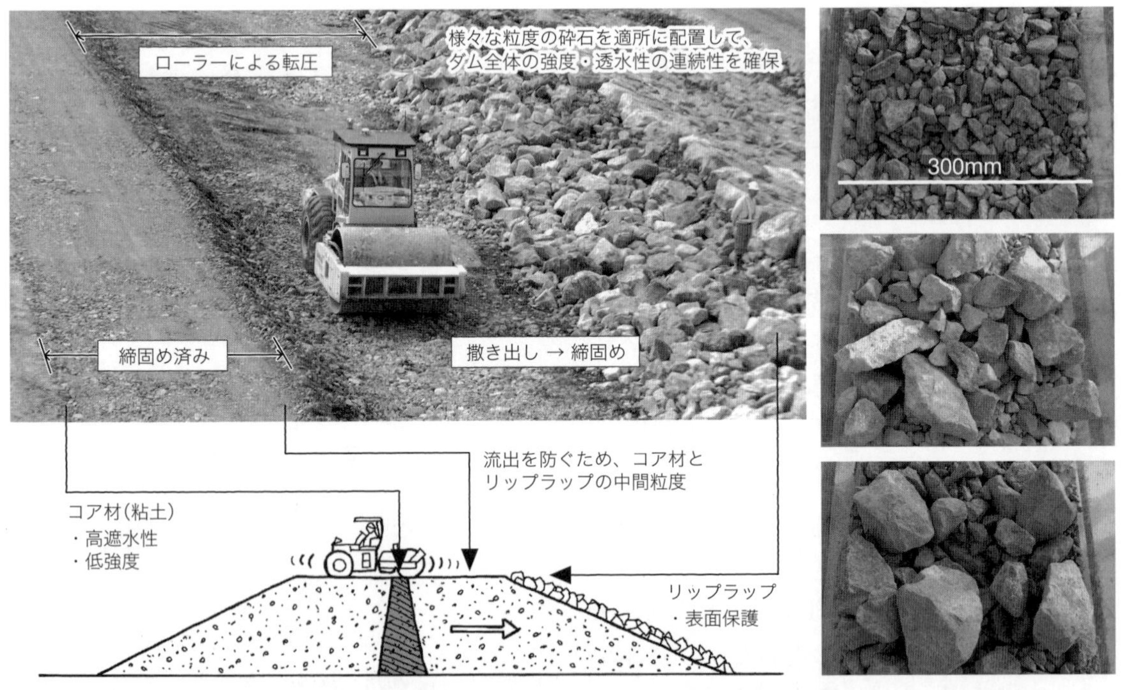

図 4・9　アースフィルダム（中央コア型）での締固めの様子

4・4 締固められた土の力学的特徴

では、最適含水比において最大乾燥密度まで締固められた土は、強度の大きさや透水性の小ささという面で、最も優れているのでしょうか？厳密にはそうとも言い切れませんが、答えはおおむねYESです。

図4・10に示すように、締固め直後の圧縮強さ（一軸圧縮強さ：第14講参照）は、最適含水比w_{opt}よりもやや小さなw、つまりやや乾いた状態で最大となることが多いです。しかし、締固めの後に浸水すると強度は大きく失われ、結局のところ、最適含水比w_{opt}あたりで締固めたものの強度が最大となります。透水性についても同じように図4・10に示します。地盤中の水の流れやすさは透水係数という物性値で表わされますが（第6講）、その値は、最適含水比よりもむしろ湿潤側で締固めたほうが小さくなります。つまり、遮水効果をねらうなら、やや湿った状態で締固めたほうがよいのです。原位置では多くの場合、雨水や地下水による浸水が想定されますので、総合的に判断すると、結局のところ、最適含水比付近を目標とするのがよさそうです。とはいえ、堤防や盛土を構築するのに必要な土は大量で、手に入る土が望むよりも湿っている場合、乾かすのは実際には困難ですから、現実には必ずしも最適含水比が採用されるとは限りません。

最後に、**オーバーコンパクション（過転圧：over compaction）**という現象について触れておきます。これは高含水比の粘土（特に火山灰質粘土）で起こるもので、締固めエネルギーを大きくし過ぎる（例えば、突固めや転圧回数を多くする）と、かえって強度が減少する現象をいいます。自然の粘土というものは多くの場合、第14講で説明するように、乱すとせん断強さが下がるものです。締固めによって、粘土の団粒（だんりゅう）（だまのような粒のかたまり）の間の空気を多く排除すること自体はよいのですが、団粒そのものをあまりこねくりまわしてしまうと、ドロドロになってしまうことがあります。

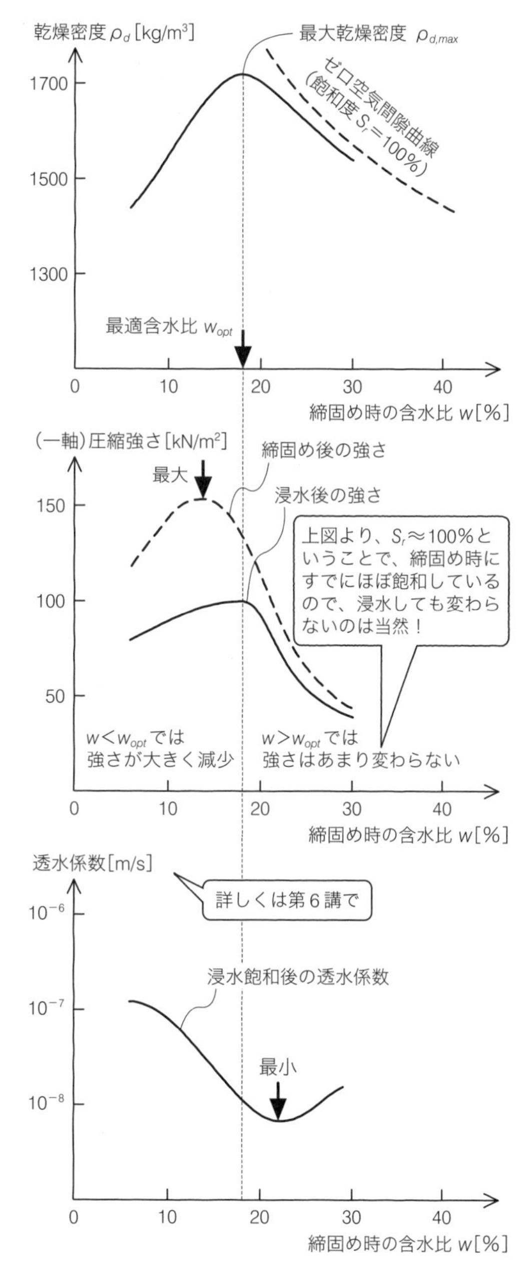

図4・10　締固め時含水比と、締固めた土の性質

4・5 締固め度と実務における締固め

(1) 締固め度 D_c

図4・7で見たように、最大乾燥密度 $\rho_{d,max}$ は土によって大きく異なりますから、ある土をとって、その乾燥密度 ρ_d にだけ着目しても、それだけではよく締固まっているのかどうかは判断できません。例えば、乾燥密度 $\rho_d = 1500$ kg/m³ であるとき、その土の最大乾燥密度が 1550 kg/m³ であるなら、かなり締固まっているといえますが、最大乾燥密度が $\rho_d = 1800$ kg/m³ の土であるなら、比較的ゆるい状態にあるといえます。そこで、乾燥密度の、その最大値に対する割合として**締固め度** D_c (degree of compaction) [%] を定義します。

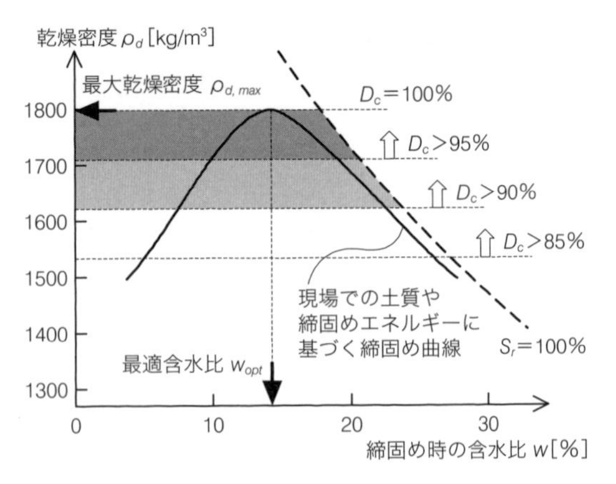

図4・11 締固め度 D_c の定義

$$D_c = \frac{\rho_d}{\rho_{d,max}} \times 100 \ [\%] \tag{4.3}$$

鉄道盛土・道路盛土・河川堤防などさまざまな土工において、D_c は 85%を下限として管理がなされてきました。しかし、1995年阪神・淡路大震災や2011年の東日本大震災の際の土構造物の被害に鑑み、近年ではさまざまな設計基準において D_c の管理値は 90%などに引き上げられる運びにあります。ここで注意が必要なのが、締固め度 D_c の定義です。どんなにゆるくても、土の乾燥密度がゼロになることはありませんから、$D_c = 0$%というのはありえません。つまり、D_c は事実上 0%から始まらない指標であり、$D_c = 85$%というのは、「100点満点の85点」ではなく、実際には数字の印象よりもゆるい土の状態を表わしているのです。このことは、図4・11を見ると感覚的にわかると思います。

(2) 飽和した地盤の締固め:埋立地の造成

ここまで、締固めは不飽和土を主な対象として考えてきました。前述のように、水が土から排出されるにはそれなりの時間がかかるので、土が空気を含まない限り、急速に荷重をかけても体積圧縮は起こりにくいからです。沿岸部に埋立地を造成する際など、水中に地盤を造成するときは、水中に投入した土砂はすぐ水で飽和してしまいます。ですから、水中では締固めながら地盤を造成していくのは非常に困難であり、ほとんどの場合、土砂はゆっくりと水中落下し、ゆるく堆積してしまいます(図15・2)。地震の際に、沿岸部などの埋立地で液状化(第24講)が起こるのは、このように地盤がゆるいからです。現在、このようにしてつくられてしまった地盤は、さまざまな地盤改良技術を用いて、特殊な方法で締固めたり化学的に固化する対策がとられています(第24講)。近年の埋め立てでは、締固めなくても比較的強固な地盤がつくれる砕石(例えば関西国際空港)や、セメント混合土(例えば中部国際空港)という材料などが用いられる事例が増えています。

第2章
土の中の水の流れ

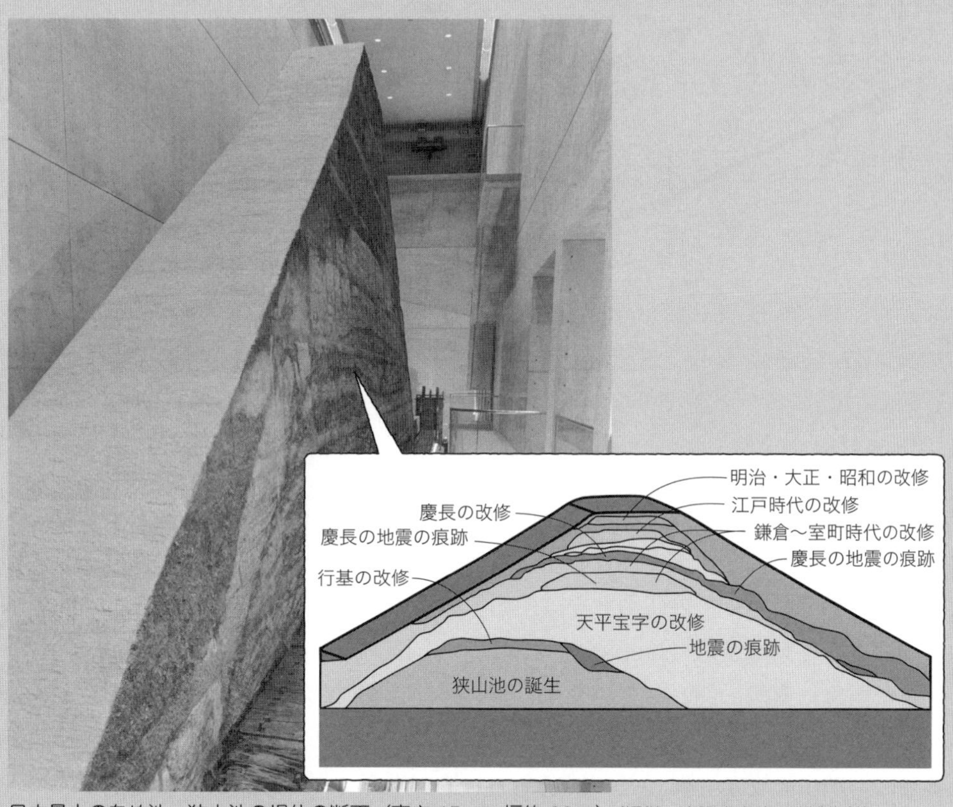

日本最古のため池・狭山池の堤体の断面（高さ 15 m、幅約 60 m）（提供：大阪府立狭山池博物館）

第５講　土の中の水環境

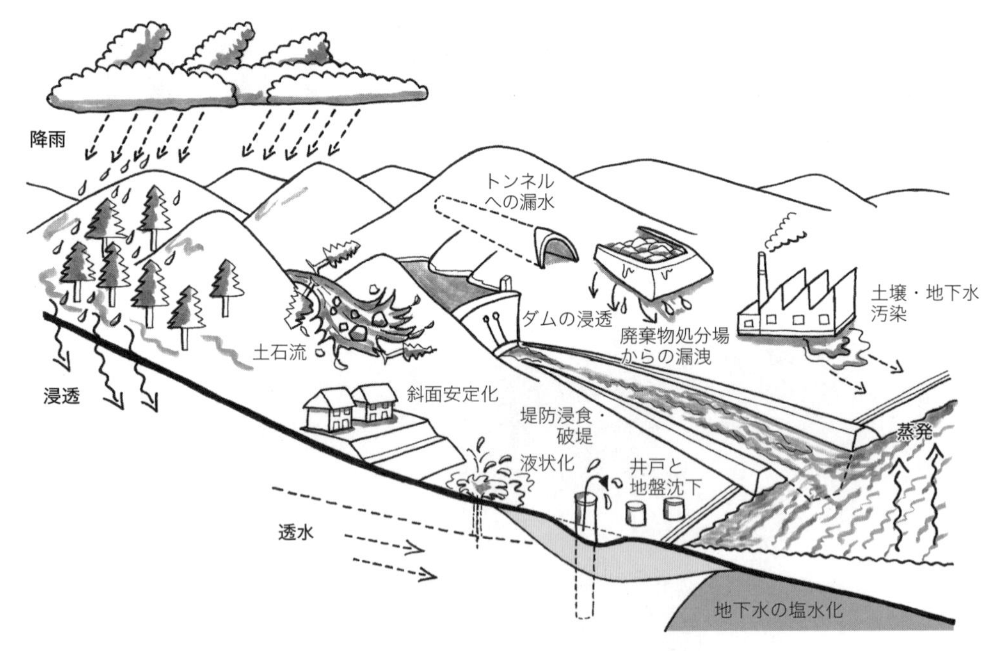

図 5･1　水の循環と地下水に関連した地盤の諸問題

雨や雪などが降るとそれらの一部は地中に浸透して**地下水**（groundwater）となり、残りは地表を流れて河川や湖沼に注ぎます（図 5･1）。その後、地下水も地表水も徐々に流下していずれは海に流入し、やがて蒸発して再び雨となって循環します。土の間隙に存在する水は**間隙**（かんげき）**水**（pore water）、間隙水の移動は**浸透**（seepage）とよばれ（土の立場からみて透水ともよびます）、地盤のさまざまな現象に密接に関わっています。例えば、大雨に起因する地すべりや斜面崩壊の発生は、透水に要する時間によって降雨量のピークから、しばしば遅れます。トンネルや開削などの掘削工事では、地山（じやま）の安定を保つために湧水の対策が重要です。また、多量の地下水の汲み上げによる地盤沈下、ダムからの漏水、地震時の液状化、土壌・地下水汚染も、間隙水やその浸透現象が密接に関わる問題です。第２章では浸透の基本的な考え方と浸透による地盤の破壊について学びましょう。なお、地盤沈下の原因である圧密現象については第３章、間隙水の影響も含めた地盤の変形と破壊については第４章で説明します。

5･1 土の中を流れる水の圧力：間隙水圧

地中の間隙水は、さまざまな形態で存在します（図 5･2）。地表近くには**地下水面**（groundwater level）があり、井戸を掘っても水位が変わらない地下水のことを自由地下水とよび、地下水面より深いところは間隙が水で満たされた地下水帯、浅いところは土粒子の間隙中に空気と水が介在する**不飽和帯**（unsaturated zone）があります（図 5･3）。自由地下水面（以降、注記のない場合は自由水面とする）は井戸の水位と一致します（図5・4）。一方、岩盤など水を通しにくい不透水層（impermeable layer）に囲まれた場所の地下水は高い圧力を受けていることが多く、ここに井戸を掘ると水位が上がって（被圧井）、静水面以下の地盤では水が噴き出す自噴井になることもあります。このような地下水を被圧地下水とよびます。間隙水の圧力を**間隙水圧**（pore water

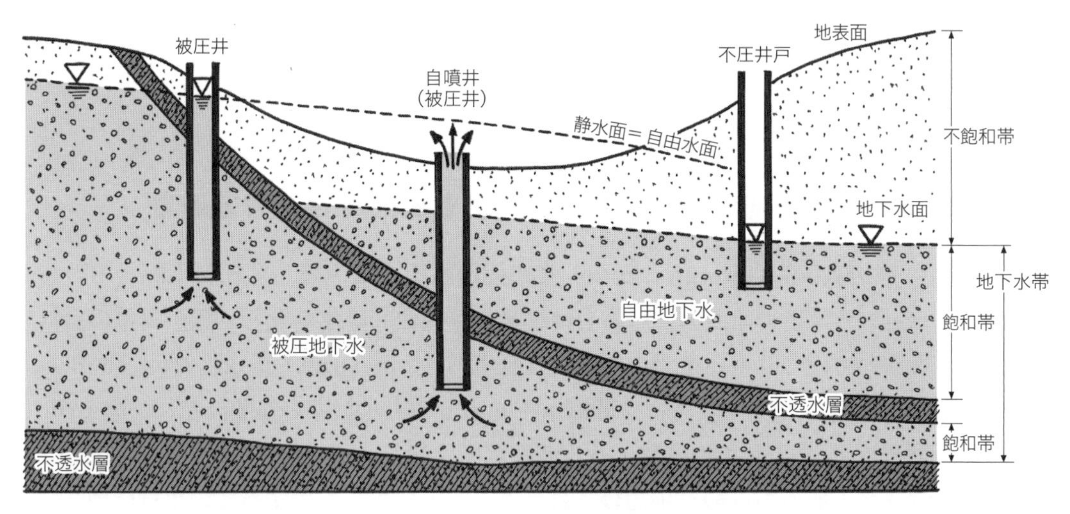

図5・2　地下水帯と不飽和帯

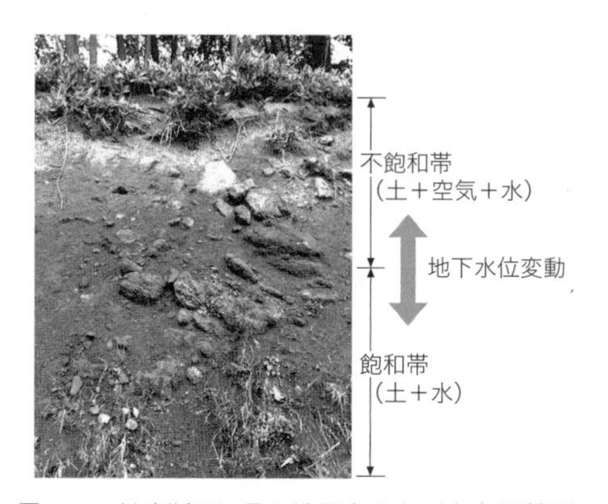

図5・3　鉛直断面に見る地下水分布（火山灰質砂）

図5・4　地下水位が極めて高い場所での井戸：わずか10cm掘るだけで水が出る

COLUMN　被圧帯と自噴井戸

オーストラリア・大鑽井盆地には、被圧地下水に多数の自噴井が掘られており、牧畜などに利用されています（鑽井はもともと自噴井を意味します）。

地中の液体という観点では石油も同じです。岩盤に囲まれた被圧帯に井戸を掘り、石油を自噴させて採ることを一次回収とよびます。埋蔵量が徐々に減少してやがて自噴が収まると、圧力をかけて押し出すといった方法で二次、三次回収が行われます。

温水が自噴する被圧地下水（オーストラリア・大鑽井盆地／© Klaus-Dieter Liss（2007）[6]）

pressure）とよびます。地下水面からの深さや地下水の流れ、地層構成、地盤が受ける外力などにより変化し、地盤の変形にも大きく影響します。

地表面と地下水面が一致し、間隙水の流れがないシンプルな静水圧条件の間隙水圧の分布を考えてみましょう。図 5･5（a）のように自由地下水では、間隙水圧 u［kN/m²］は地下水面で 0（大気圧と同じ）になり、深さ z 方向に水の単位体積重量 $\gamma_w(=9.8)$［kN/m³］の傾きをもつ直線的な**静水圧**（せいすいあつ）（hydrostatic pressure）分布になります。一方、図 5･5（b）では下側の透水層の地下水は不透水層に閉じ込められた被圧地下水となっており、井戸を掘ると水面が高い位置にあらわれます。

5･2 力のつり合いを満たす全応力、飽和土を変形させる有効応力

地下水面より下の**飽和帯**（saturated zone）での間隙水圧の働きを、図 5･5（a）でもう少し考えてみましょう。ある深さの鉛直方向の応力は、それ以浅の間隙水を含む地盤の自重の合計になります。このような力のつり合いを満たす応力は**全応力**（total stress）とよばれ、図 5･6（a）の σ［kN/m²］のように分布します。図には間隙水圧 u の分布も示しています。次に、図 5･6（b）のように水面を d［m］高くしてみましょう。間隙水圧は傾き γ_w［kN/m³］のまま、地表面で $\gamma_w d$［kN/m²］になります。鉛直方向の全応力は、着目点より上にあるものすべての重量に相当する値になるので、地表面での間隙水圧 $\gamma_w d$［kN/m²］だけ（a）より増加した分布になります。このとき、もともと飽和した地盤の水面を高くしただけでは、地盤の見た目には何も起きません（変形しません）。土粒子の集まりに周りからかかる圧力は、水面が上昇したぶんだけ増加しますが、土粒子の間の水圧（つまり間隙水圧）も同じぶんだけ増加するので、粒子同士が互いにつぶされ合うことはありません。2 人で海深くダイビングして、それぞれが受ける水圧が増えても、2 人の体がくっつくことがないのと同じです。つまり、全応力や間隙水圧の変化そのものと地盤の変形は直接、対応していません。

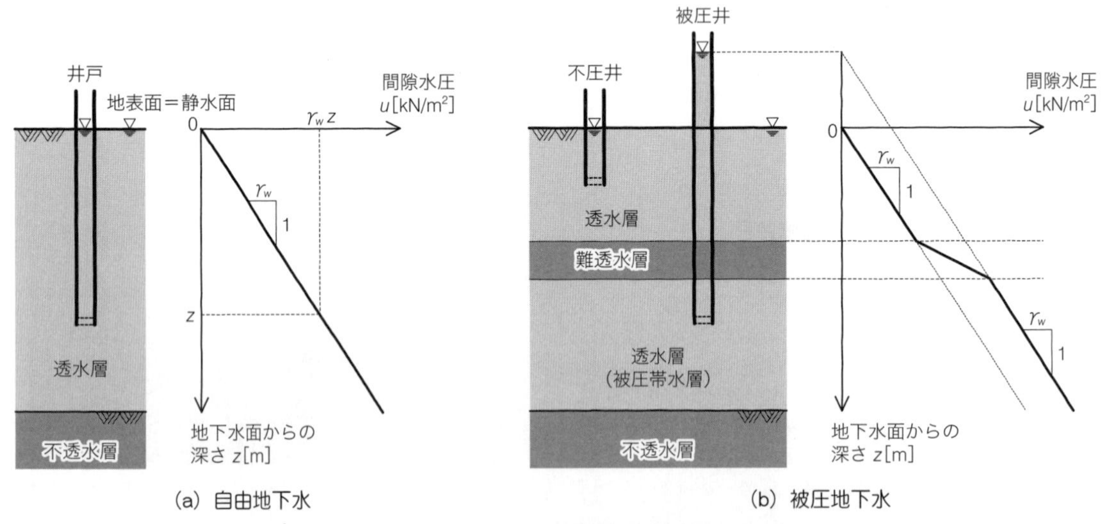

図 5･5　浸透のない静止状態での間隙水圧の分布

土の変形に直接的に対応する応力を**有効応力**（effective stress）σ' とよびます。有効応力はテルツァーギ（Terzaghi）により、全応力σ と間隙水圧 u の差として定義されました。

$$\sigma' = \sigma - u \quad [\mathrm{kN/m^2}] \tag{5.1}$$

図 5・6（a）と（b）では深さ z [m] での σ' が同じ大きさです。(a) と (b) の状態の間では土が変形することはありませんが、これは「地盤が変形しない」のは有効応力 σ' に変化がない」ためと考えることができます。今度は図 5・7（a）の地盤に地表から上載圧 p [kN/m²] を載荷する場合を考えてみましょう。載荷直後は図 5・7（a）のように、力のつり合いから全応力 σ は p 増加し、間隙水圧も p 増加して間隙水の排出が促されます。このとき有効応力 σ' はほとんど変化せず、地盤の圧縮や変形もまだほとんど生じていません。なお、静水圧からの間隙水圧の増分を

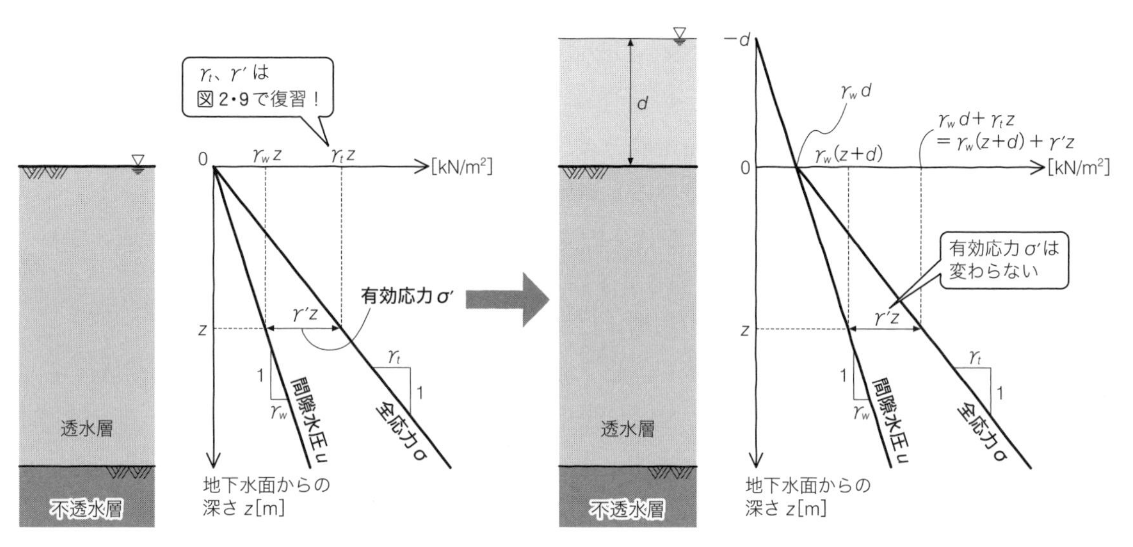

(a) 地表に地下水面がある場合　　(b) 水面が上昇した場合

図 5・6　静水圧での鉛直方向の全応力と間隙水圧および有効応力

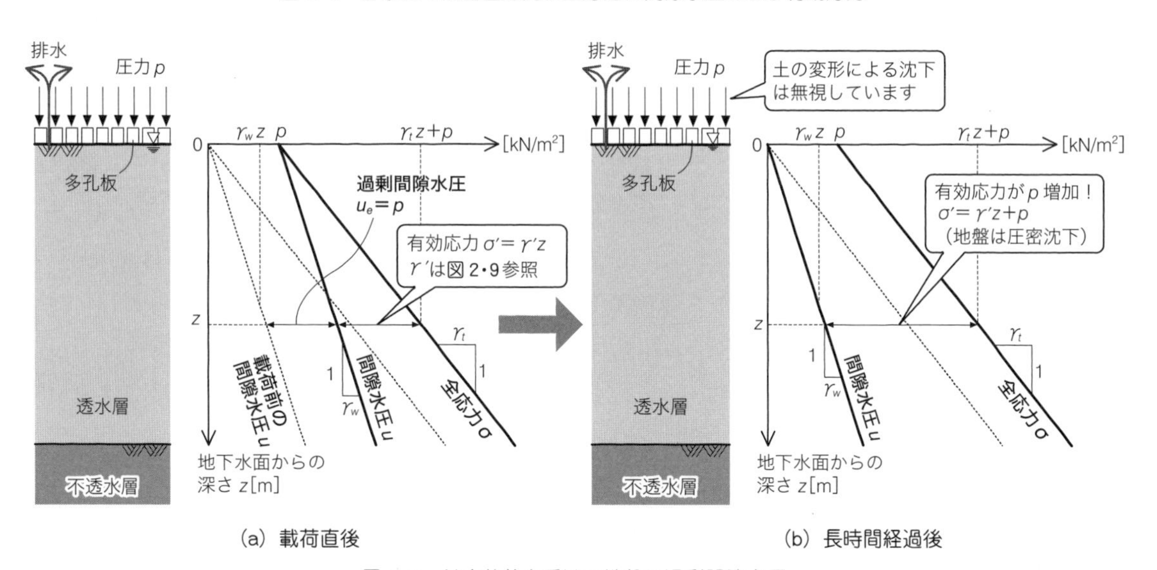

(a) 載荷直後　　(b) 長時間経過後

図 5・7　鉛直載荷を受ける地盤と過剰間隙水圧

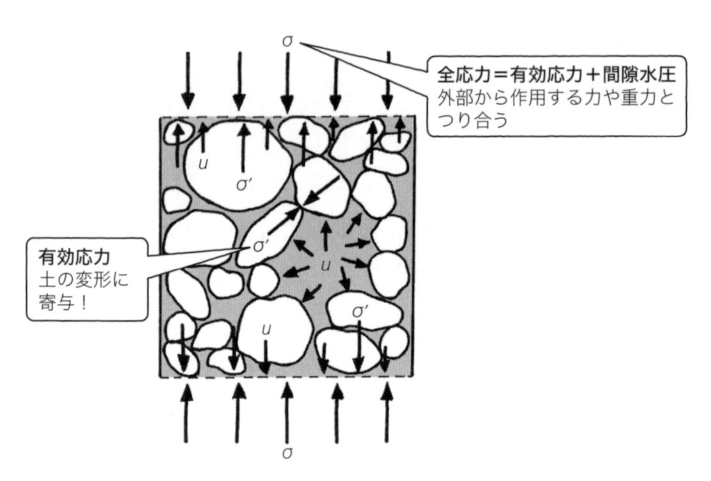

図 5・8　地表の地下水面付近の地下水の様子と圧力の分布

COLUMN　サクションの利用

底面から水を吸い上げることで水やりの回数を減らす底面給水の植木鉢は毛細管現象の利用の好例です。水を好む植物は保水性が高く不飽和帯が厚く形成されやすい細粒土、サボテンのような水を好まない植物は毛細管現象が作用しにくい粗粒土で育てます。

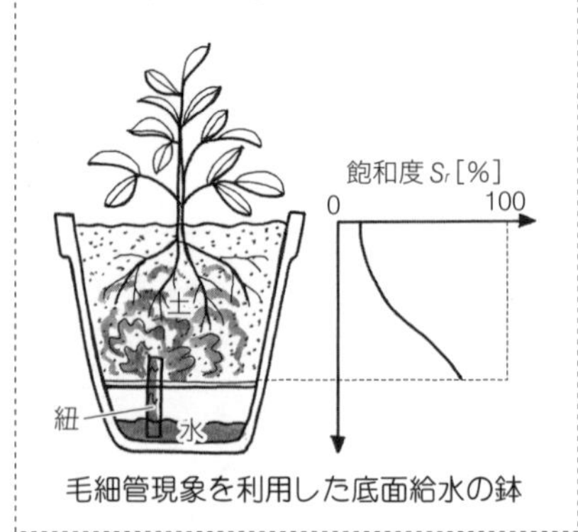

毛細管現象を利用した底面給水の鉢

過剰間隙水圧(excess pore water pressure)とよびます。その後、時間が経過して間隙水が排出されると過剰間隙水圧は解消されてゆき、結果として図 5・7（b）のように過剰間隙水圧が 0 で、有効応力 σ' が p 増加します。このとき、地盤の圧縮や変形は有効応力の変化（増加）に対応して発生することになります。

図5・7の飽和地盤を拡大してもう少し詳しく観察しましょう。図5・8は取り出した地盤の鉛直方向の応力を表示しています。力のつり合いに応じて外から作用する全応力 σ は、一部を間隙水圧 u が支え、残りは土粒子が支えています。土粒子に作用する力は土粒子を移動・回転させ、土粒子の移動や回転は土の変形を引き起こします。以上のことから、全応力から間隙水圧を差し引いた有効応力 σ' は、土を変形させるのに有効な応力と考えることができます。

5・3　水と空気が混在する土：不飽和土

地中に自由地下水面をもつ図5・9を考えてみましょう。地下水面より深いところは水で飽和された地下水帯、地下水面より浅いところは水と空気が混在した不飽和帯（図 5・10）になります。不飽和帯のなかでも地下水面近くは毛細管現象が発生して間隙水圧が負になり、**毛管作用**(capillarity)により地下水を吸い上げる毛管水帯になります。このとき水圧は負圧（大気圧を 0 としたときそれより低い圧力はマイナス）になり、大気圧と水圧の差は**サクション**（suction）とよばれます（図 5・9）。さらに水面から離れると、間隙水が不連続に土粒子の周りにまとわりつく皮膜水帯となります。なお、毛管水帯の範囲は、土の種類や状態に応じた水分保持特性によって決まり、一般に粒径や間隙比が小さいほど高くなります。また、地表近くの不飽和帯では雨が降ると飽和度が増加し、それに呼応して間隙水圧は増加し、サクションは減少します。

（1）砂山のトンネルが崩れないメカニズム

毛管作用により吸い上げられた水は、図 5・11 に示すような表面張力 T_s（空気圧と水圧の差 p_a-u_w に比例する強さ）により土粒子同士を引きつける働きをします。この力は**見かけの粘着力**

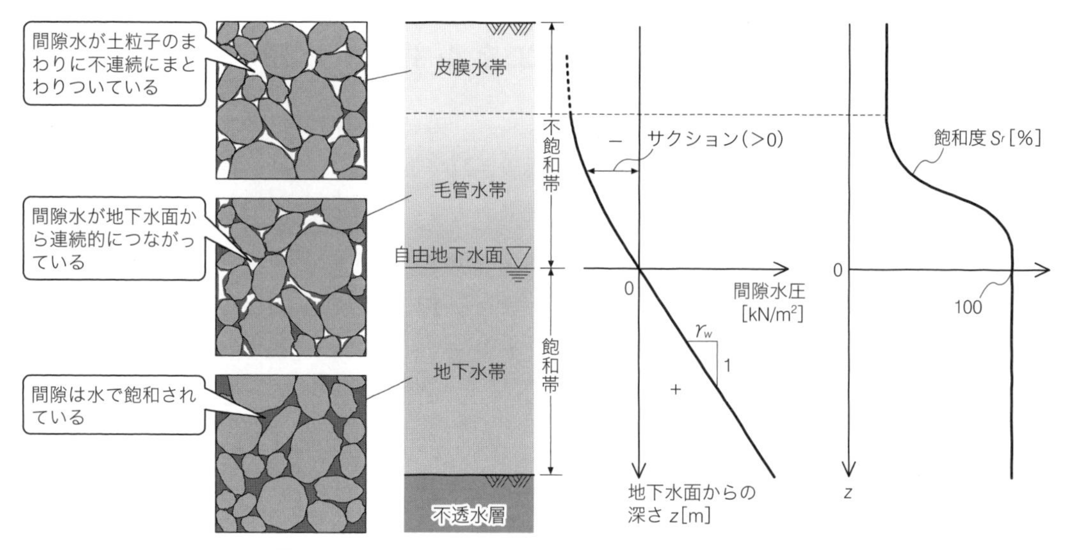

図 5･9　地表の地下水面付近の地下水の様子と圧力の分布

(apparent cohesion)の一種で、サクションが小さいほど強くなります。砂場や砂浜で砂山にトンネルを掘った経験がある人も多くいるでしょう。ほどよく湿らせた砂では容易くトンネルを掘れるのに、湿らせすぎた砂や乾燥した砂は簡単に崩れてしまいます。

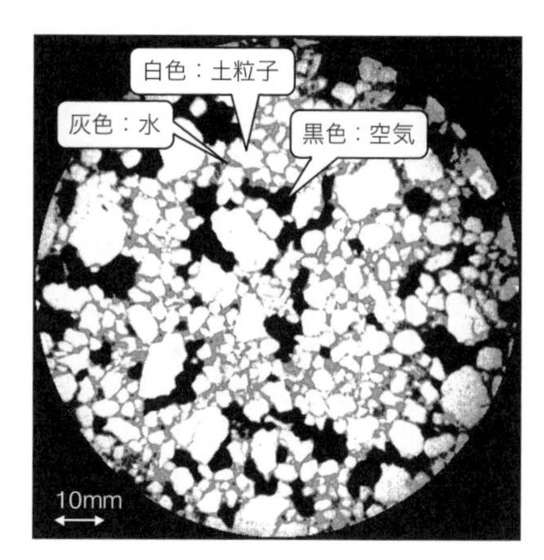

図 5･10　不飽和土の CT スキャン画像（提供：川尻峻三博士）

(2) さまざまな透水現象

土中の水の流れやすさも飽和度によって異なり、不飽和帯は飽和帯に比べて、空気が邪魔をするため水が流れにくくなります。次節からは、浸透現象の基本的な考え方を学ぶため、主に地下水面下の飽和土の中の水の流れを学びましょう。なお、土が外力を受けて圧縮（膨張）する際にも間隙水が絞り出されて（引き込まれて）浸透は発生します。このような、土骨格の変形と間隙水および浸透現象の関わりについては第 8 講以降で学ぶことにして、本講では土骨格の圧縮や膨張をともなわない浸透現象について説明します。

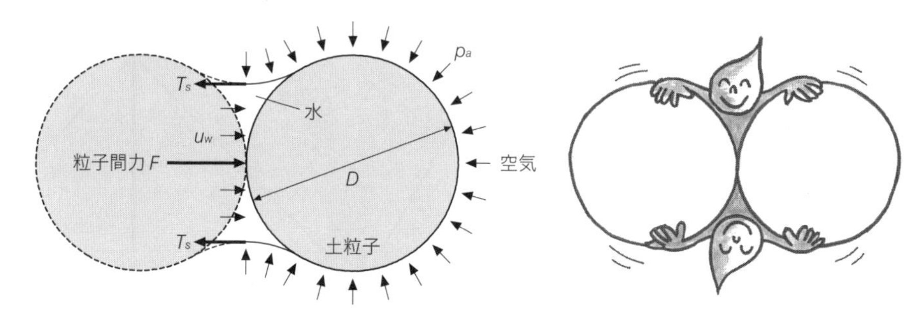

図 5･11　土粒子同士を引きつける表面張力の働き

5・4 水柱の高さに置き換えた水のエネルギー：水頭

河川の水は、高い位置から低い位置へと流れます。一方、注射器の中の水（液体）は、ピストンが押されて内部の水圧が増加すると、大気に開放されており圧力が低い針先から飛び出します。すなわち、「高低差」と「圧力差」は水の流れの原動力です。土中の浸透現象はこの両者を考慮した水のエネルギーを「水柱」の高さに換算した**水頭（head）**という概念で考えます。

間隙水の流れがない図 5・12 の容器内の飽和土で間隙水の圧力と水頭を考えてみましょう。容器の底を原点として、鉛直上向きに座標 z [m] をとります。上に行くほど位置は高く、逆に間隙水圧は図 5・5 でも説明したように水面で 0 [kN/m^2] で、深いほど高く（上に行くほど低く）なります。「位置」と「圧力」は単位が異なるので、基準位置からの鉛直上向きの高さを**位置水頭（potential head）**とし、水圧 u [kN/m^2] を水の単位体積重量 γ_w [kN/m^3] で割って「静水圧分布でその水圧が得られる水の深さ」に換算して**圧力水頭（pressure head）**とよびます。すると、鉛直座標 z に対して位置水頭は傾き 1、圧力水頭は傾き -1 の分布になり、両者を足し合わせた値は一定になります。この位置水頭 z [m] と圧力水頭 u/γ_w [m] の和を**全水頭（total head）**あるいは**ピエゾ水頭（piezometric head）**とよび、h で表わします。

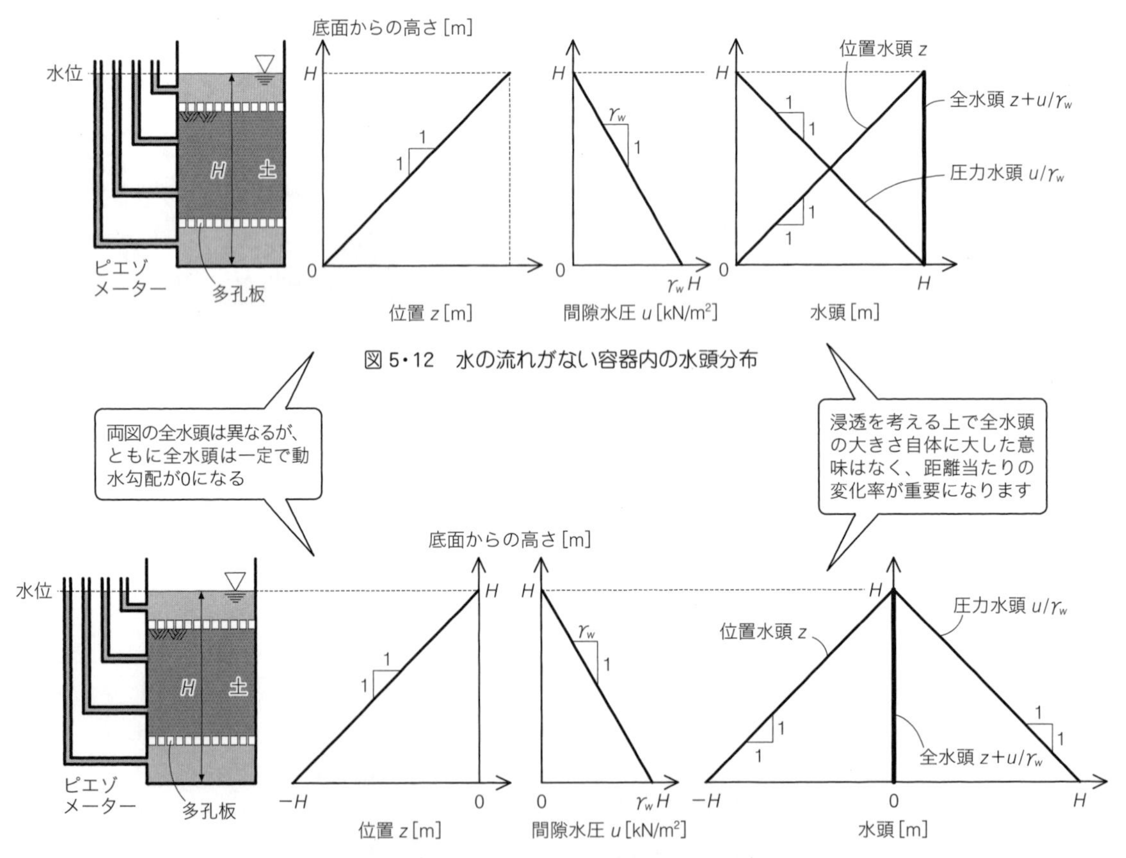

図 5・12　水の流れがない容器内の水頭分布

図 5・13　図 5・12 から位置水頭の基準を変えた場合の水頭分布

$$h = z + \frac{u}{\gamma_w} \ [\mathrm{m}] \tag{5.2}$$

一般的に、「間隙水は全水頭が高いほうから低いほうへ流れる」と考えられます。すなわち、間隙水の浸透は、位置水頭と圧力水頭どちらか一方の差だけで決まるのではなく全水頭の差で決まるということです。つまり、ここで考えている図 5・12 の状態では「全水頭が一定で差がないから間隙水は流れない」といえます。

なお、鉛直上向きの座標 z [m] の原点はどこにとっても構いません。図 5・13 は図 5・12 と同じ容器で、地表面・地下水面の位置に z 座標の原点をとって水頭分布を描いています。原点の位置によって位置水頭の大きさは変わり、全水頭も同じだけ変化しますが、間隙水の流れを決める「全水頭の差」には全く影響しないことがわかります。

ところで、静止した水の中では全水頭が一定となることを利用すれば、全水頭を可視化できます。これには、図 5・12 に示すように容器の壁面に穴をあけ、パイプを接合します。そうするとパイプ内で、ある高さまで水面が上がります。水面位置では圧力水頭が 0 [m] になっているので、その高さ、つまり位置水頭を測れば、それがその位置での全水頭となります。ところで、水が流れていなければパイプ内でも水頭はどこでも一定ですので、このように測った全水頭の値は、パイプの接続部の土中間隙水の全水頭の値ということにもなります。このような計測器を**ピエゾメーター（piezometer）**とよびます。実地盤では井戸が同じ役割を果たします。図 5・12 の容器の各深さに立てたピエゾメーターでは、すべての水柱が同じ高さになります。これは図 5・12 の例では水が流れていないため、全水頭は容器のいたるところで全水頭が一定だからです。

COLUMN　水がもつ力学的エネルギーと全水頭

鉛直上向きの座標 z [m] を、速度 v_w [m/s] で運動し、水圧 u [kN/m²] の水（質量 M [kg]、体積 V [m³]）がもつ力学的エネルギーは

$$E = Mgz + uV + \frac{Mv_w^2}{2} \ [\mathrm{kN \cdot m}]$$

と表わされます。g は重力加速度（＝9.8）[m/s²] です。右辺はそれぞれ位置エネルギー、圧力エネルギー、運動エネルギーに対応します。水理学や流体力学で学ぶベルヌーイの定理では、摩擦損失がない流れでエネルギー E が保存されると考えます。両辺を Mg で割って単位重量当たりに換算すると、

$$\frac{E}{Mg} = z + \frac{uV}{Mg} + \frac{v_w^2}{2g} = z + \frac{u}{\gamma_w} + \frac{v_w^2}{2g} \ [\mathrm{m}]$$

となります。間隙水の流れは遅いので、大抵の場合は（間隙水の速度 v_w による）運動エネルギーを無視できて、

$$h = \frac{E}{Mg} \approx z + \frac{u}{\gamma_w} \ [\mathrm{m}]$$

となり、全水頭（ピエゾ水頭）が得られます。全水頭の差は浸透の原動力であり、E や全水頭 h は浸透中に土粒子と水の摩擦により徐々に失われます。

水がもつ力学的エネルギー

第６講　浸透現象とダルシーの法則

この講では、地盤の中の浸透現象を支配するダルシーの法則について学びます。土の中の水の流れやすさを表わす透水係数の測りかたについても学びましょう。前講で説明した「全水頭」が重要な役割を果たすので、しっかり理解してこの講に臨んでください。

6･1　全水頭が低いほうへと流れる「ダルシーの法則」

図6･1のように飽和した地盤の両端で水位が異なる場合、水位が高い上流側から低い下流側へ**浸透流**（seepage flow）が生じます。多孔板に挟まれた土の断面積 A［m²］、（浸透方向の）透水距離 L［m］として、両側の水位差を $\varDelta H$［m］に保ったとき、時間 $\varDelta t$［s］当たりの下流側から溢れた水の総流量を Q［m³］とすると、単位時間当たりの透水量 q［m³/s］は式（6.1）になります。

$$q=\frac{Q}{\varDelta t}\ [\mathrm{m^3/s}] \tag{6.1}$$

断面積 A で割ると、単位時間、単位断面積当たりの流速 v［m/s］が求まります。

$$v=\frac{q}{A}\ [\mathrm{m/s}] \tag{6.2}$$

図のような浸透では、飽和土の左右両端の全水頭を（圧力水頭が0 mになる）水面の高さで測れることを前講で説明しました。よって、飽和土の左右両端の水頭差は左右の水位差 $\varDelta H$ に等しくなります。ここで、単位透水距離当たりの全水頭の減少率 i を**動水勾配**（hydraulic gradient）と呼びます。

$$i=-\frac{(-\varDelta H)}{L}\ [無次元] \tag{6.3}$$

右辺にマイナスがつくのは、全水頭が減少する方向の動水勾配が正になることを意味します。流速 v と動水勾配 i には次の比例関係が成り立ちます。

$$v=k\,i=k\frac{\varDelta H}{L}\ [\mathrm{m/s}] \tag{6.4}$$

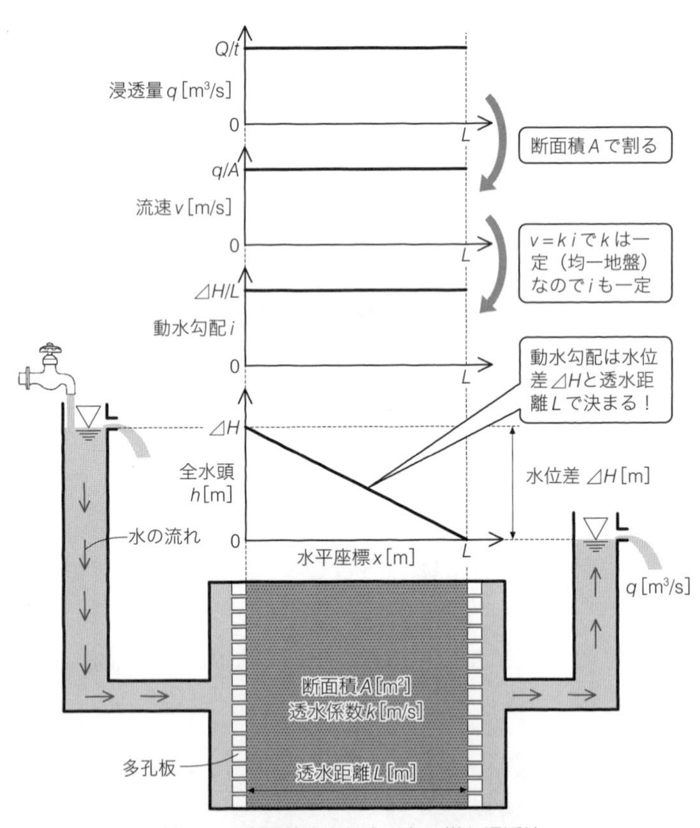

図6･1　水頭差により生じた一様な浸透流

● COLUMN ● 見かけの流速 v

ダルシーの法則の流速 v [m/s] は、土粒子が占める面積も含んだ単位断面積当たり、単位時間あたりの流速です。しかし、間隙水は土粒子が占める断面を流れないので、間隙比 e の土中で実際に間隙水が流れる断面は、全断面の $e/(1+e)$程度です。このため、流速 v は、実際に土中を流れる水の平均速さ v_w [m/s] より遅く、$v_w \dfrac{e}{1+e}$ [m/s] になります。このため流速 v は「見かけの流速」ともよばれます。

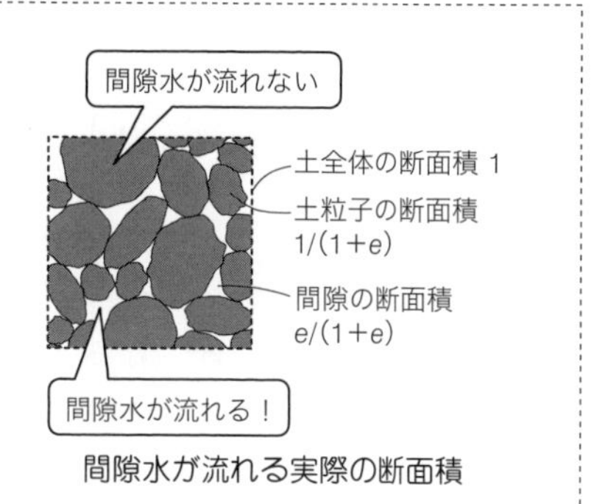

間隙水が流れる実際の断面積

表 6・1　透水係数の目安（地盤工学会（2010）[2]をもとに作成）

透水係数 k [m/s]

10^{-11}〜10^{-10}	10^{-10}〜10^{-9}	10^{-9}〜10^{-8}	10^{-8}〜10^{-7}	10^{-7}〜10^{-6}	10^{-6}〜10^{-5}	10^{-5}〜10^{-4}	10^{-4}〜10^{-3}	10^{-3}〜10^{-2}	10^{-2}〜10^{-1}	10^{-1}〜1
実質不透水		非常に低い		低い		中位		高い		
粘性土		微細砂、シルト、砂－シルト－粘土混合土				砂、礫			清浄な礫	

この式は、実験で発見したフランス人水道技師ダルシー（Darcy）から**ダルシーの法則**（**Darcy's law**）と呼ばれます。k は流速と同じ単位 [m/s] をもち、土の種類（粒度）の違いや状態（間隙比）によって決まる比例定数で**透水係数**（**coefficient of permeability**）と呼びます。土の種類ごとの透水係数の目安を表 6・1 に示します。

また図 6・1 で示したように、（土骨格が変形しない）飽和土中の一様な浸透では、どの位置 x でも浸透量 q は一定です。さらに、断面積 A が一定なので、流速 v も一定になります。もし、土が均質で透水係数 k が一定ならば、動水勾配 i も一定です。動水勾配 i は距離当たりの全水頭の減少率なので、全水頭は一定の傾きで線形に減少します。

6・2 成層地盤中の浸透と透水係数

地盤は必ずしも均質でなく、しばしば異なる地盤材料で構成されます。長年の堆積により形成された堆積地盤では、土の種類の違いなどにより地層ごとの透水性が異なり、これらの複数の層で形成される地盤を**成層地盤**（**stratified ground**）といいます。ここでは、透水係数 k_1、k_2…k_n の n 層が水平に堆積した成層地盤で、同じ地盤でも水平と鉛直の浸透方向によって透水性が異なってくることを学びましょう。

(1) 水平方向の浸透に対する透水係数 k_h

まずは ΔH の水頭差で水平方向の浸透流が発生する図 6・2 を考えます。各層の左右両端の水頭差は等しくなりますが、透水性は異なるため各層内の流速 v は異なることに留意します。各層の左右両端の水頭差 Δh_1、Δh_2… Δh_n は水位差 ΔH に等しいので、

$$\Delta H = \Delta h_1 = \Delta h_2 = \cdots = \Delta h_n \ \text{[m]} \qquad (6.5)$$

となります。また、各層の鉛直断面の面積 A_1、A_2…A_n、その和を地層全体の断面積 A とします。

$$A = A_1 + A_2 + \cdots + A_n \ \text{[m}^2\text{]} \qquad (6.6)$$

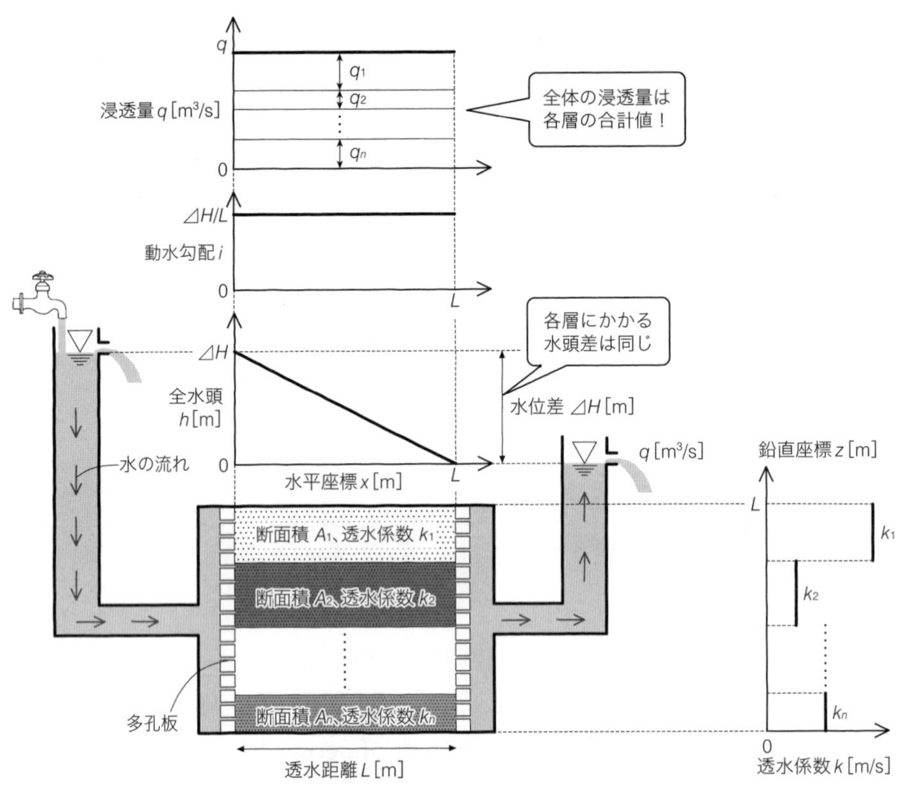

図 6･2　成層地盤中の水平方向の浸透

地層全体の浸透量 q は、各層の浸透量 q_1、$q_2 \cdots q_n$ の合計です。

$$q = q_1 + q_2 + \cdots + q_n \ \ [\mathrm{m^3/s}] \tag{6.7}$$

どの層も動水勾配は一定で $\varDelta H/L$ なので、式（6.7）の浸透量 q_1、$q_2 \cdots q_n$ はダルシーの法則より

$$q = v_1 A_1 + v_2 A_2 + \cdots + v_n A_n = \frac{k_1 \varDelta H}{L} A_1 + \frac{k_2 \varDelta H}{L} A_2 + \cdots + \frac{k_n \varDelta H}{L} A_n \ \ [\mathrm{m^3/s}] \tag{6.8}$$

巨視的にとらえた地層全体の水平方向の透水係数を k_h とすると透水量 q は次の式で与えられます。

$$q = v\,A = \frac{k_h \varDelta H}{L} A \ \ [\mathrm{m^3/s}] \tag{6.9}$$

式（6.8）を代入して整理すると地層全体としての水平方向の透水係数 k_h が得られます。

$$k_h = \frac{k_1 A_1 + k_2 A_2 + \cdots + k_n A_n}{A} \ \ [\mathrm{m/s}] \tag{6.10}$$

断面積 A_1、$A_2 \cdots A_n$ の比は層厚 L_1、$L_2 \cdots L_n$ の比に等しいので、式（6.10）の各層の断面積 A_n や地層全体の断面積 A をそれぞれの層厚に置き換えても差し支えありません。

（2）鉛直方向の浸透に対する透水係数 k_v

今度は、図 6･2 と同じ成層地盤に対して、上下端の水頭差 $\varDelta H$ により鉛直下向きに浸透流が発生する図 6･3 を考えましょう。どの層でも流入したのと同じだけ間隙水が流出する（次節で解説する連続式に相当する条件）ことから各層の流量 q は等しく、鉛直方向の浸透流に対する断面積

A も一定なので、各層の流速 v_1、$v_2 \cdots v_n$ はすべて同じ流速 v であることに留意します。

$$v = v_1 = v_2 = \cdots = v_n \quad [\mathrm{m/s}] \tag{6.11}$$

水頭差 $\triangle H$ は n 層の地盤全体に作用しているので、各層間の水頭差 $\triangle h_1$、$\triangle h_2 \cdots \triangle h_n$ の和に等しく、

$$\triangle H = \triangle h_1 + \triangle h_2 + \cdots + \triangle h_n \quad [\mathrm{m}] \tag{6.12}$$

を満たします。また、各層厚 L_1、$L_2 \cdots L_n$ の和は透水距離 L に等しいので、

$$L = L_1 + L_2 + \cdots + L_n \quad [\mathrm{m}] \tag{6.13}$$

です。各層の動水勾配は $\triangle h_1/L_1$、$\triangle h_2/L_2 \cdots \triangle h_n/L_n$ なので、式（6.11）の流速はダルシーの法則より、

$$v = \frac{k_1 \triangle h_1}{L_1} = \frac{k_2 \triangle h_2}{L_2} = \cdots = \frac{k_n \triangle h_n}{L_n} \quad [\mathrm{m/s}] \tag{6.14}$$

です。地層全体としての鉛直方向の透水係数を k_v とすると、

$$v = \frac{k_v \triangle H}{L} \quad [\mathrm{m/s}] \tag{6.15}$$

なので、さらに変形すると、

$$k_v = \frac{vL}{\triangle H} = \frac{vL}{\triangle h_1 + \triangle h_2 + \cdots + \triangle h_n} \quad [\mathrm{m/s}] \tag{6.16}$$

になります。式（6.14）を代入して整理すると透水係数 k_v が得られます。

$$k_v = \frac{L}{\dfrac{L_1}{k_1} + \dfrac{L_2}{k_2} + \cdots + \dfrac{L_n}{k_n}} \quad [\mathrm{m/s}] \tag{6.17}$$

このように式（6.10）と式（6.17）を比較すれば、同じ成層地盤でも浸透方向によって透水性が異なります。このような方向への依存性を一般に**異方性（anisotropy）**とよび、実際の地盤の透水係数も異方性をよく示します。

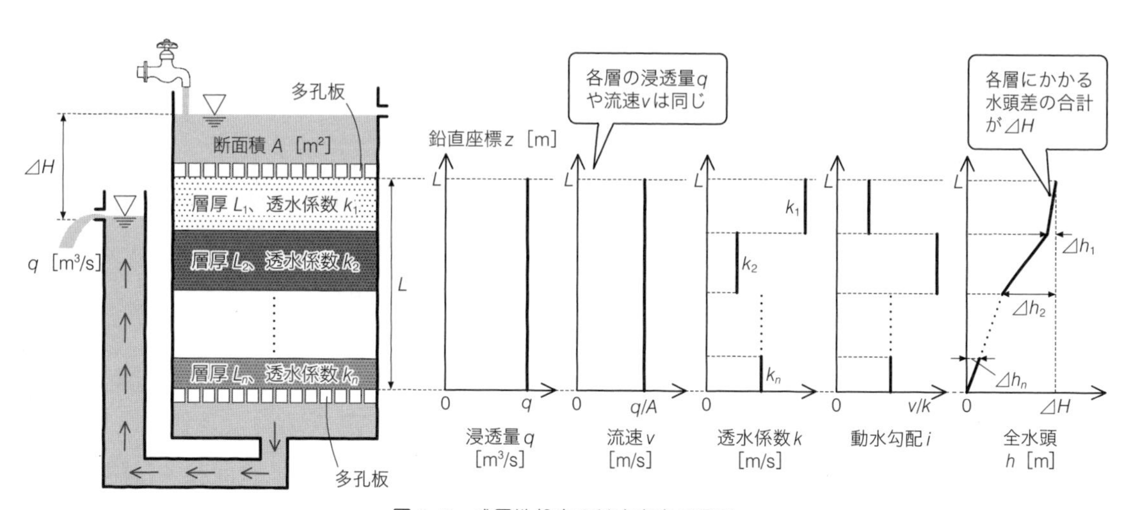

図 6・3　成層地盤中の鉛直方向の浸透

● COLUMN ● ハーゲン・ポワズイユの式とダルシーの法則

半径 a [m] の円管を規則正しく流れる水の速度 v_w [m/s] は壁面で 0、中心に近いほど速く、

$$v_w = \frac{g}{4\eta}\frac{\Delta H}{\Delta x}(a^2 - r^2) \quad \text{[m/s]}$$

で与えられます。η [kN/m²·s] は水の粘性係数、ΔH [m] は水頭の変化量、$\Delta H/\Delta x$ は動水勾配 i です。流速を積分して断面当たりの流量 q を求めて断面積 πr^2 [m²] で割ると、平均的な流速 v が求まります。

$$v = \frac{q}{\pi r^2} = \frac{ga^2}{8\eta}\frac{\Delta H}{\Delta x} = \left(\frac{ga^2}{8\eta}\right) i \quad \text{[m/s]}$$

円管内を規則正しく流れる水（層流）

この式を**ハーゲン・ポワズイユの式**（Hagen-Poiseuille equation）とよびます。ダルシーの法則と同じ流速と動水勾配の比例関係が得られました。ただし、管路に比べて複雑な間隙構造をもつ土では、透水係数 k を比例定数として材料特性を代表させています。

6・3 試験室での透水係数の測り方

飽和土の透水係数を室内で求める試験方法は、主に**定水位透水試験**（constant head permeability test）と**変水位透水試験**（falling head permeability test）の 2 種類です。どちらも断面積 A [m²] や高さ（透水距離）L [m] が一定の土試料に水頭差を与えて、時間 Δt [s] の間に流れた水の量 Q [m³] から透水係数 k [m/s] を算出します。

（1）定水位透水試験

透水性が比較的高い砂や、砂混じり礫（透水係数 $k = 10^{-5} \sim 10^{-3}$ m/s 程度）には、図 6・4（a）の定水位透水試験を用います。この試験では水位差 ΔH を一定に保つので、ダルシーの法則から動水勾配 i と流速 v [m/s] も一定になります。

$$v = ki = k\frac{\Delta H}{L} \quad \text{[m/s]} \tag{6.18}$$

時間 Δt 当たりの流量 Q を計測すると、流速 v で断面積 A の土中の透水量から、

$$Q = vA\Delta t \quad \text{[m}^3\text{]} \tag{6.19}$$

が求められます。(6.18) を代入して整理すると透水係数が得られます。

$$k = \frac{QL}{A\Delta t\Delta H} \quad \text{[m/s]} \tag{6.20}$$

なお、粘土やシルトなど透水性が低い土での試験は、排出される水の量 Q が少なく、流出した水の蒸発などによる計測誤差が無視できなくなり、また非常に時間がかかるため、あまり適しません。

（2）変水位透水試験

透水性が低いシルトや細粒分混じり砂（透水係数 $k = 10^{-9} \sim 10^{-5}$ m/s 程度）には、図 6・4（b）の変水位透水試験を用います。この試験では、（下流側の水位は一定ですが）上流側に立てた断面積 a [m²] のパイプの水位が下降し、水位差 h [m] が刻々と減少します。そのため、動水勾配 i や流速 v [m/s] も刻々と減少することを考慮して、透水係数 k [m/s] を算出します。定水位透水

試験のように試験中に流速 v が一定ではないことに留意しましょう。ある時刻 t [s]で水頭差 h のとき、流速 v [m/s] はダルシーの法則から次のように表わされます。

$$v = k\,i = k\frac{h}{L} \ \text{[m/s]} \tag{6.21}$$

時間 dt [s] 経過時に水頭差が dh [m] 変化したとします。パイプを流下した水の量は透水量に等しく、

$$-a\,dh = v\,A\,dt \ [\text{m}^3] \tag{6.22}$$

となります。なお、定水位透水試験では流速 v が一定であるため、経過時間⊿t を長くとっても式 (6.19) や式 (6.20) が成立しましたが、変水位透水試験では、流速 v が刻々と変化するため、ある瞬間(ごくわずかな経過時間)でしか式(6.22)は成立しません。そのため、d はごくわずかな値の変化を表わすことに注意してください。式(6.21)を代入して整理すると次式になります。

$$-a\frac{dh}{h} = \frac{k\,A}{L}dt \tag{6.23}$$

式中の変数は水頭差 h と時刻 t のみです(他の値は一定)。時刻 $t = t_0$、t_1 で水位差 $h = h_0$、h_1 を計測すると、刻々の水位 h の変化を以下のように積分して、透水係数 k を求めることができます。

$$-\int_{h_0}^{h_1}\frac{a}{h}dh = \int_{t_0}^{t_1}\frac{k\,A}{L}dt \ \text{より}$$

$$k = \frac{-a\,L\,(\ln h_1 - \ln h_0)}{A\,(t_1 - t_0)} \ \text{[m/s]} \tag{6.24}$$

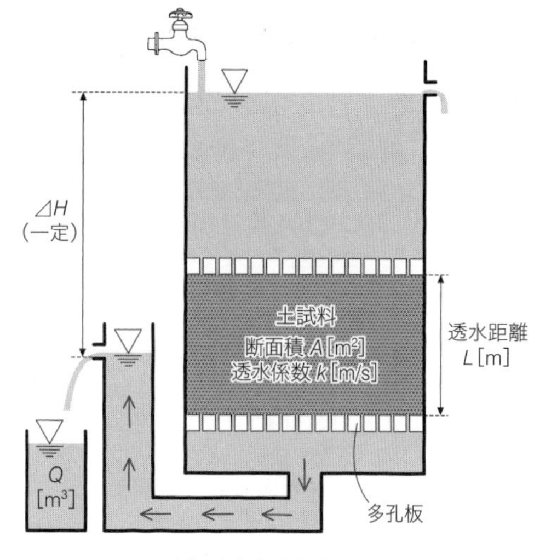

(a) 定水位透水試験

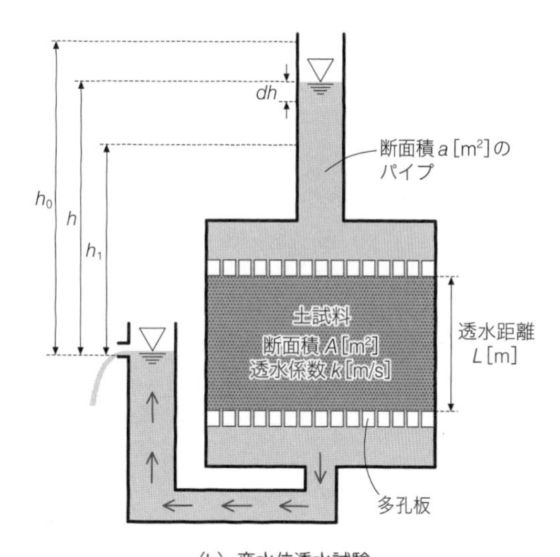

(b) 変水位透水試験

図 6・4　透水係数の室内試験法

なお、この試験は、パイプの断面積 a を変えることで透水量の計測精度を調整できるので、粘土から砂、礫まで幅広く適用できますが、透水量を精密に測れる小さな断面積 a のパイプで透水性が低い土に用いることが多いです。

6・4 現地での透水係数の測り方

現地で実施する試験を**原位置試験**(in-situ test)とよびます。透水係数は井戸から水を汲み上げる揚水試験でも測定できます。自由地下水の透水層に井戸を掘り、時間当たり一定量の水 Q [m³/s] を汲み上げ続けると、図 6・5 のように周辺地盤の地下水面が同心円状に下降し、いずれ揚水量と周辺地盤からの水の供給量がつりあった定常状態になります。このときの井戸の揚水量

● COLUMN ●　透水係数に影響をおよぼす要因

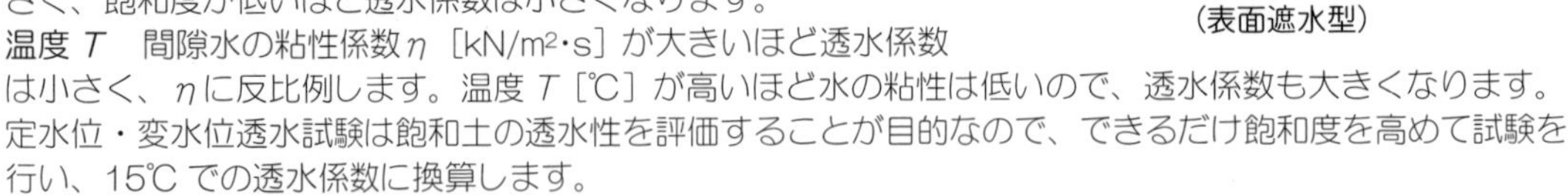

土を盛り立てて築造するアースダム
（表面遮水型）

透水係数 k ［m/s］は、土の性質や状態および間隙水の状態によって異なります。

粒径 D　透水係数は、土粒子径 D ［m］ が大きいほど大きく、おおむね D の２乗に比例します。

間隙比 e　同じ種類の土でも間隙比が大きいほど透水係数は大きくなります。土を盛り立てて築造するアースダムでは、締固めにより間隙比を減少させて透水係数を下げます。

飽和度 S_r　同じ土でも飽和土に比べて不飽和土の透水係数は小さく、飽和度が低いほど透水係数は小さくなります。

温度 T　間隙水の粘性係数 η ［kN/m²・s］ が大きいほど透水係数は小さく、η に反比例します。温度 T ［℃］ が高いほど水の粘性は低いので、透水係数も大きくなります。定水位・変水位透水試験は飽和土の透水性を評価することが目的なので、できるだけ飽和度を高めて試験を行い、15℃ での透水係数に換算します。

ヘーゼン（Hazen）[8]、テルツァーギ（Terzaghi）、ツンカー（Zunker）[9] などによりさまざまな透水係数の予測式が提案されていますが、いずれも次のような形です。

$$k = C\frac{f(e)D^2}{\eta(T)} \ [\text{m/s}]$$

C は定数、$f(e)$ は間隙比の単調増加関数（関数形は式ごとに異なる）、D ［m］ は粒径（有効粒径 D_{10}（2・1節参照）がよく用いられます）、$\eta(T)$ ［kN/m²・s］ は温度 T により決まる間隙水の粘性係数です。

や揚水井周辺に掘った観測井の水位をもとに、地盤の透水係数 k ［m/s］ を推定しましょう。

帯水層の底面（不透水層との境界）からの地下水面の高さを h ［m］ とします。まず、定常状態での揚水井の半径 r_0 ［m］、水位 h_0 ［m］ を測ります。また、揚水井から r_1 ［m］ 離れた位置に観測井を掘り、水位 h_1 ［m］ を観測します。地下水位は揚水井の中心に向かって徐々に下がりますが、地下水の流速 v ［m/s］ は井戸の中心に向かう水平成分が卓越しているので、鉛直方向の流速は無視できると仮定します。この仮定を**デュピュイの仮定**（Dupuit assumption）とよびます。流速の鉛直成分がゼロなので、鉛直方向の動水勾配もゼロになり、位置 r ［m］ では高さによらず全水頭は一定です。また、帯水層の底面を位置水頭の基準にとると、地下水面では水圧がゼロなので、位置 r ［m］ の全水頭は水面の高さ $h(r)$ ［m］ になります。このとき、位置 r での流速 v ［m/s］ は次式で与えられます。

$$v = k\,i = k\frac{dh}{dr} \ [\text{m/s}] \tag{6.25}$$

ところで、位置 r において水が通過する面積を S ［m²］ は、図 6・5（a）に示すように円筒の側面に相当します。定常状態では周辺地盤から井戸の中心に向かう流量が時間当たりの揚水量 Q と一致するので、

$$Q = S\left(k\frac{dh}{dr}\right) = 2\pi\, r\, h\left(k\frac{dh}{dr}\right) \ [\text{m}^3/\text{s}] \tag{6.26}$$

が得られます。変数が位置 r と水位 h のみであることに留意して、両辺に分離します。

$$Q\frac{dr}{r} = 2\pi\, h\, k\, dh \tag{6.27}$$

両辺を積分して次式を得ます。

$$Q \ln r = \pi k h^2 + C \quad (Cは積分定数) \tag{6.28}$$

位置r_0 [m]（揚水井の端）で水位h_0 [m] になることから積分定数Cを求めます。

$$C = \pi k h_0^2 - Q \ln r_0 \tag{6.29}$$

式（6.29）を式（6.28）に代入すると位置r [m] での水面高さh [m] を表わす式が得られます。位置r_1 [m] に観測井を掘って計測した水位h_1 [m] を代入すると透水係数kが得られます。

$$k = \frac{Q \ln \dfrac{r_1}{r_0}}{\pi \left(h_1^2 - h_0^2\right)} \ \text{[m/s]} \tag{6.30}$$

不透水層に閉じ込められた被圧地下水での揚水試験、図 6・5（b）も同様です。層厚D [m] 一定の被圧帯水層に半径r_0 [m] の観測井を掘り、一定量の水Q [m³/s] を汲み上げ続け、井戸の水位h_0 [m] を測ります。また、揚水井からr_1 [m] 離れた位置に観測井を掘り、水位h_1 [m] を観測します。自由地下水の揚水試験と異なるのは、浸透が起こる帯水層の高さDが一定であることと、被圧地下水なので観測井の水面はDより高くなることです。揚水井の中心からr [m] 離れた位置に観測井を設けたときの水位h [m]、井戸の中心に向かう間隙水の流速v [m/s] とすると、流速は式（6.25）と全く同じ式で与えられます。層厚一定の周辺地盤から井戸に向かう流量と揚水量が一致するので、

$$Q = 2\pi r D v = 2\pi r D \left(k \frac{dh}{dr}\right) \ \text{[m}^3\text{/s]} \tag{6.31}$$

自由地下水の式（6.26）とは少し形が変わりましたが、式（6.31）も位置r [m] と観測井の水位h [m] の微分方程式です。先ほどと同じ手順で解くと次式のように透水係数が求まります。

$$k = \frac{Q \ln \dfrac{r_1}{r_0}}{2\pi D \left(h_1 - h_0\right)} \ \text{[m/s]} \tag{6.32}$$

なお、自由地下水でも被圧地下水でも、揚水井の半径r_0と水位h_0の代わりに、観測井を二つ設けてそれらの水位から透水係数を求めることもできます。

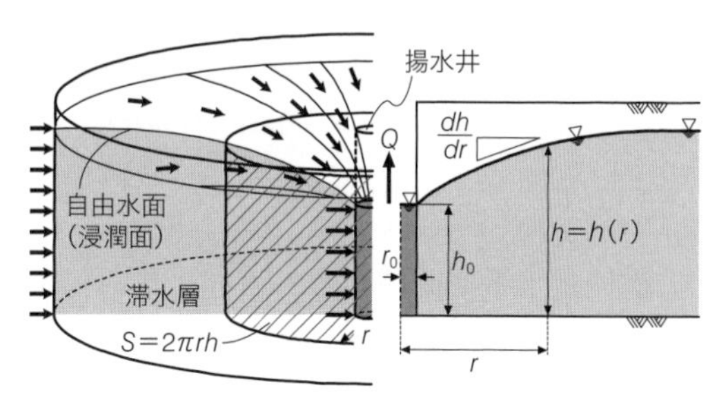

（a）自由地下水の場合

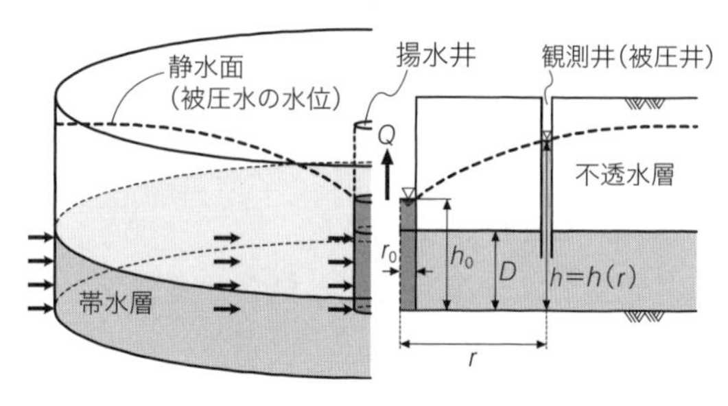

（b）被圧地下水の場合

図 6・5　原位置揚水試験による透水係数の測定

第7講　多次元の浸透現象と浸透破壊

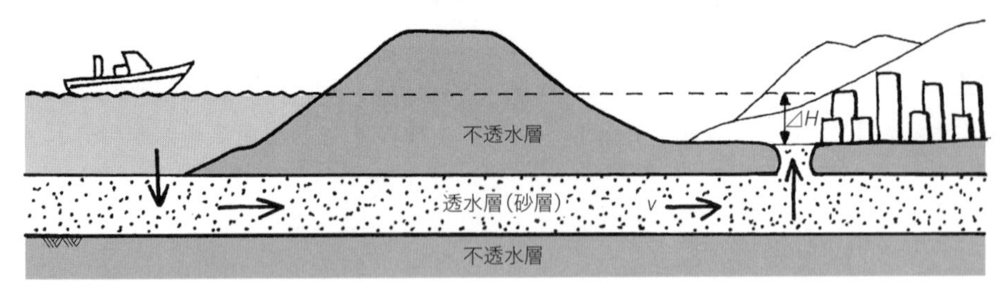

図7･1　一次元浸透現象の例：河川堤防下の層厚一定の砂層内の浸透

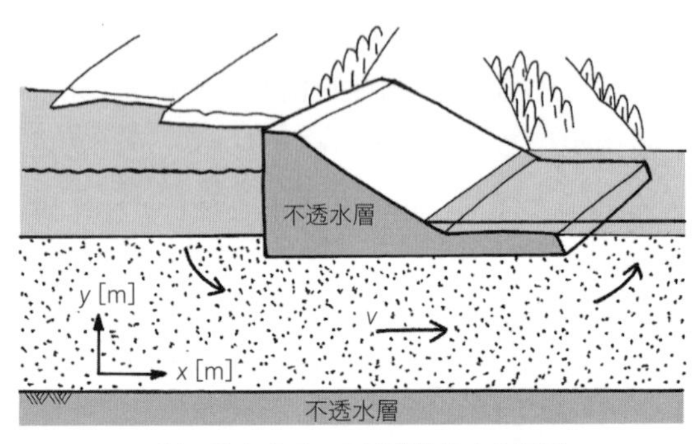

(a) 重力式ダムの基礎地盤内の浸透

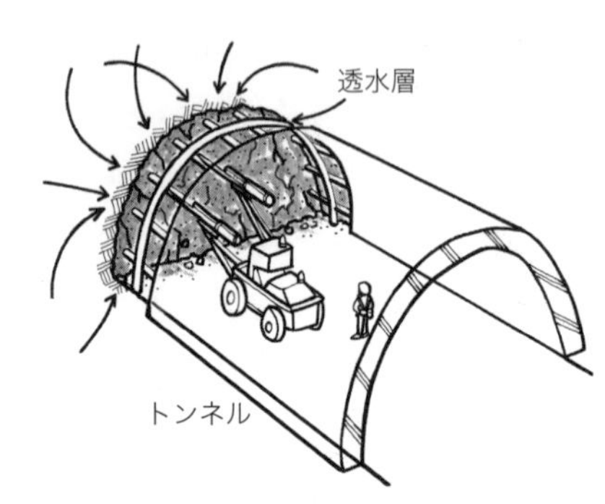

(b) 海底トンネル周辺の浸透

図7･2　多次元浸透現象の例

前講では、主に間隙水が一方向にのみ流れる一次元の浸透問題を通して土中の水の流れの基礎を説明しました。例えば、図7･1に示すような層厚一定の砂層中の水の流れは一次元の浸透問題と考えてよいでしょう。このとき流速 v［m/s］はダルシーの法則で次式のように与えられます。

$$v = k\,i = -k\frac{dh}{dx}\ \text{[m/s]} \tag{7.1}$$

k［m/s］は透水係数、i は動水勾配、h［m］は全水頭です。式の意味は式 (6.4) と同じですが、動水勾配 i を x 軸方向の微小な透水距離当たりの全水頭 h の減少率として、より一般的に全微分 $-dh/dx$ で表わしています。

実地盤では一次元浸透と見なせるシンプルな事例だけではなく、図7･2に示すようにさまざまな方向に間隙水が流れる二次元や三次元の浸透現象が多く見られます。ここからは、地盤内の多次元の水の流れを考えていきましょう。ここでは、直交座標 x 軸、y 軸をとり二次元の浸透現象を例に説明しますが、さらに z 座標をとれば三次元の浸透も同じように考えることができます。

7･1　二次元・三次元の浸透現象の考え方

まず、全水頭 h が x 軸、y 軸方向に変化することを考慮して、各軸方向に動水勾配 i_x、i_y、すなわち全水頭 h の減少率を考えます。

$$i_x = -\frac{\partial h}{\partial x}、i_y = -\frac{\partial h}{\partial y} \text{ [無次元]} \tag{7.2}$$

これらは一次元浸透の流速を与えた式（7.1）と同じ形ですが、各軸方向への全水頭 h の変化率を考えるため偏微分 $\partial h/\partial x$、$\partial h/\partial y$ をとります。流速も x、y 軸方向の成分 v_x、v_y［m/s］をそれぞれ考えます。

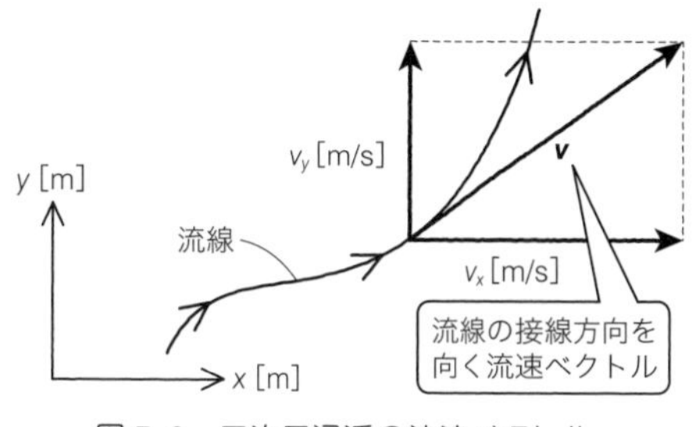

図 7・3　二次元浸透の流速ベクトル

$$v_x = k\,i_x = -k\frac{\partial h}{\partial x}、v_y = k\,i_y = -k\frac{\partial h}{\partial y} \text{ [m/s]} \tag{7.3}$$

なお、透水係数 k［m/s］は方向によらず一定と仮定しています。式（7.3）より、二次元の浸透流れは図 7・3 で表わされるような v_x、v_y を x、y 成分にもつ流速ベクトル $\boldsymbol{v}$ で表わされます。

$$\boldsymbol{v} = (v_x,\ v_y) = (k\,i_x,\ k\,i_y) = -k\left(\frac{\partial h}{\partial x},\ \frac{\partial h}{\partial y}\right) \text{ [m/s]} \tag{7.4}$$

流速 v を接線とする線（流速 v をつらねて滑らかに結んだ線）を**流線（streamline）**とよびます。流線は、時間的に水の流れが変化しない定常流では、間隙水が流れる軌跡と一致します。では次に流線の性質を見ていきましょう。

7・2 互いに直交する流線と等ポテンシャル線

流線の性質を考える前に、まず全水頭 h に着目しましょう。位置（x, y）での全水頭 h を $h(x, y)$ と表わすと、その分布は図 7・4 のような全水頭 h 一定の等高線で図示できます。山の起伏（あるいは標高）を等高線で表わした地形図に似たイメージです。この全水頭 h 一定の等高線を**等ポテンシャル線（equi-potential line）**とよびます。

図 7・4（a）のような、ある位置（x, y）の全水頭 $h(x, y)$ とわずかに離れた位置（$x+dx,\ y+dy$）の全水頭 $h(x+dx,\ y+dy)$ を考えてみましょう。x、y 軸方向への全水頭 h の変化率 $\partial h/\partial x$、$\partial h/\partial y$ を使えば、（x, y）から x 軸、y 軸方向にそれぞれ dx、dy 移動した（$x+dx,\ y+dy$）での全水頭 $h(x+dx,\ y+dy)$ は次式で与えられます。

$$h(x+dx,\ y+dy) = h(x,\ y) + \frac{\partial h}{\partial x}dx + \frac{\partial h}{\partial y}dy \text{ [m]} \tag{7.5}$$

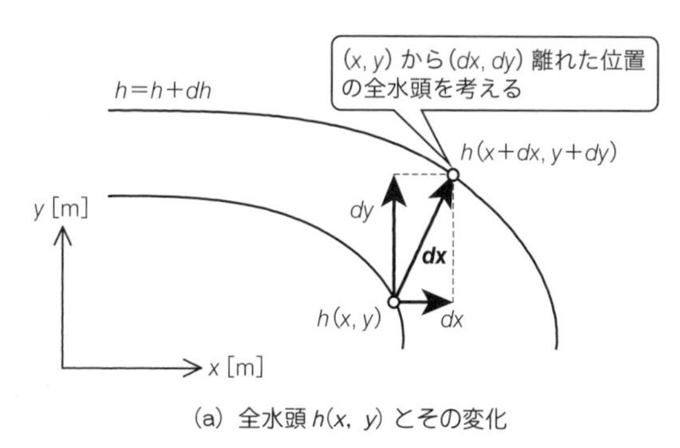

(a) 全水頭 $h(x, y)$ とその変化

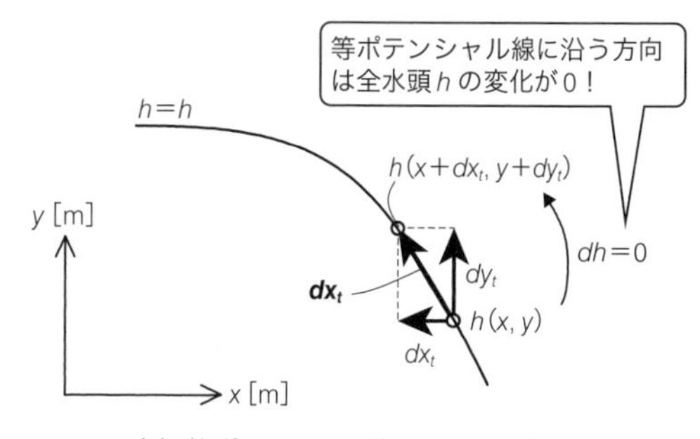

(b) 等ポテンシャル線に沿った移動

図 7・4　等ポテンシャル線

● COLUMN ●　透水異方性と流線網

実際の土は、しばしば方向によって透水性が異なる透水異方性をもちます。例えば、x、y 軸方向の透水係数をそれぞれ k_x、k_y [m/s] とすると、流速ベクトル $\boldsymbol{v}$ は次のように与えられます。

$$\boldsymbol{v} = (v_x,\ v_y) = (k_x i_x,\ k_y i_y) = \left(-k_x\frac{\partial h}{\partial x},\ -k_y\frac{\partial h}{\partial y}\right) = -k_x\left(\frac{\partial h}{\partial x},\ \frac{k_y}{k_x}\frac{\partial h}{\partial y}\right)\ \text{[m/s]}$$

透水異方性地盤の流速ベクトル $\boldsymbol{v}$ が等ポテンシャル線に垂直な $\left(\frac{\partial h}{\partial x}、\frac{\partial h}{\partial y}\right)$ と異なる向きになるので、$k_x \neq k_y$ の場合は等ポテンシャル線と流線は直交せず、斜めに交差します。

ここで図 7・4（b）のように位置 (x, y) から等ポテンシャル線に沿う方向 $\boldsymbol{dx_t} = (dx_t,\ dy_t)$ への移動を考えると、全水頭 h が変化しない方向に移動するので、言うまでもなく $h(x, y) = h(x + dx,\ y + dy)$ です。これを式（7.5）に代入すると、

$$\frac{\partial h}{\partial x}dx_t + \frac{\partial h}{\partial y}dy_t = \left(\frac{\partial h}{\partial x},\ \frac{\partial h}{\partial y}\right)\cdot(dx_t,\ dy_t) = 0\ \ \text{[m/s]} \qquad (7.6)$$

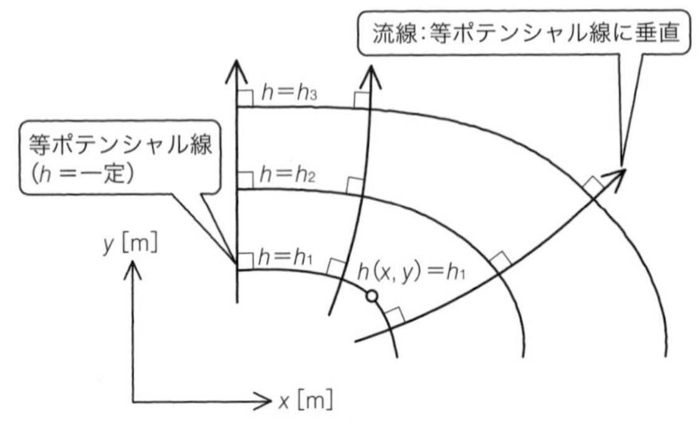

図 7・5　等ポテンシャル線と流線の関係

が得られます。両辺に $-k$ をかけて式（7.4）の流速ベクトル $\boldsymbol{v} = -k\left(\frac{\partial h}{\partial x},\ \frac{\partial h}{\partial y}\right)$ を代入すると、

$$\boldsymbol{v}\cdot(dx_t,\ dy_t) = 0 \qquad (7.7)$$

となります。等ポテンシャル線（全水頭 h 一定線）に沿うベクトル $\boldsymbol{dx_t}$ と流線の接線方向を表わす流線ベクトル $\boldsymbol{v}$ の内積は 0 であり、互いに直交します。すなわち図 7・5 に示すような「等ポテンシャル線と流線は常に直交する」という性質をもつことがわかります。この性質は土中の水の流れを考えるうえでとても重要な性質です。

7・3 飽和土の浸透現象を支配する連続式

地盤内の全水頭の分布や流れの様子をとらえるためには、浸透現象を支配する法則を理解しておくことが重要です。ここでは間隙水の圧縮・膨張は無視し、土粒子が形成する骨格構造も体積変化しない（間隙比 e が一定）とします。まず図 7・1 のような一次元の浸透について、ある位置 x の流速を $v(x)$ として図 7・6（a）のような微小な幅 dx の領域（断面積 A）を観察しましょう。水はこの領域に入ってくる分だけ出ていく（ピストンを押し込んだ分だけ液体が出る注射器と同じように考えましょう）ので、位置 x と $x + dx$ での単位時間の流量 $v(x)$ と $v(x + dx)$ に次の関係が成り立ちます。

$$v(x)A = v(x+dx)A \quad \therefore v(x) = v(x+dx) \qquad (7.8)$$

距離あたりの v の変化率 dv/dx を使って $v(x + dx)$ を近似すると次式が得られます。

$$v(x)=v(x)+\frac{dv(x)}{dx} \quad \therefore \frac{dv(x)}{dx}=0 \tag{7.9}$$

式（7.9）は一次元の浸透現象が満たすべき式で、**連続式（continuity equation）**とよばれます。流速 v が x 軸方向で変化しない、つまり地盤内のあらゆる場所で流速は一定で、領域に入ってきたのと同じだけ水が出ていくことを表わします。なお、この式にダルシーの法則（式（7.1））を代入すると、

$$\frac{dv(x)}{dx}=\frac{d}{dx}\left(-k\frac{dh(x)}{dx}\right)0 \quad \therefore \frac{d^2h(x)}{dx^2}=0 \tag{7.10}$$

が得られます。全水頭 h と座標 x の関係式です。式（7.10）を解けば全水頭 h の分布が得られます。ただし、この式は微分方程式なので、積分定数を求めるために考えている領域の両端の全水頭か動水勾配（境界条件とよびます）を代入する必要があります。得られた全水頭 h は x で微分して式（7.1）に代入すれば、流速 v も求められます。

次に二次元の浸透現象として、図 7･6 のような横 dx、縦 dy の微小な領域を考えましょう。この場合も領域に入ってくる水と出ていく水の量は等しくなります。辺 ab、bc、cd、da の順に領域に入る水の量（出る場合は負号）を考えましょう。

$$v_y\,dx-\left(v_x+\frac{\partial v_x}{\partial x}dx\right)dy-\left(v_y+\frac{\partial v_y}{\partial y}dy\right)dx+v_x\,dy=0 \tag{7.11}$$

流速は各辺に垂直な成分を用います。例えば、辺 da では x 軸方向の流速 v_x、辺 bc では辺 da から dx 離れた位置 $x+dx$ での x 軸方向の流速 $v_x+\frac{\partial v_x}{\partial x}dx$ を用います。式を整理すると、

$$\frac{\partial v_x}{\partial x}+\frac{\partial v_y}{\partial y}=0 \tag{7.12}$$

が得られます。この式は式（7.9）に対応する式で、二次元浸透の連続式です。式（7.4）を代入すると次式が得られます。

$$\frac{\partial^2 h}{\partial x^2}+\frac{\partial^2 h}{\partial y^2}=0 \tag{7.13}$$

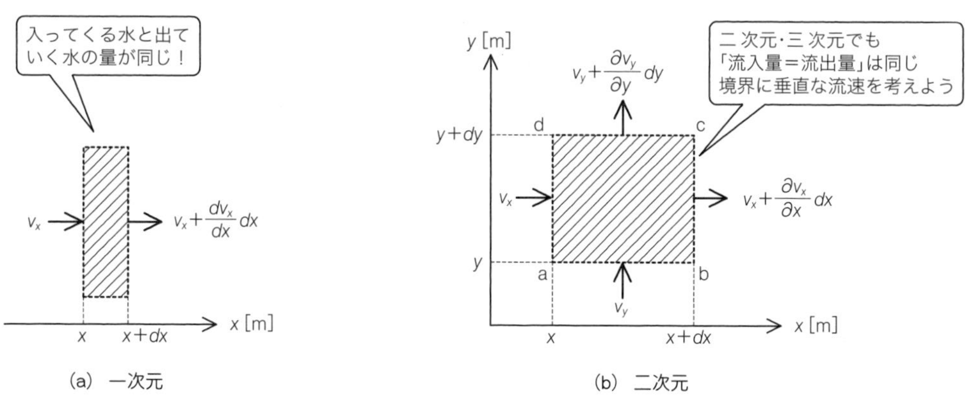

図 7･6　土が変形しない場合に浸透現象が満たすべき「連続式」

二次元の浸透現象では全水頭hが式（7.13）を満たさねばなりません。全水頭hに関する座標xとyの偏微分方程式で、一般にラプラス方程式とよばれます。式（7.13）を解けば全水頭の分布$h(x, y)$が得られます。さらに、得られた全水頭$h(x, y)$を座標x、yで偏微分すれば動水勾配が得られるので、流速ベクトル$\boldsymbol{v}$も求まり、地盤内の浸透の流速や方向を把握できます。ただし、偏微分方程式を解くには、浸透が起こる領域の境界での全水頭や流速といった境界条件が必要ですし、よほど簡単な境界条件でなければ数学的に解くのは難しいです。そこで次節では、浸透の様子を近似的に解く方法を学んでいきましょう。

7・4 流線網（フローネット）による解析

本節では、**流線網**（flow net）による近似解法を学びましょう。流線網とは、間隙水が流れる軌跡を表わす流線と全水頭h一定の等ポテンシャル線からなる網目の図です。図 7・2（a）に示した重力ダムの基礎地盤の浸透を例に流線網を描いてみましょう。7.2 節で確認した流線と等ポテンシャル線が直交する性質を満足するように、次の手順で流線網を描きます。

①流線網は浸透が起こる地盤にのみ描きます（例えば、地表面より上の水だけの領域には描きません）。まず、明らかに等ポテンシャル線や流線だとわかるところから描きましょう。
図 7・7（a）のように上流側と下流側の地表面は、それぞれ近くの水面の高さで全水頭が決まるポテンシャル線です。また、水の出入りがない透水層の非排水境界（ダム堤体の底面や不透水層との境界）は、水がそれに沿って流れるほかないため、流線の一つです。

②流線と等ポテンシャル線が互いに直交するよう図 7・7(b)のように流線網を描きます。流線同士、等ポテンシャル線同士は決して交わりません(図 7・8)。流線は(1)の自明なポテンシャル線に直交し、等ポテンシャル線は(1)の自明な流線に直交するよう描きはじめます。流線と等ポテンシャル線が正方形に近くなる(真円が内接する)ように間隔を調整してバランスを整えながら、図 7・7(c)のように細かい網目に仕上げます。

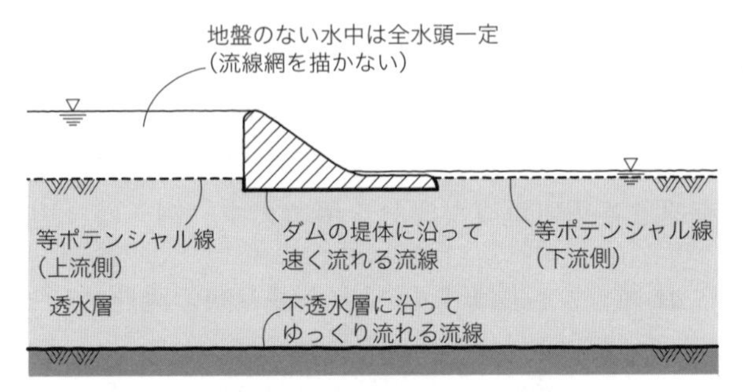

(a) 手順 1：領域境界の自明な等ポテンシャル線と流線を描く

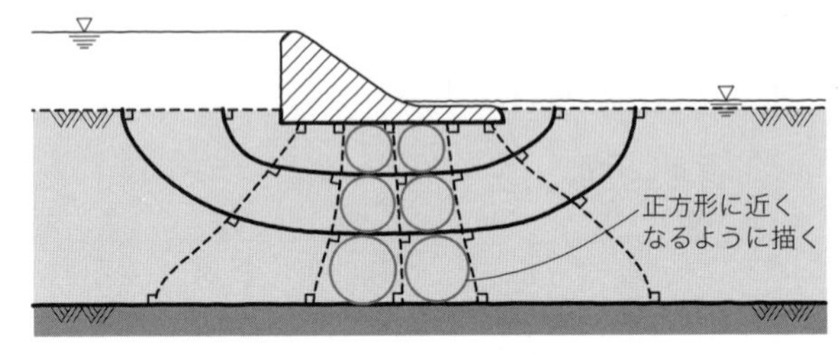

(b) 手順 2：流線網を描く

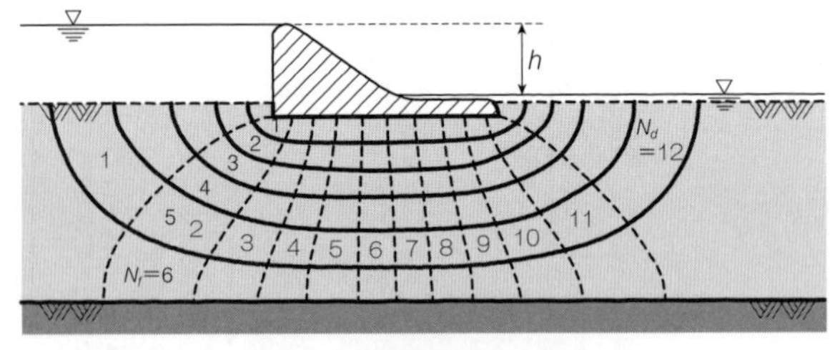

(c) 手順 3：流線網をより詳細に描いて仕上げる

図 7・7 流線網の描き方

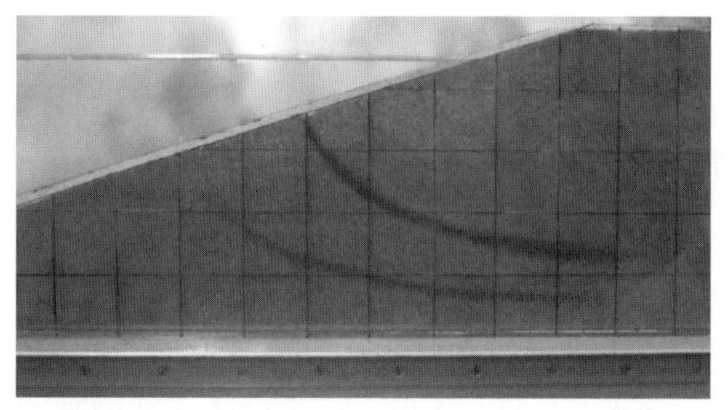

図 7・8　ダム模型で再現した流線の様子（染料により流線が可視化）

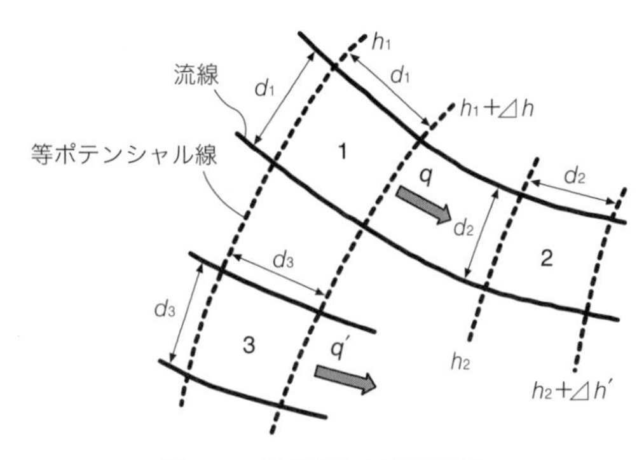

図 7・9　流線網と流量の計算

流線網の一部を拡大した図 7・9 で流線網の特徴を確認しましょう。領域 1、2、3 はそれぞれ d_1、d_2、d_3 の辺長の正方形に近い形状で描いています。単位奥行き・時間あたりの透水量は、同じ流線で区切られた領域 1 と 2 では等しく q [m²/s]、領域 3 では q' [m²/s] とします。また、全水頭の変化量は、同じ等ポテンシャル線で区切られた領域 1 と 3 では等しく $\triangle h$ [m]、領域 2 では $\triangle h'$ [m] とします。地盤の透水係数 k [m/s] は一定として、領域 1 と 2 で透水量 q をそれぞれ計算すると、

$$q = k\frac{\triangle h}{d_1}d_1 = k\frac{\triangle h'}{d_2}d_2 \text{ [m}^2\text{/s] より} \triangle h = \triangle h'_2 \tag{7.14}$$

が得られます。また、領域 1 と 3 でも透水量を計算すると、

$$q = k\frac{\triangle h}{d_1}d_1,\ q' = k\frac{\triangle h}{d_3}d_3 \text{ [m}^2\text{/s] より } q = q' \tag{7.15}$$

が得られます。つまり、正方形に近い形に流線網を描くことで、流線に挟まれた各領域の透水量と、各等ポテンシャル線間の全水頭の変化量（水頭損失）はすべて等しくなります。

図 7・7（c）のような流線網で、等ポテンシャル線に仕切られた区間の数を N_d、流線に仕切られた区間の数を N_f とし、上流側と下流側の水位差を h [m] とします。隣り合う等ポテンシャル線間の水頭損失 $\triangle h$ は h/N_d [m] なので、網目一つあたりの透水距離 d [m] とすると、流速 v は次式になります。

$$v = k\,i = k\frac{\triangle h}{d} = k\frac{h}{N_d\,d} \text{ [m/s]} \tag{7.16}$$

流線の間隔も d なので、一つの流管（隣り合う流線に挟まれた区間を管に見立てます）の透水量 q [m²/s] は、

$$q = v\,d = k\frac{h}{N_d} \text{ [m}^2\text{/s]} \tag{7.17}$$

となります。同じ透水量 q の流管が N_f 個あるので、地盤全体の透水量は次式になります。

$$Q = q\,N_f = k\,h\frac{N_f}{N_d} \text{ [m}^2\text{/s]} \tag{7.18}$$

流線網を正方形に近く描くことで、辺長 d によらず透水量が決まります。また、透水量は N_f と

N_dにより決まるので、流線網を適度な細かさで正確に描くことが透水量の計算精度を高めるコツです。

7・5 上向きの浸透流による砂質地盤の破壊

浸透流は地盤内の応力状態を変え、時として地盤を破壊することもあります。ここでは砂質地盤が水の流れによって破壊される現象について考えます。まず、浸透流が生じていない静水圧状態の地盤内の全水頭を思い出しましょう。位置水頭の基準を地盤底面にとると、水頭や応力は図7・10のような分布になります。この分布は5.2節と5.4節でも示しました。この地盤で底面の全水頭を増加させると、図7・11のような上向きの浸透流が発生します。この図では、透水係数k一定と考えて、鉛直上向きの流速v [m/s] も一定になることから、全水頭h [m] が線形に減少する分布になります。全水頭から位置水頭を引くと圧力水頭が得られて、水の単位体積重量γ_w [kN/m^3] をかければ間隙水圧が求まります。さらに全応力σと間隙水圧uの差から有効応力σ'が求まります。上向きの浸透により有効応力が減少することに注目してください。

同じ手順で、浸透を受ける地盤内の応力変化を確認できます。図7・12は水位ごとの応力分布の違いを示していますが、鉛直下向きの浸透流（図中のA）では有効応力が増加し、鉛直上向きの浸透流（図中のB）では有効応力が減少します。図7・13のBでは図7・11の水位差がさらに大

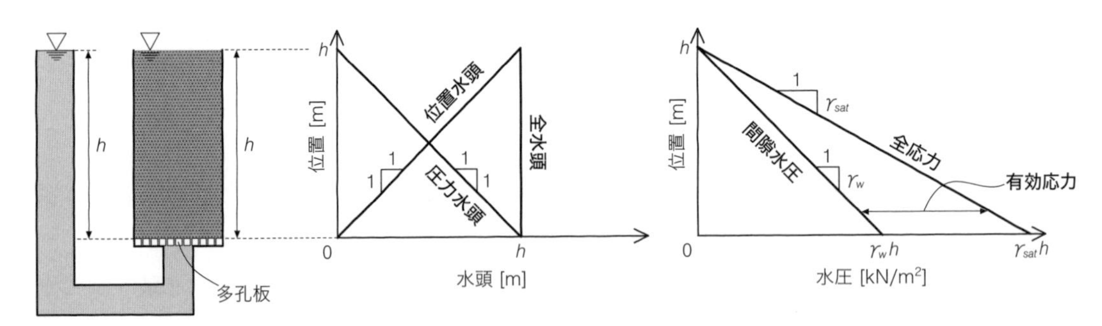

図7・10　静水圧状態での水頭・水圧および応力の分布

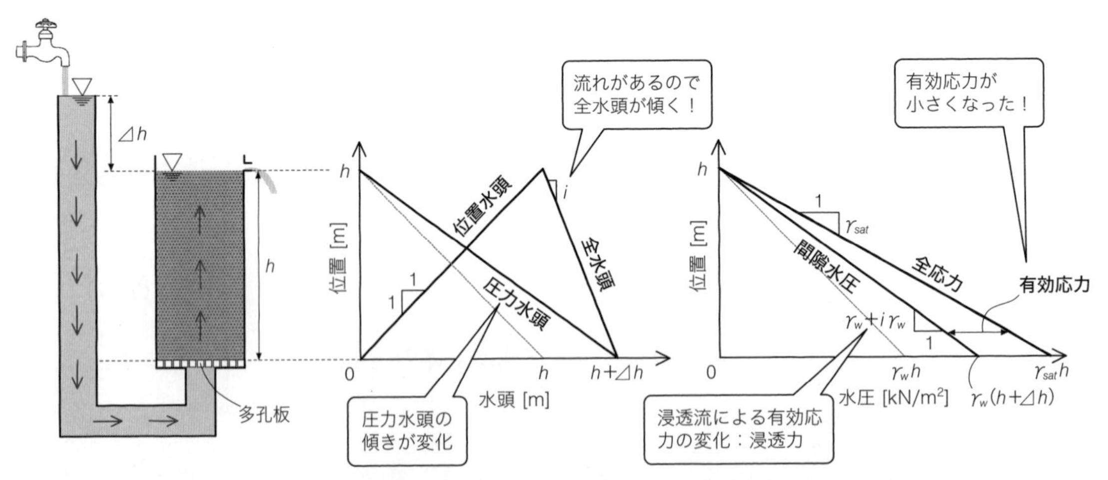

図7・11　上向きの浸透流を受ける地盤内の水頭・水圧および応力の分布

きく、有効応力がゼロになっていることがわかります。有効応力がゼロの砂地盤は無重力のような状態になり、砂粒子が舞い上がる**クイックサンド**（quick sand）あるいは**ボイリング**（boiling）という現象が発生します。

●限界動水勾配

クイックサンドが発生するとき、全応力σと間隙水圧uが等しいので、

$$\gamma_{sat}\,h=\gamma_w(h+\varDelta h_B)\ \text{[kN/m}^2\text{]} \tag{7.19}$$

が成立します。ところで、動水勾配iは$\varDelta h_B/h$なので、式（7.19）を代入してクイックサンド発生時の**限界動水勾配**（critical hydraulic gradient）i_cを得ます。

$$i_c=\frac{\varDelta h_B}{h}=\frac{\gamma_{sat}-\gamma_w}{\gamma_w}=\frac{\gamma'}{\gamma_w}\ \text{[無次元]} \tag{7.20}$$

γ'［kN/m^3］は水中単位体積重量（図2･9参照）です。水中単位体積重量γ'は間隙比eで表わせる（表2･2でγ_{sat}を表わし、γ_wを引けばよい）ので、これを代入して、

$$i_c=\frac{\gamma'}{\gamma_w}=\frac{G_s-1}{1+e}\ \text{[無次元]} \tag{7.21}$$

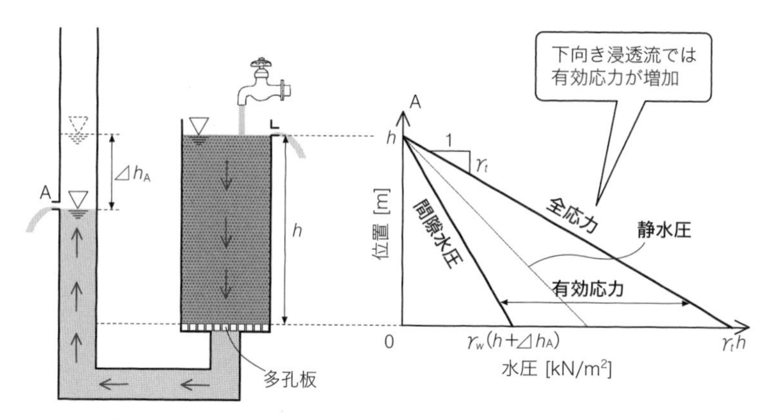

図7･12　水位の変化に対する水圧および応力の分布の変化（下向き浸透流の場合）

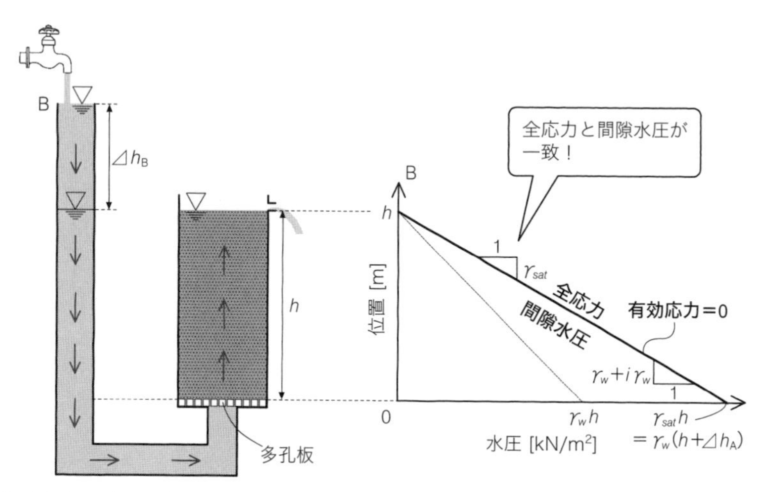

図7･13　水位の変化に対する水圧および応力の分布の変化（上向き浸透流により有効応力がゼロになる場合）

● COLUMN ●　移流拡散現象

地下水に溶け込んだ汚染物質などの溶質は、主に移流と拡散という二つのメカニズムで地盤内に拡がります。移流現象は地下水の流れに乗って溶質が移動する現象で、第５～７講で学んだ浸透現象の考え方をそのまま用いることができます。拡散は水の移動なしに濃度が高いほうから低いほうへ溶質が拡がっていく現象です。土壌汚染や浄化など地盤環境について考える際には両者を適切に考慮することが重要です。

地中の熱の移動を考える際にも移流拡散現象が重要になります。熱の移動では「間隙水の浸透により熱が運ばれる移流」と「温度が高いほうから低いほうへと熱が移動する拡散」を考えます。

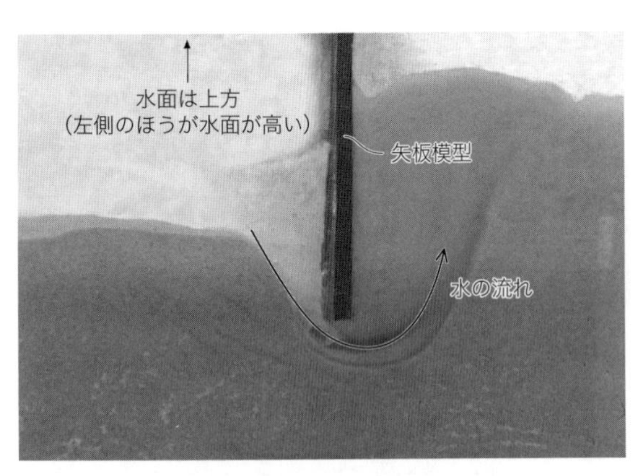

図 7・14　パイピング発生時の地盤の様子

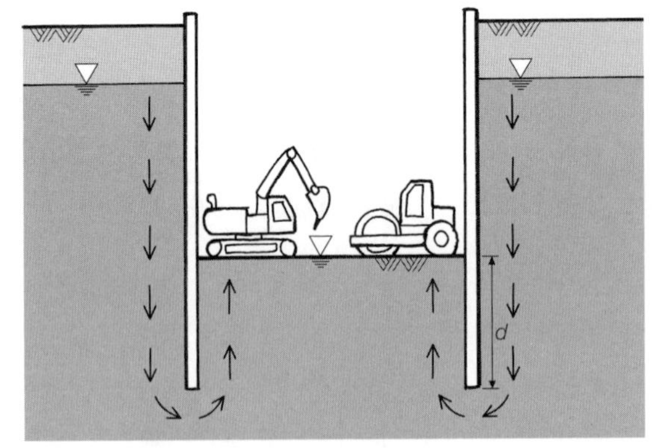

図 7・15　鋼矢板を用いた掘削工事と根入れ深さ d

が得られます。土粒子の比重 G_s は大抵、2.65 前後の値（表 2・1）であり、間隙比がわかっていればクイックサンドが発生する理論上の動水勾配はあらかじめ計算できます。ただし、現実の地盤は不均一であり、どこかにある弱部を見つけてそこから不安定化が起こることが多くあります。この場合、まず水みちが形成され、それに沿って土粒子が流れはじめる**パイピング**（piping、図 7・14）という現象がしばしば見られます。一度パイピングが起こると、水みちは周囲を侵食してあっという間に広がるので、洪水時の堤防などでは致命的な現象です。そのため、例えば堤防の設計指針では、堤体内の局所的な動水勾配があらゆる場所で 0.5 を超えないように設計するよう指示されています。これは、式（7.21）で計算される値（例えば、通常の砂を想定して $e = 0.8$、$G_s = 2.65$ 程度とすると $i_c = 0.92$）よりもだいぶ小さく安全側に設定されていることがわかります。

図 7・15 に示すような鋼矢板を挿入して地盤を掘り下げる掘削工事では、矢板周辺の上向きの浸透流が原因となって掘削底面が膨れ上がる**盤ぶくれ**（**ヒービング**：heaving）現象が発生することがあります。限界動水勾配をあらかじめ確認するとともに、矢板周辺の動水勾配 i を許容値以下に保つように、掘削底面と周辺地山の水位差を抑える、矢板を深く挿入して透水距離を増すといった対策がしばしばとられます。

―― 第３章 ――

土の体積変化

軟弱地盤の圧密による地盤沈下：道路が波打っている（札幌市厚別区）

第 8 講　土の圧密と体積変化

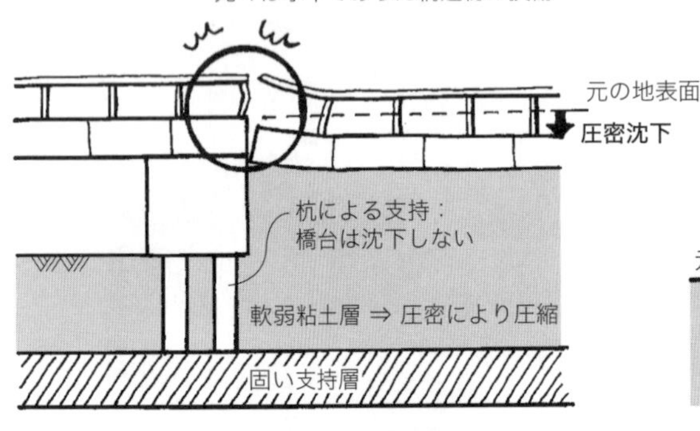

(a) 不同沈下による橋の損傷

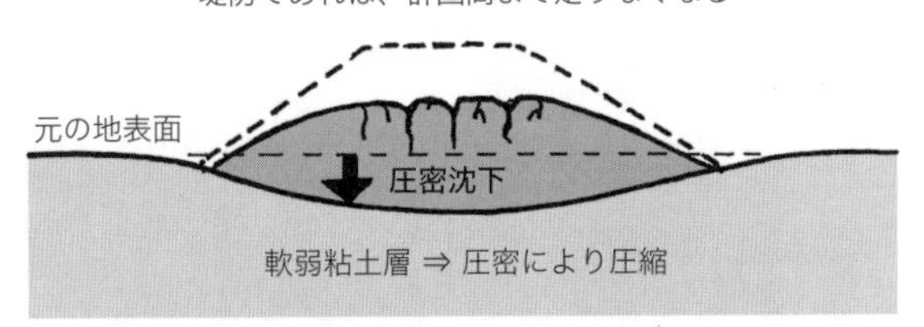

(b) 盛土の損傷・天端高の低下

図 8･1　軟弱地盤の圧密による構造物への被害例

第 4 講で記したように、川などで運搬された末に堆積した個々の土粒子は、いずれそれ自身の重量や、さらにその上に堆積するものの重量によって、密に詰められていきます。この過程を**圧密**（consolidation）とよびます。私たちがその上を歩くことのできるような、ある程度の固さをもった地盤は圧密により形成されるので、圧密の進行は工学的には望ましい側面もあるのですが、一方で地盤の圧密が進行すると地盤の体積が減少するので、当然ながら地表面は下がる、すなわち**地盤沈下**（ground settlement）が起こります。圧密による地盤沈下の問題は、次節で説明するように、じわじわと長い時間がかかる継続的なものであり、地滑りのようにある日突然起こるというものではありません。しかし、構造物の建設後にこのような地盤の変状が起こると、さまざまな問題が生じてしまいます。図 8･1 は地盤沈下によって起こった構造物の損傷の例ですが、人命が直接失われることはなくとも、インフラへの被害は大きなものです。こういった事態を避けるためにも、圧密現象というものをよく理解する必要があります。

8･1 圧密現象とその原理

圧密という現象を、力学的な視点から定義しましょう。第 8 ～ 10 講では、水で飽和した土の

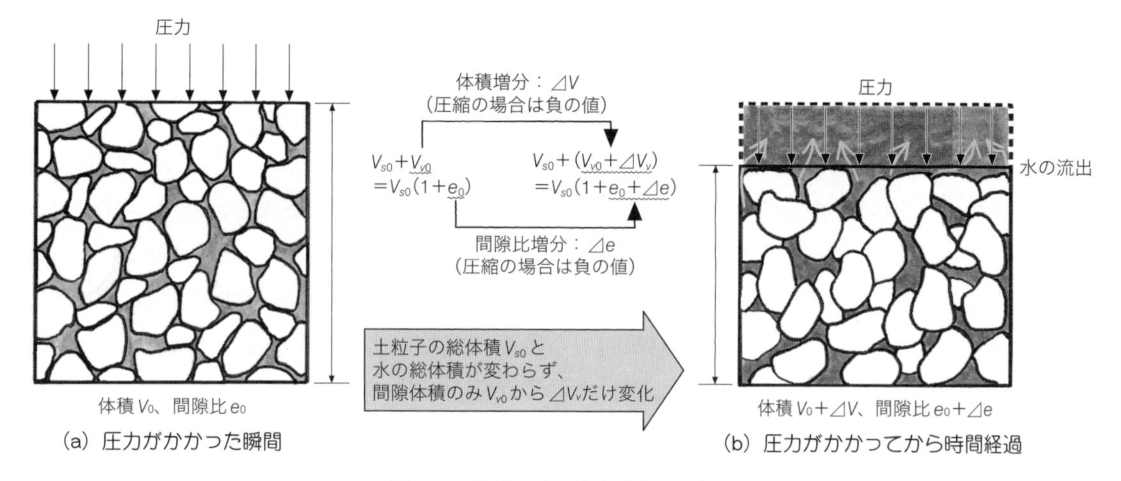

図 8・2　圧密による体積減少の模式図

みを扱います。例えば、土の上にさらに土が堆積するなどして、土に外部から圧力がかかると、その土の構成材料である土粒子と水に圧力が伝わります。しかし、水や土粒子そのものの圧縮性は非常に低いので、この瞬間の体積減少はごくわずかで、ほとんどの場合で無視できるほどのものです。例えば、水の体積圧縮係数は20℃で2200 MN/m^{2}程度なので、圧力98 kN/m^2（水柱10 m分、あるいは鉄筋コンクリートの建物なら6階建程度）がかかっても$98/(2200\times10^3)\times100=0.0045\%$くらいしか圧縮されません。

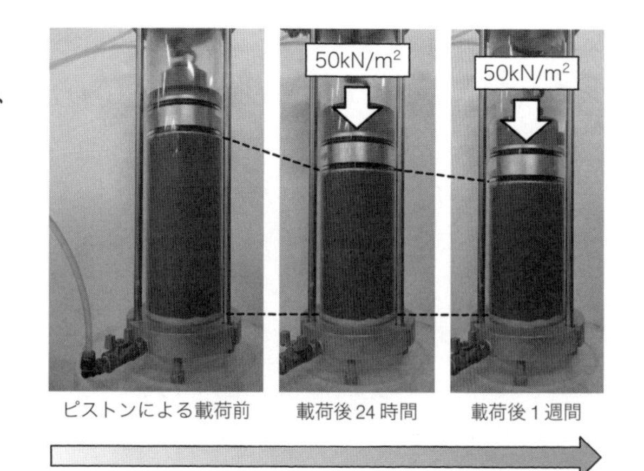

図 8・3　上載圧により粘土が圧密していく様子

しかし、水の圧力が一度高まると、この水は圧力の低いほうへと、つまり図8・2の実線四角形で示された土の外側へと透水によって流出し、過剰間隙水圧を**消散**（dissipation）させます。この水の分のスペースがなくなることによって、土粒子の集合体はより密になり（間隙比eが減少する）、土全体の体積が減少します。圧密とは、このように間隙水の流出によって土の体積が減少する現象（図8・3）のことであり、スポンジから水が絞られるのと同じことなのです。逆に、土にかかる圧力を減らすと、水が流入して土の体積は増加します。この過程は**膨張**あるいは**膨潤**（ぼうじゅん）（swelling）などとよばれます。

間隙水圧が消散すると、水圧はもはや外部からの圧力増加分を受けもってくれないので、粒子間接点を通して伝わる力が増えて、外部からの圧力に抵抗します。すなわち、土の有効応力σ' [kN/m^2] が増加することになります。土の体積の減少と有効応力の増加の間には、一定の関係があることは想像に難くありません。排水・間隙水圧消散の途中過程の話は**第9講**にまわして、この節では、外部からの圧力がすべて有効応力に変わったときの最終状態についてまず考えていきます。

8・2 一次元（K_0）圧密の考え方

土が自重や一様な上載圧で圧密される場合、主として鉛直方向に圧力がかかり、鉛直方向に圧縮していくわけですが、水平方向にはどのような変化が起こるのでしょうか。例として、図 8・4 (a) では、海底での広域にわたる土の自然堆積や、非常に広い埋立て島の造成を、図 8・4 (b) では構造物の建設を想定しています。図 8・4 (a) では、点A・Bともにおいて、土は水平方向には伸張も圧縮もできません。同じ深さではどの土にも同じように変化が起こるはずで、仮に点Aで水平方向に伸張が起こるなら点Bでは圧縮が起こらなくてはならず、矛盾が起こってしまうからです。このように、水平方向にひずみを生じさせずに、鉛直方向にだけ圧縮される過程を**一次元圧密**（one-dimensional consolidation）または**K_0 圧密**（K_0 consolidation）とよびます。

一方、図 8・4 (b) では、点Aと点Bでは、上載圧が異なるので、変形も異なります。点Aでは、圧力増大は鉛直方向に卓越していますが、水平方向への伸張が許されています。点Bのように盛土から外れた場所では、鉛直よりもむしろ水平方向に大きく圧力が増えることもあります。このように、土の圧縮はせん断変形と組み合わさって、さまざまな形態を示すのですが、本章では、特記しない限り、一次元圧密（K_0 圧密）のみを想定して話を進めていきますので、有効応力 σ' と書くとき、鉛直有効応力 σ'_v を意味していると考えてください。

参考までに、一次元圧密の際に起こる水平方向の応力の変化を考えてみましょう。ほとんどの物質は、水平方向に抑えつけずに鉛直方向に圧縮を行えば、水平方向にふくらみだします。よって、一次元圧密が起こるには、すなわち水平方向のひずみをゼロに維持するには、鉛直応力 σ'_v の増加に対して、土は自発的に水平応力 σ'_h も増加させなくてはなりません。その比 σ'_h / σ'_v を一般的に K_0 という記号で表わすので、一次元圧密を K_0 圧密ともよびます。この現象は、静止土圧というトピックの下、第 15 講で詳しく説明します。

8・3 土の圧縮曲線の特徴：正規圧密と過圧密

土の有効応力と体積の関係は、図 8・5 に示すような**圧縮曲線**（compression curve）で表わされます。このような曲線は、土にある大きさの荷重をかけ、水が抜けて水圧が消散するまで待ち、

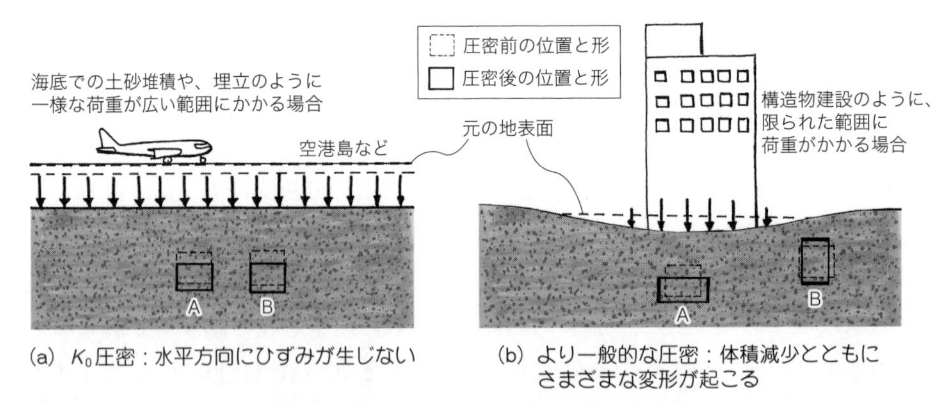

図 8・4 K_0 圧密と一般的な圧密の形態の比較

その体積を測定した後にまた荷重を増やすという段階を繰り返すことによって得られます（**段階載荷圧密試験：step-loading consolidation test**）。あるいは、水圧が定常的に消散している状態を保てるくらいゆっくりとした一定速度で圧縮していく方法もあります（**定ひずみ速度圧密試験：constant-rate-of-strain consolidation test**）。図 8･5（a）と（b）は同じ関係を表わしていますが、横軸を（a）では線形、（b）では対数で示しています。圧縮曲線は（b）にように片対数グラフで表わすと線形に見えることが多く、一般的にこのように軸がとられるので、ここでは図 8･5（b）に着目してその特徴を見ていきましょう。

まず、堆積したばかりで有効応力が小さい状態（点 A）から圧密が開始され、外部からの圧力の増加にともない、有効応力が増加していくステージ（点 A －点 B）を考えます。このとき、間隙比 e と有効応力 $\log\sigma'$ の関係はおおむね線形です。ここで一度、除荷を行い、有効応力を下げてみます（点 B －点 C）。これによって間隙に水が流入して膨張が起こるのですが、このステージでの $e-\log\sigma'$ の傾きは、最初に圧密を行った時のものとは異なり、かなり小さくなっています。したがって、点 A と同じ有効応力 σ'_A まで戻っても、間隙比 e は元の値までは戻っていません。ここでもう一度、有効応力を σ'_B まで増加させてみると、点 B とほぼ同じ位置の点 D にいたります。ここからさらに有効応力を増加させると、$e-\log\sigma'$ 関係は傾きを変え、直線 AB の延長線に沿って、再び大きく圧縮が始まります。このように、直線 ABE に沿って大きく圧縮していく状態を**正規圧密**（normal consolidation）といい、図 8･5（b）においてこの状態より左にある状態（つまり点 C など）を**過圧密**（over-consolidation）といいます。また、正規圧密曲線の右側には「どうやっても行けない」ということになります。

過圧密から正規圧密へと移る点（点 D）の有効応力は、**圧密降伏応力**（consolidation yield stress）σ'_c とよびます。点 E から除荷・再載荷を行うと、点 B ～ C ～ D と同様の挙動を観察できます。圧密降伏応力はこのように、点 D ～ E のように正規圧密が進むにつれて更新され、過去に生じた

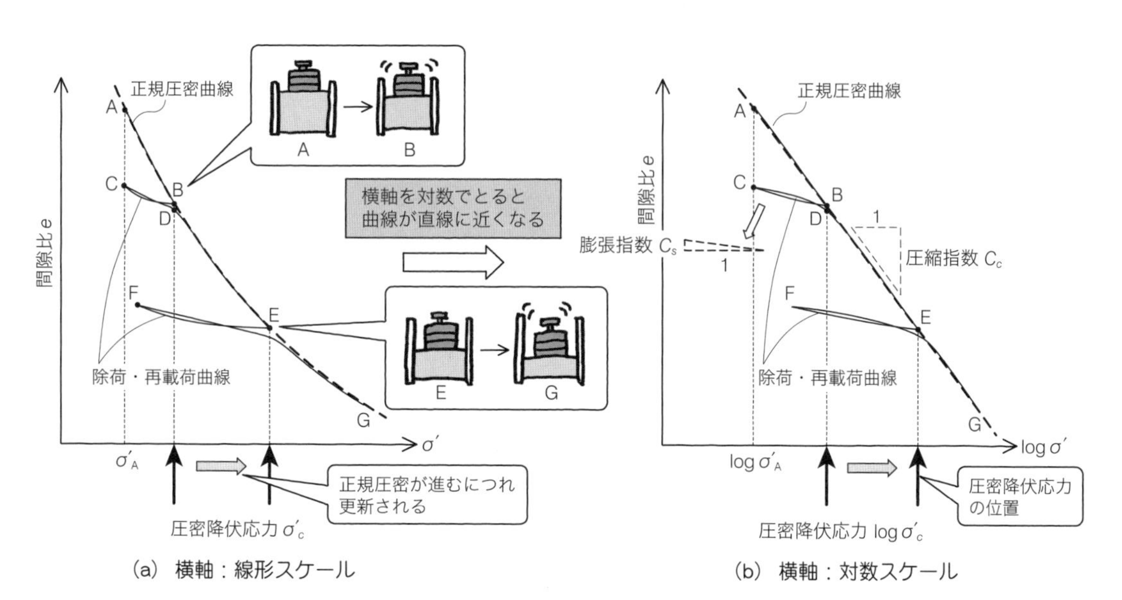

図 8･5　圧縮曲線（間隙比と有効応力の関係）の特徴

● COLUMN ●　圧密降伏応力の数値をどのように読みとるか？

図8･5の点Bや点Eに見られる圧密降伏応力は、明瞭な場合もあれば、降伏点での曲率変化が小さく、「ここ」と指すのが難しい場合もあります。しかも応力軸が対数表示だと、グラフ上で指す点が少しずれただけで大きな数値の違いになってしまいます。この数値読みとり作業を少しでも客観的にできるように、いくつかの方法が提案されており、なかでもキャサグランデ法や三笠法が広く用いられています。その具体的な方法については、文献[2),3)]などを参照してください。

最大有効応力と同じになるため、**先行圧密応力**（pre-consolidation stress）ともよばれます。圧密降伏応力 σ'_c と現在の有効応力 σ' の比 σ'_c/σ' は**過圧密比**（over-consolidation ratio, OCR）とよばれます。OCRは定義上、必ず1以上の数値となり、正規圧密状態でOCR＝1となります。

8･4 土の圧縮しやすさの表わし方：圧縮性

図8･5（b）での直線ABE、すなわち正規圧密曲線での傾き（右下がりを正とする）を**圧縮指数**（compression index）C_c、直線BC（≒直線CD）の傾き（右下がりを正とする）を**膨潤指数**（swelling index）C_s とよびます。どちらも式で定義すると、

$$C_c = \frac{-\Delta e}{\Delta(\log_{10}\sigma')} \quad [\text{無次元}] \tag{8.1}$$

のように書けます。分子の Δe にかかる負号は、上記の通り、負の傾きを正に表わすためのものです。圧縮指数・膨潤指数ともに、値が大きいほど圧縮性が高い（圧縮しやすい）ことになります。一方で、同じように圧縮性の高さを示すものとして、**体積圧縮係数**（coefficient of volume compressibility）m_v [m²/kN] というものも一般に用いられています（図8･6）。これは、一次元圧密時の体積ひずみ増分 $\Delta\varepsilon_v$（圧縮を正とする）と有効応力増分の間の係数であり、以下のように定義されます。

$$m_v = \frac{\Delta\varepsilon_v}{\Delta\sigma'} \quad [\mathrm{m^2/kN}] \tag{8.2}$$

圧縮指数（あるいは膨潤指数）と体積圧縮係数は、圧縮性という同じ性質を表わす量ですから、互いに関係しているはずです。その関係について考察してみましょう。土の体積を V とすると、$V = V_s + V_v = V_s(1 + V_v/V_s) = V_s(1 + e)$（$V_s$：土粒子の体積、$V_v$：間隙の体積）と表わせます。$V_s$ の変化は基本的に無視できるので、土全体の体積は $1+e$ に比例することになります。間隙比 e_0 の状態からの体積ひずみ ε_v は、圧縮を正にとると、

$$\Delta\varepsilon_v = \frac{-\Delta V}{V_0} = \frac{-\Delta(1+e)}{1+e_0} = \frac{-\Delta e}{1+e_0} \quad [\text{無次元}] \tag{8.3}$$

と計算できます。体積が減少するとき、間隙比は減少するので Δe は負の値になりますから、ここでも負号をつけることによって体積ひずみの圧縮を正にしていることに留意してください。これにより、式（8.2）で定義される m_v の式は

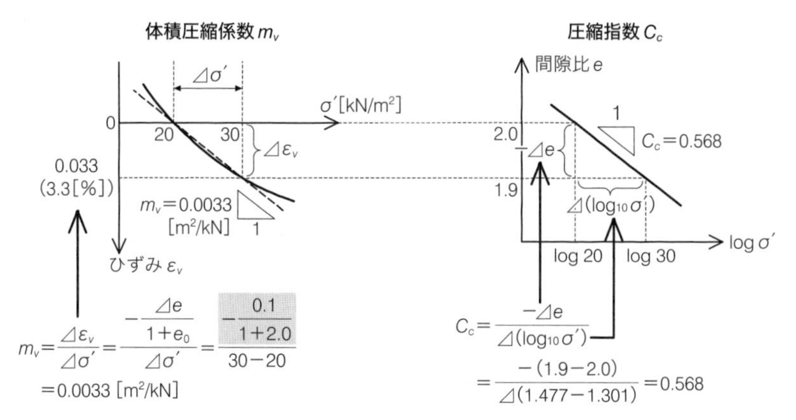

図 8•6　m_v と C_c の関係：20kN/m² から 30kN/m² に有効応力を増加させる例

$$m_v = \frac{1}{1+e_0}\frac{-\varDelta e}{\varDelta\sigma'}\ [\mathrm{m^2/kN}] \tag{8.4}$$

とも書けます。上式中の $-\varDelta e/\varDelta\sigma'$ は、有効応力軸を対数スケール（図 8•5（b））ではなく線形スケール（図 8•5（a））にとり描いた圧縮曲線の傾きであり、着目する有効応力 σ' のレベルによって異なる値になることがわかります。C_c と m_v の間の関係は、式（8.1）、式（8.4）より以下のようになります。

$$C_c = \frac{-\varDelta e}{\varDelta(\log_{10}\sigma')} = \frac{-\varDelta e}{\varDelta\left(\dfrac{\ln\sigma'}{\ln 10}\right)} = \frac{-\varDelta e}{\dfrac{1}{\ln 10}\cdot\dfrac{\varDelta\sigma'}{\sigma'}}$$

$\varDelta\left(\dfrac{\ln\sigma'}{\ln 10}\right)=\dfrac{1}{\ln 10}\varDelta(\ln\sigma')$

$$= 2.302\,\sigma'\frac{-\varDelta e}{\varDelta\sigma'} = 2.302\,\sigma'(1+e_0)\,m_v \quad [無次元] \tag{8.5}$$

図 8•6 の例でこの関係を確認してみてください。ここまでの議論からわかるように、C_c、C_s や m_v はどちらも圧縮曲線の傾きに関係していますが、前者は有効応力軸を対数スケールでとったときのもの、後者は同軸を線形スケールでとったときのものですから、例えば図 8•5、図 8•6 のように C_c、C_s が定数の場合、m_v は σ' に依存して値が変化するものであることに注意が必要です。

8•5 土の圧縮曲線の特徴

ここまでは圧密と圧縮曲線についての一般的な話を述べましたが、実際には砂・粘土・有機質土など、種類によって圧縮曲線の特徴は大きく異なりますので、その特徴について説明します。

（1）粘性土

粘性土の圧縮曲線は、図 8•7 に示すように、上に述べた一般的な圧縮曲線の特徴を明確に示します。すなわち、$e-\log\sigma'$ 関係において正規圧密曲線が明確で、また圧密降伏応力も多くの場合、明

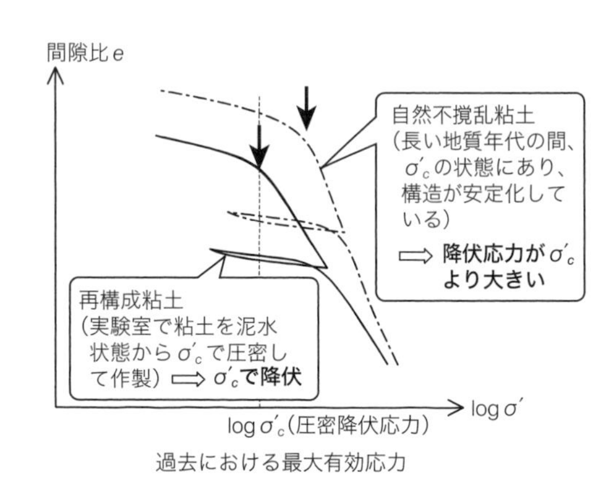

図 8•7　粘性土の圧縮曲線とのかく乱の影響

確に見分けられ、圧縮指数C_cや圧密降伏応力σ'_cの値をあまり苦労なく読み取れます。なお、粘性土のC_cの値は土の液性限界w_L［%］や塑性指数I_pとの相関が古くから研究されており、例えば次のような経験式が提案されています。

$$C_c = 0.007(w_L - 10) \quad \text{（かく乱試料）}^{10)}$$

$$C_c = 0.009(w_L - 10) \quad \text{（不かく乱試料）}^{10)} \tag{8.6}$$

$$C_c = 1.35\, I_p \quad \text{（}I_p\text{と関係づける場合）}^{5)} \tag{8.7}$$

ただし、さまざまな国の粘性土についての降伏応力と地質学的証拠の比較研究から、自然の不撹乱粘土は、ほとんどの場合、過去に受けた最大有効応力よりやや大きな応力で降伏することが知られています。これは、何万～何千万年という地質学的な時間の経過により、粒子間に固結力が生まれるなど、土の**構造（structure）**が安定化するためと言われていますが、具体的なメカニズムは詳しくはわかっていません。原位置からサンプリングをする際などに試料を乱すと、この効果は徐々に失われ、圧縮曲線は再構成試料のものに近づいていきます。図8･7の例を見ると、なぜテルツァーギとペック（Peck）が不かく乱試料の圧縮指数を高めに算出するように式（8.6）を与えたのかよくわかります。実務ではこの影響をしばしば目の当たりにすることになるので、この経験的事実を知っておくとよいでしょう。

（2）砂質土

砂質土の圧縮曲線は、粘性土のそれのようにはっきりとした載荷履歴に応じた形を示さず、ここまで述べた圧縮曲線の特徴が明確に見えづらいことが多いです。多くの実務で問題になるような、$\sigma' = 100\sim500$ kN/m^2 程度までの有効応力範囲では、正規圧密曲線は$e - \sigma'$関係でも$e - \log\sigma'$関係でもなかなか直線には見えません（図8･8（a））。しかし、さらに高い有効応力まで圧縮を進めてみると、粘性土と同様に、$e - \log\sigma'$関係において正規圧密曲線や膨潤･再載荷曲線が明確に線形に見えてきます（図8･8（b））。砂質土の場合、正規圧密状態は粒子破砕の進行と深く関係しているようであり、かなり高い有効応力レベルにならないと、ここまで述べてきた一般的な圧縮曲線の特徴は見えないことが多いのです。このような高い応力は、例えば杭の先端で土への負荷が集中する部分などに現れるといわれています。一方、埋土・盛土のような問題の

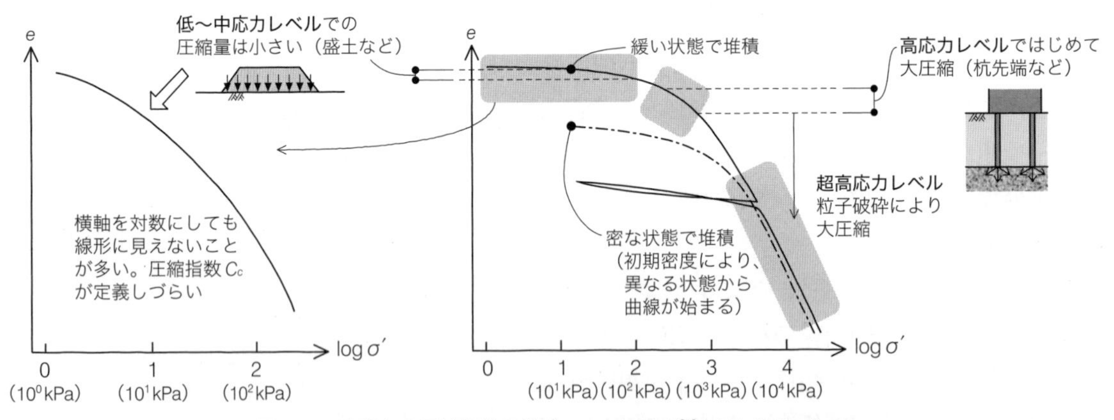

図8･8　砂質土の圧縮曲線の例（Coop（1990）[7]などを参考に作成）

場合、応力レベルはそれほど高くならないので、砂層の圧縮量は、多くの場合無視できる量となります。地盤改良などで砂の密度を上げる必要がある場合には、第4講で説明したように、圧密ではなく締固めが有効です（図4･2）。

（3）その他の土（高有機質土・泥炭・シルトなど）

高有機質土層や泥炭層は地表近くにあることが多く、10 m を超える厚さになることは稀です。しかし自然状態で間隙比 e が非常に大きく（$e > 10$ となることも珍しくありません）、圧縮性が高いので、図8･1に示すような地盤の沈下など圧密に関連した問題の原因となることが多くあります。泥炭のように有機質を多く含む土の圧縮曲線は、粘性土のそれに類似したところもありますが、正規圧密領域でも $e - \log \sigma'$ 関係は図8･6のような線形を明確に示さないことが多いところが、粘性土とは少し異なります[11)]。シルトは粘土と砂の中間の粒径を有しており、純粋なシルトはその挙動も粘土と砂の中間的なものとなります。ただし、実際に自然に存在する「シルト」とよばれるものの多くは粘土混じりであり、低塑性で圧縮性の低い粘土のようなものと捉えることができます。

第 9 講　圧密排水過程：圧密方程式とその利用

8.1 節では圧密がどのような現象かを説明しました。土に圧力がかかり体積が減少するのは、土粒子の間にある水や空気の圧力が高まった結果、圧力がより低い外部へと排出されるからです。しかし第 2 章で説明した通り、水のような流体が土の中を流れるにはそれなりの抵抗があり、土の透水性に応じて時間がかかります。砂のように透水性が高い土では、この過程は非常に早く終了するので、特殊な場合を除いて、実際の地盤工学で問題になることはあまり多くありません。しかし粘土のように透水性が非常に低い地盤では、圧縮が何年もかけて進んでいくことが多くあります。構造物が完成してからその下の地盤が圧縮沈下していっては非常に困るので、この圧密排水過程を予測計算するのは重要な工学技術です。

9・1 圧密はどのように進むのか

この講では、もっぱら図 9・1 のような場合を考えましょう。繰り返しますが、本章では地盤は飽和状態のみを考えます。地盤内の水圧は完全に静水状態にあるとし、そこに地表面の広い範囲に、一瞬のうちに圧力 p がかかるとします。地盤の下部には、水を通さず（不透水層）、非常に固く圧縮されない層があり、その上の地盤層中の水は地表面からのみ絞り出されるものとします。地盤の透水係数などの物性値が与えられたとき、時間に対してどれだけ圧縮が進むかを計算するのがこの講の目標です。

ここで、図 9・1 のような例えを考えてみましょう。電車の中に人がすし詰めになっていて、人

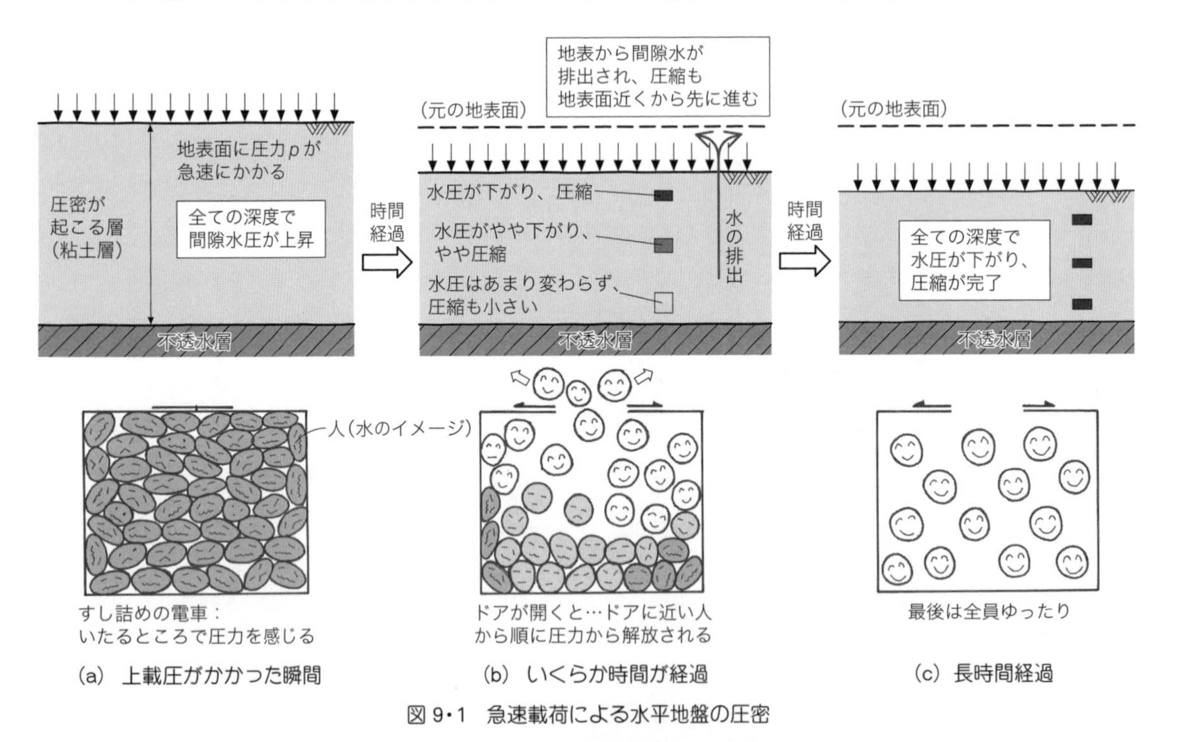

図 9・1　急速載荷による水平地盤の圧密

と人がぎゅうぎゅうに押し潰されあっているとします。このとき、人は隣の人々から圧力を感じます。これが、地盤に圧力がかかり、水圧が上がった状態です（つまり人は水の例えです）。ここで電車のドアが開くと、ドア付近の人たちは、その瞬間に圧力から解放され、楽になります。しかし、ドアから遠くにいた人たちは、自分の隣の人がやっと動くまで、ドアが開いた恩恵は感じられず、しばらくしてやっと圧力から解放されます。地盤中の水圧も同様で、上の例でいえば、地表面近くではすぐに水圧が下がるのですが、排水端である地表面から遠い場所ではなかなか水圧は下がらず、地盤の圧縮は起きません。皆さっさと電車を降りてくれれば……と電車の奥の人が思うのと同じように、地盤工学の技術者も、足元の地盤から水がもっと早く流れ出てくれれば……と思います。そして、実際にそうさせる技術があり、それについては 10.5 節で説明します。

9・2 圧密過程を式で表わす：圧密方程式の導出

では、圧密が進む過程は具体的にどのように計算できるのでしょうか。ここで用いるのが**圧密方程式**（consolidation equation）とよばれるもので、有効応力の原理と同じくテルツァーギ（Terzaghi）[10] によって最初に提案されました。これは一次元圧密（8.2 節参照）を表わす式であり、テルツァーギの一次元圧密方程式ともよびます。ここでは、式の導き方とその解の使い方について説明します。解を求める方法については、必要に応じて他文献を参照してください。圧密方程式の導出にあたって、まず用いる前提・仮定をまとめましょう。

（1）一次元圧密方程式の前提・仮定

①圧縮は一次元的に起こる（つまり、縦にだけ縮み、横は変形なし（8.2 節））

②地盤の間隙は終始、水で飽和している

③水の流れはダルシーの法則に従う（6.1 節参照）

④土の圧縮量は有効応力の増分に比例する。つまり圧縮ひずみ増分 $\Delta\varepsilon$ は、有効応力増分 $\Delta\sigma'$ [kN/m^2] と体積圧縮係数 m_v [m^2/kN] を用いて $\Delta\varepsilon = m_v \Delta\sigma'$ と表わすことができる（8.4 節）。係数 m_v は定数とする

⑤土粒子と水自体の圧縮量は小さいので無視する（これらの構成物質は体積・密度ともに不変）

仮定②と⑤から、地盤中の任意の小さな領域（「要素」とよびます）が圧縮されて引き起こす体積減少量は、そこから排出される水の体積に等しいということになります。つまり、質量保存則という物理法則がありますが、ここでは体積も保存されます。これが圧密方程式の意味するもので、あとは、このことを式にすればよいだけです。

（2）体積減少量

まずは図 9・2 のような各軸の方向に微小な Δx、Δy、Δz [m] の長さをもつ要素で「地盤が圧縮されることによる体積減少量」を考えましょう。①の前提より、一次元圧密を考えるわけですから、Δx、Δy の変化はなく Δz

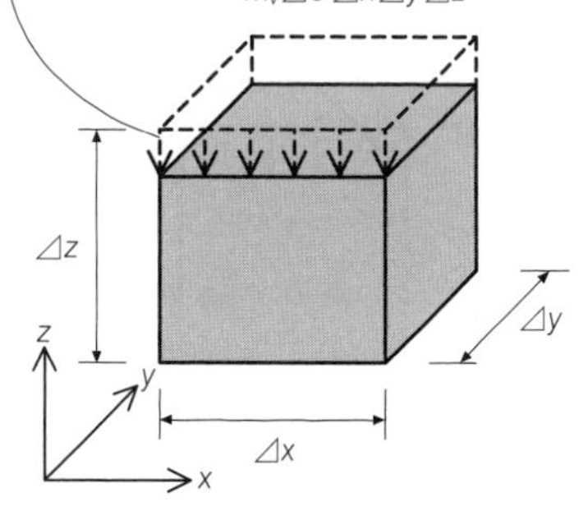

図 9・2　有効応力増加による体積減少

だけ小さくなるわけです。要素の体積はもともと$\triangle x \triangle y \triangle z$ [m³] で、有効応力が$\triangle\sigma'$だけ増加すると、体積ひずみは④の仮定より$m_v \triangle\sigma'$ですから、体積減少量$-\triangle V$は

$$-\triangle V = m_v \triangle\sigma' \triangle x \triangle y \triangle z \ [\mathrm{m}^3] \tag{9.1}$$

となります。ここで、第5講で学んだ有効応力の式$\sigma' = \sigma - u$を用いれば、上式は

$$-\triangle V = m_v(\triangle\sigma - \triangle u)\triangle x \triangle y \triangle z \ [\mathrm{m}^3] \tag{9.2}$$

とも書くことができます。

（3）排水量

さて、今度は図9・3にしたがって排出される水の体積を考えます。水はここでは上に向かって流れていくとしましょう（下に流れても理屈は同じです）。水の流速v [m/s] は深さによって異なるので、図に示す要素の下面では$v(z)$、上面では$v(z+\triangle z)$となります。要素には、時間$\triangle t$ [s] の間に下面から水が$v(z)\times$面積$(\triangle x \triangle y)\times$時間$(\triangle t)$ だけ流入し、同時に上面から$v(z+\triangle z)\times$面積$(\triangle x \triangle y)\times$時間$(\triangle t)$ だけ流出していきます。この差を考えて、正味の流出量$\triangle Q$は、

$$\triangle Q = v(z+\triangle z)\triangle x \triangle y \triangle t - v(z)\triangle x \triangle y \triangle t \ [\mathrm{m}^3] \tag{9.3}$$

となります。ここで流速vというものがなぜ生じるのか思い返せば、そもそも地表面での載荷により間隙水圧が生じ、地表面により近い$(z+\triangle z)$、間隙水圧が少し下がった場所と、より遠い(z)間隙水圧の下がり方が遅い場所との間で、水頭差が生じたからです（図9.1で、奥にいた人たちは先にラクになった人たちのほうに行きたいわけです）。そこで、流速vを間隙水圧uの関数として表わすことで式を進めましょう。水圧も要素の下面で$u(z)$、上面で$u(z+\triangle z)$と場所によって異なること、位置水頭（つまり、任意の場所から測った高さ）を忘れないことに留意して、第5講で学んだ動水勾配の概念やダルシーの法則を思い出しながら図9・3の流れをたどると、図の一番右に示すように$v(z)$と$v(z+\triangle z)$が表わされます。これらを式（9.3）に代入すれば、

$$\triangle Q = -\frac{k}{\gamma_w}\left(\left.\frac{\partial u(z)}{\partial z}\right|_{z+\triangle z} - \left.\frac{\partial u(z)}{\partial z}\right|_{z}\right)\triangle x \triangle y \triangle t \ [\mathrm{m}^3] \tag{9.4}$$

となります。

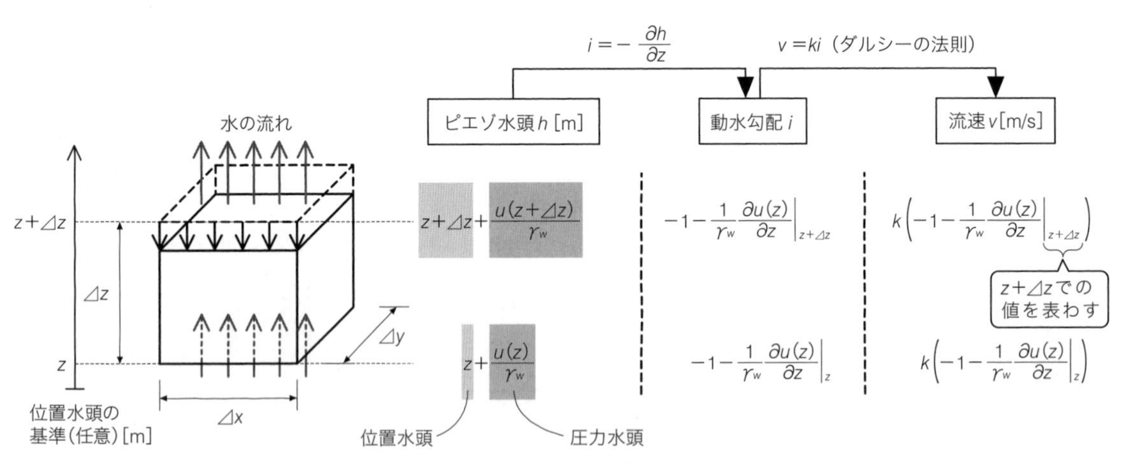

図9・3　要素端面での水の流入と流出の計算

（4）圧密方程式の導出

ここまで来たところで、「排水量＝圧縮量」を思い出し（p.78 参照）、式（9.2）と式（9.4）から $-\varDelta V=\varDelta Q$ とし、両辺 $\varDelta x\ \varDelta y\ \varDelta z\ \varDelta t$ で割ると

$$m_v\left(\frac{\varDelta\sigma}{\varDelta t}-\frac{\varDelta u}{\varDelta t}\right)=\frac{-\dfrac{k}{\gamma_w}\left(\left.\dfrac{\partial u(z)}{\partial z}\right|_{z+\varDelta z}-\left.\dfrac{\partial u(z)}{\partial z}\right|_{z}\right)}{\varDelta z} \qquad (9.5)$$

となります。ここで、$\varDelta t\to 0$、$\varDelta z\to 0$ とすると、左辺は全応力 σ と間隙水圧 u を時間 t で微分、右辺は $\partial u/\partial z$ をさらにもう一度 z で微分することになります。ここで、透水係数 k と水の単位体積重量 γ_w は定数であり、微分には関係ないものとしています。その結果、

$$m_v\left(\frac{\partial\sigma}{\partial t}-\frac{\partial u}{\partial t}\right)=-\frac{k}{\gamma_w}\frac{\partial^2 u}{\partial z^2} \qquad (9.6)$$

となります。ここで、全応力 σ は、地表面での圧力 p と土の自重による圧力の合計ですから、この講で考えている状況（図 9・1）では、時間に対して不変であり、$\partial\sigma/\partial t=0$ となります。よって最終的に、

$$\frac{\partial u}{\partial t}=\frac{k}{m_v\gamma_w}\frac{\partial^2 u}{\partial z^2} \qquad (9.7)$$

となります。この式（9.7）がテルツァーギの圧密方程式です。右辺にある、透水係数 k、土の体積圧縮係数 m_v、水の単位体積重量 γ_w の三つの定数を組み合わせて表わされる定数を**圧密係数**（coefficient of consolidation）とよび、c_v で表わします。つまり、

$$\frac{\partial u}{\partial t}=c_v\frac{\partial^2 u}{\partial z^2}\quad\left(c_v=\frac{k}{m_v\gamma_w}:\text{単位は}\ \frac{\mathrm{m/s}}{(\mathrm{m^2/kN})(\mathrm{kN/m^3})}\ \text{より}\ \mathrm{m^2/s}\right) \qquad (9.8)$$

と書くことができます。圧密係数は、個々の地盤材料に対して圧密の進む速さを表わす定数です。透水係数 k が大きければ、水が動きやすいので圧密は早く進み、逆に圧縮性（m_v）が高ければ水を多量に排出しなければならないので圧密は遅くなります。だからそれぞれ圧密係数を表わす式の分子・分母にくると考えれば覚えやすいでしょう。

ここで間隙水圧 u は、地下水面の位置を H とすると、静水圧 $u_0=\gamma_w(H-z)$ と過剰間隙水圧 u_e の和（$u=\gamma_w(H-z)+u_e$）として表わすことができるのは第 5 講で説明した通りです。これを上記の圧密方程式に代入し、定数の微分がゼロになることなどを適用すると、結果的に

$$\frac{\partial u_e}{\partial t}=c_v\frac{\partial^2 u_e}{\partial z^2} \qquad (9.9)$$

となります。つまり、ここで考えている問題に対し圧密方程式は間隙水圧・過剰間隙水圧のどちらにも成り立ちます。

9・3 圧密方程式の解

圧密方程式は、数学上はいわゆる拡散方程式（熱伝動方程式）と全く同じ形をしています。この形の線形偏微分方程式は、変数分離法とよばれる解法などで解を求めることができます。その

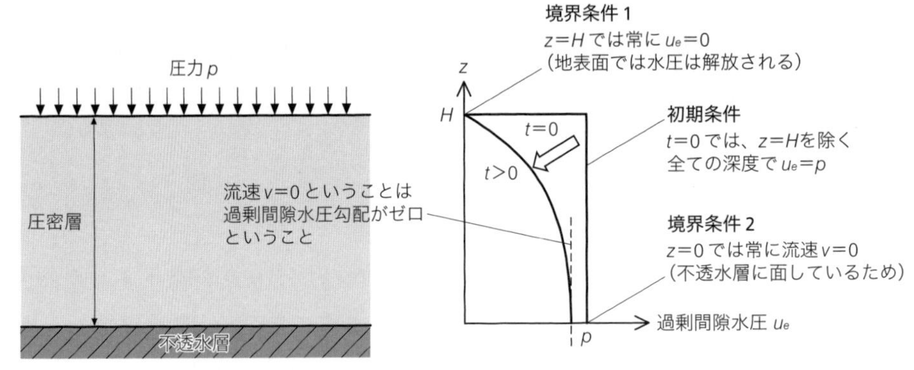

図 9･4　一次元圧密方程式を解く際の初期条件・境界条件（図 9･1 の状況の場合）

解法の説明については、土質力学の話題から少し外れるので、ここでは省略します。この形の偏微分方程式の数学的な側面についてもう少し詳しく知りたい人は、他の文献[12)]などを参照してください。覚えていなければならないのは、圧密方程式は時間 t に関して 1 階、位置 z に関して 2 階の偏微分方程式ですから、解を決定するためには、初期条件（時間 $t=0$ での u の値）が一つ、境界条件（ある深度 z での u の値やその微分値）が二つ必要になります。図 9･1 に示す状況では、これらは以下のようにまとめられます（図 9･4）。

初期条件：$u_e(z, 0)=p$（時間ゼロでの間隙水圧上昇分は地表面でかかる圧力と一致）　(9.10)

境界条件：$u_e(H, t)=0$（地表面では間隙水圧は常に大気圧と一致）　(9.11)

$v(0, t)=0$（不透水層に接した圧密層下端では水の流出入がない）　(9.12)

式（9.12）の条件は、以下のように書き換えることができます。

$$v(0,\ t)=-k\,\frac{\partial h}{\partial z}=-k\,\frac{\partial}{\partial z}\left(z+\frac{u_0+u_e}{\gamma_w}\right)=-k\,\frac{\partial}{\partial z}\left(z+\frac{\gamma_w(H-z)+u_e}{\gamma_w}\right)=-k\,\frac{\partial u_e}{\partial z}=0 \quad (9.12\text{b})$$

よって

$$\frac{\partial u_e}{\partial z}=0 \quad (9.12\text{c})$$

式（9.10）、式（9.11）、式（9.12c）の条件下で解を求めると、以下のようになります。

$$u_e(z, t)=\frac{4p}{\pi}\sum_{n=1}^{\infty}\frac{(-1)^{n+1}}{2n-1}\cos\left(\frac{2n-1}{2}\frac{\pi}{H}z\right)\exp\left[-\left(\frac{2n-1}{2}\pi\right)^2 T_v\right]\ [\text{kN/m}^2] \quad (9.13)$$

この式を導く仮定で、定数（つまり透水係数 k、体積圧縮係数 m_v、水の単位体積重量 γ_w）と時間 t を以下のように T_v としてまとめてあります。

$$T_v=\frac{c_v}{H^2}t\left(\text{式 (9.8) より、}T_v=\frac{k}{m_v\,\gamma_w}\frac{1}{H^2}t\right)\ [\text{無次元}] \quad (9.14)$$

この T_v は単位をもたず（つまり無次元数）、**時間係数（time factor）**とよびます。解（式（9.13））はフーリエ級数の形をとっており、u_e の数値を任意の位置 z と時間 t に対して求めるためには、数値が収束するまで、n に整数を 1 から順に入れて足し合わせていかなければなりません。式（9.12）にもとづいてさまざまな位置 z に対して計算した過剰間隙水圧 u_e を図 9･5 に示します。

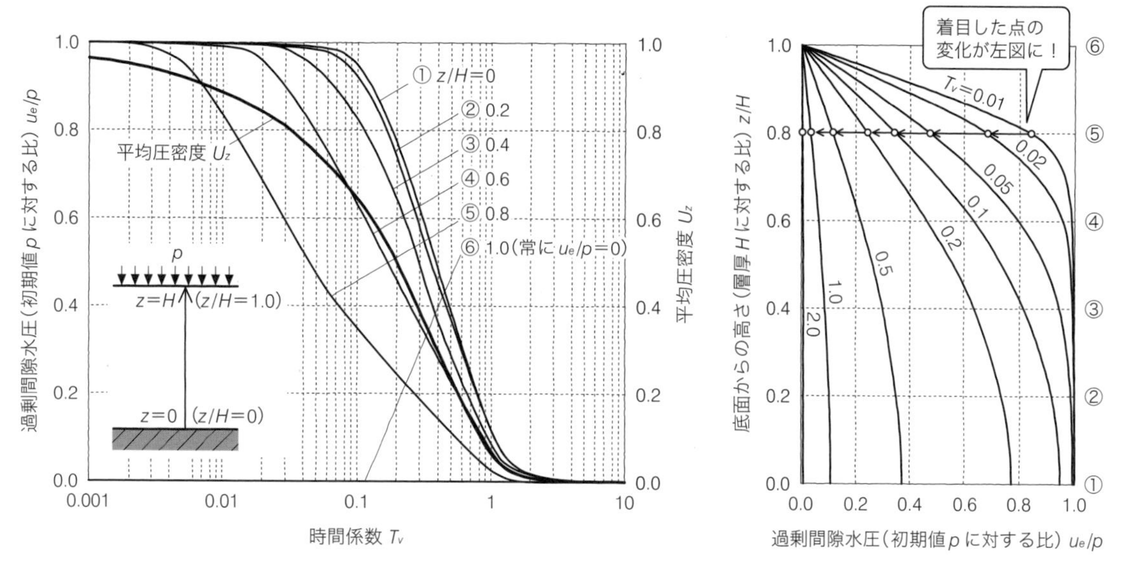

図 9・5　地盤中の異なる位置・異なる時間での過剰間隙水圧の消散

> **◎ COLUMN ◎　なぜ時間係数 T_v という概念をわざわざ導入？**
>
> 学生としては、覚える言葉を増やさないで！と思うかもしれませんが、なぜ時間係数という概念が有用なのか考えてみてください。式（9.13）を使っての間隙水圧の計算は、Excel などコンピューター演算ソフトを皆が使える現代でこそ、5 分もあれば計算できますが、電卓さえなかった時代は大変だったでしょう。それなら、u_e と T_v の関係をあらかじめだれか偉い人が頑張って求めて図表にしておき、エンジニアたちは、各々が扱う地盤の情報（k、m_v など）に対して式（9.14）から T_v だけ計算して、その図表から u_e を読み取るほうがはるかに楽であったのです。

図 9・1 と照らし合わせてみると、9.1 節で感覚的に説明したことが実際に表わされているのがわかると思います。

9・4 地盤全体としての圧密の進行

（1）圧密度

図 9・5 で、同じ時間 t でも場所 z が異なれば圧密の進行の度合いは大きく異なることが理論からも確認できました。ここで、それぞれの位置 z・時間 t で**圧密度**（degree of consolidation）$U(z,\ t)$ という概念を定義して、0（圧密が 0% 終了という意味）から始まり、最終的に 1（圧密が 100% 終了）となる指標であるとしましょう。過剰間隙水圧 $u_e(z,\ t)$ はすべての位置で p から始まり、最終的には 0 に向かうわけですから、$U(z)$ は以下のように表すことができます。

$$U(z,\ t)=\frac{p-u_e(z,\ t)}{p}\ \text{[無次元]} \tag{9.15}$$

この $U(z,\ t)$ は地盤の深度 z によって異なる値をとるわけですが、「地盤全体として、今現在、圧密はどのくらい進んでいるのか」を一つの数値 U_z で表わすことができれば便利です。地盤全体として、ということですから、圧密層厚に対する $U(z,\ t)$ の平均を考えれば以下のように表わされます。

$$U_z(t)=\frac{1}{H}\int_0^H U(z,\ t)dz=\frac{1}{H}\int_0^H \frac{p-u_e(z,\ t)}{p}dz \quad (\text{式 (9.15) を代入}) \tag{9.16}$$

$$U_z(T_v)=1-\frac{8}{\pi^2}\sum_{n=1}^{\infty}\frac{1}{(2n-1)^2}\exp\left[-\left(\frac{2n-1}{2}\pi\right)^2 T_v\right] \quad (\text{式(9.13)を代入して積分計算}) \tag{9.17}$$

この式から計算される平均圧密度 $U_z(T_v)$ を時間係数 T_v に対して示した曲線も図 9·5 に示してあります。あらゆる位置に対する曲線群の平均をとったことになるので、曲線群のだいたい真ん中にあることを確認してください。この平均圧密度 $U_z(T_v)$ が 1 になるときが、少なくとも理論上は地盤全体の圧密が完全に終了するときです。なお、「過剰間隙水圧の消散量（減少量）」＝「有効応力の増加量」ですから、9.2 節の仮定④より、平均圧密度は「最終的に圧縮する量を 1 としたとき、現在どれだけ圧縮されているか」の割合を示す量であるともいえます。

（2）地盤条件と圧密速度

最後に、圧密が進行する時間が、地盤条件によってどのように変わるか考えてみましょう。式（9.13）にしても式（9.17）にしても、式中で時間を表わしているのは時間係数 T_v だけです。式（9.14）から、T_v は透水係数 k に比例し、体積圧縮係数 m_v や圧密層厚の 2 乗 H^2 に反比例することが明らかですから、結局、地盤の圧密速度も同様に透水係数 k に比例、体積圧縮係数 m_v や圧密層厚の 2 乗 H^2 に反比例します。これをまとめたものが図 9·6 です。図中の左から 3 番目の例では、今まで仮定していた片面からのみ排水可能という条件を、両面から排水可能という条件に

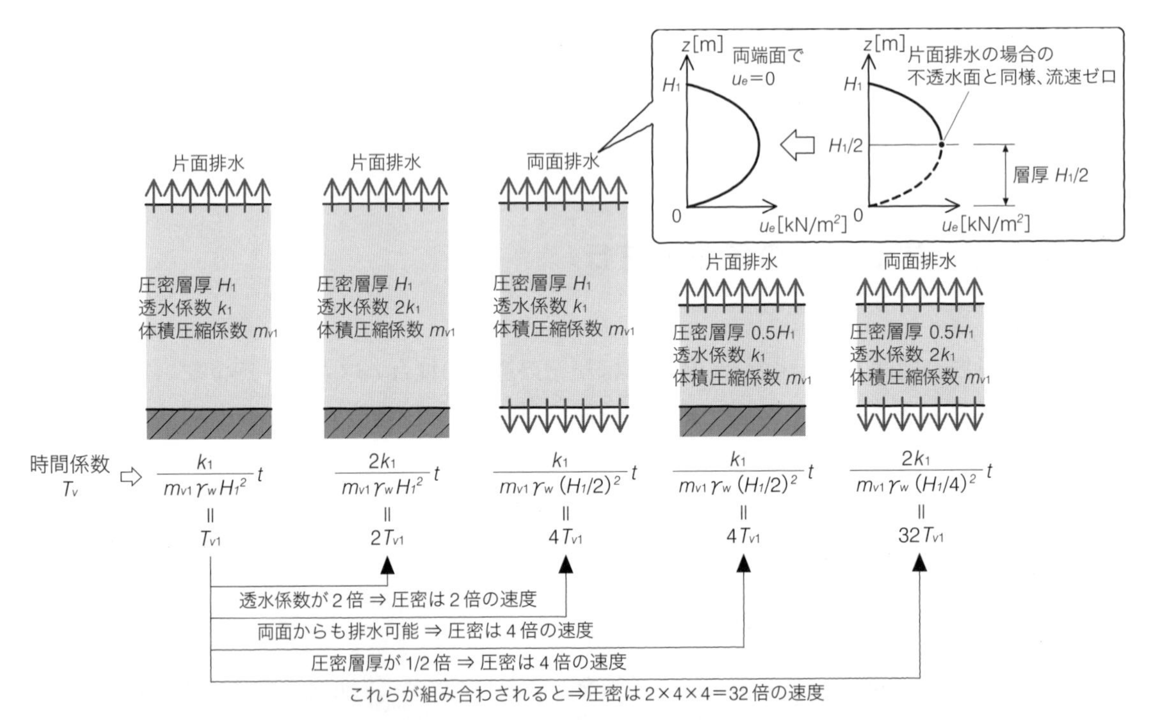

図 9·6　地盤条件と、地盤全体としての圧密進行速度の関係

変えた場合、層厚が半分になった（つまりH_1を$H_1/2$に）と見なしています。両面排水が起こる地盤を圧密することは、言いかえれば、層厚が半分の地盤を二つ同時に、別々に圧密することと考えることができるのです。これは図中右上に示したように、両面排水されている地盤内の水圧の状態は、半分の層厚で片面排水されている地盤内での状態を上下対称に張り合わせたものと同じと見なせるからです。なぜなら、上下両端面で過剰間隙水圧$u_e = 0$、中央深さで流速ゼロ（両面排水の場合、圧密の進行は上下対称ですから、真ん中の水は上にも下にも動く理由はありません）という条件が満たされるからです。もちろん、9.3節で用いた境界条件、$\partial u_e / \partial z$（$z = 0$）を$u_e = 0$（$z = 0$）に置き換えて圧密方程式を解き直しても、同じ結果が得られます。

ここまでの説明で、圧密にかかる時間は、層厚および排水端までの距離に非常に大きく影響されることがわかりました。例えば、同じ土でできている地盤でも、層厚が10倍異なれば、圧密にかかる時間は100倍異なるのです。9.1節で、「水がもっと早く流れ出てくれれば……」という地盤技術者の願いに触れましたが、10.5節で説明するように、実務ではこの事実を利用してその願いを実現するのです。

第 10 講　地盤沈下とその予測

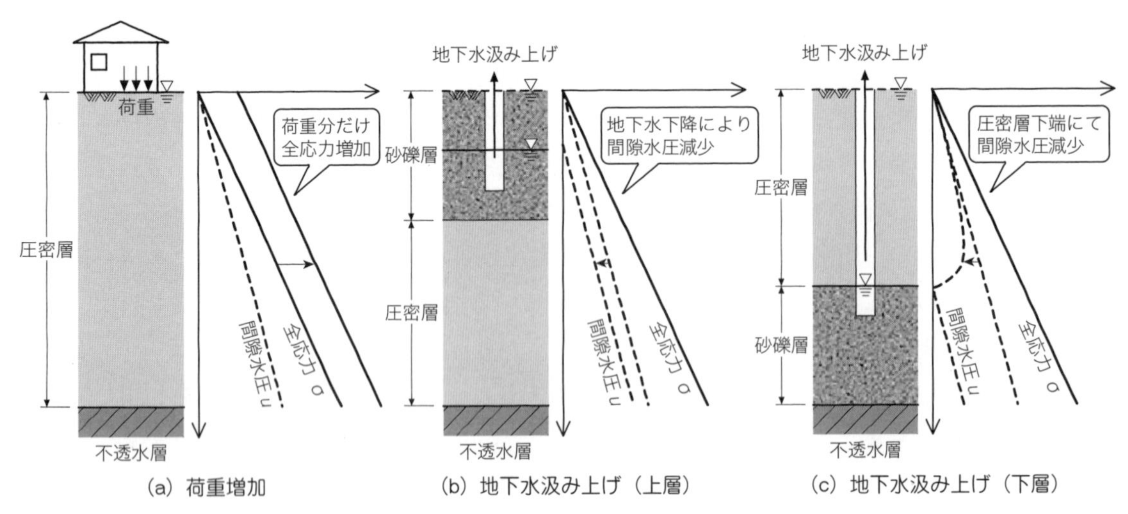

図 10・1　圧密地盤沈下を引き起こす有効応力増加のメカニズム例

地盤沈下は、地盤の圧密によって起こります。過圧密地盤でも地盤沈下は起こりますが、数十 cm ～数 m という大規模な沈下が起こるのは圧縮性の高い正規圧密地盤においてです。本講では軟弱な正規圧密粘土を想定して話を進めしょう。そのなかで、圧密を促進させる工法とメカニズムについて説明します。また、最後にこれまで説明してきた圧密よりも長期にわたって発生する二次圧密という現象も紹介します。

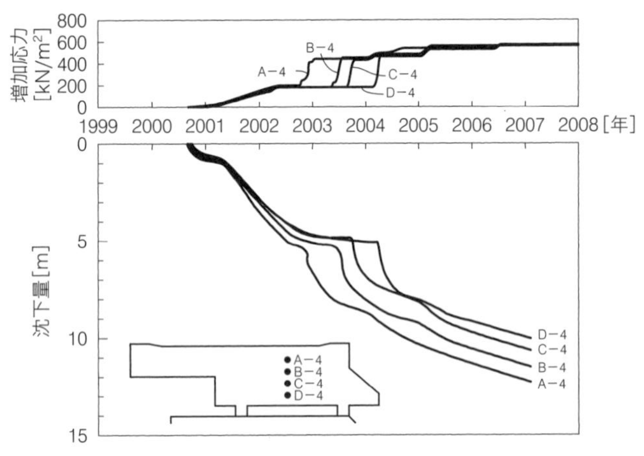

図 10・2　上載荷重による圧密地盤沈下の例：関西国際空港の埋立て造成（江村ほか（2008）[8]をもとに作成）

10・1 地盤沈下の原因とメカニズム

圧密が起こる、つまり地盤の有効応力が増加するには、二つのメカニズム（あるいはそれらの組み合わせ）があります。それはすなわち、有効応力の式（5.1）：$\sigma' = \sigma - u$ を見ればわかるように、①全応力 σ が増加することと、②間隙水圧 u が減少することです。図 10・1（a）や図 10・2 のように、地表面に盛土や建物などの構造物を建設して荷重を増やすことは、①の典型的なケースです。また、地下水を汲み上げることは地盤中の間隙水圧を減少させ、②のメカニズムで地盤沈下を引き起こします。地下水を汲み上げられるのは、透水性がよい砂礫層からになりますが、図 10・1（b）のように、地表近くから汲み上げる場合と、図 10・1（c）のように、圧密が起こる層（圧密層とよびます）の下から汲み上げる場合が考えられます。図に示すように、それぞれ異なる間隙水圧分布をもたらし、結果としてどちらのケースでも圧密層の圧縮が起こります。

圧密により地盤が沈下した実例は枚挙にいとまがありません。大阪湾に埋め立てで造成された関西国際空港島の沈下は、埋め立て島の荷重による圧密沈下の典型的な例です。図 10･2 に示すように、段階的に埋め立て工程が進み、全応力が増加するたびに、図 9･5 で示した圧密曲線に相当する沈下曲線が見られます。

10･2 最終地盤沈下量の計算

第8、9講で学んだ土の圧縮特性と圧密排水過程の知識を合わせれば、地盤上に荷重をかけた後、任意の時間に対し地盤がどれだけ圧縮し、その結果として地表面がどれだけ沈下するかを計算することができます。ここでは、具体例で数値を考えながら計算していきましょう。

ここで考える地盤条件と、その地盤中の2点A・Bでの土に対して得られた圧縮曲線を図 10･3 のように示します。圧縮曲線は、第8講で説明したように、圧密試験を行って求めるものです。まずは例としてこの2点のみに着目していきます。地盤調査から、これらの点での含水比 w・土粒子密度 ρ_s・湿潤単位体積重量 γ_t（ここでは飽和度 $S_r = 100\%$ を仮定して、γ_t は飽和単位体積重量 γ_{sat} と等しいとしましょう）がわかるので、図 2･8 中の式（2.8）から初期間隙比 e_0 が計算できます。図 10･3 に示す値として計算されたとしましょう。ここで、地表面に 50 kN/m^2 の圧力がかかるものとします。これに対する地表面沈下の計算は、以下のステップをたどって計算されます。

（1）ステップ1：有効応力 σ'_v の計算

この地盤の表面に荷重 50 kN/m^2 がかかるとき、まず点Aでの土の状態の変化を考えます。点Aは地表面からの深さが5 m ですから、地表面に荷重がかかる前の鉛直有効応力 σ'_v は、図 10･4 ①のように 35 kN/m^2 と計算できます。ここで地表面に 50 kN/m^2 がかかると、その瞬間は水圧がこ

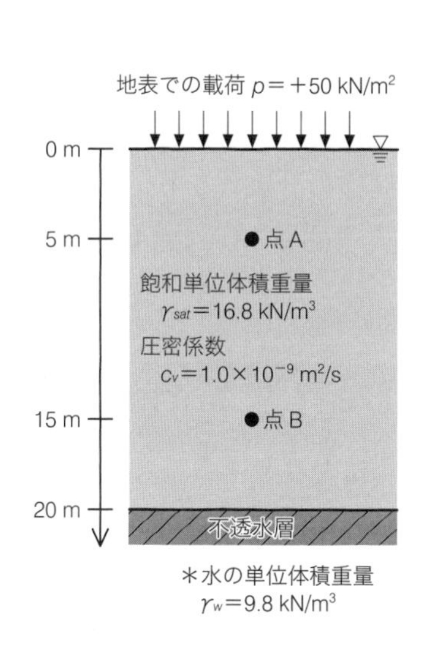

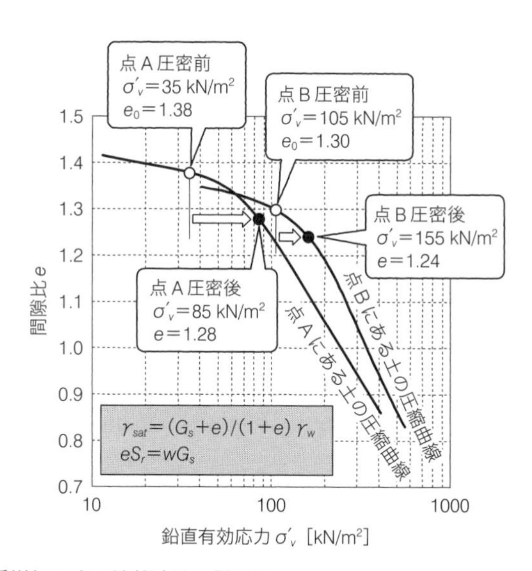

図 10･3　荷重増加による地盤沈下：問題例

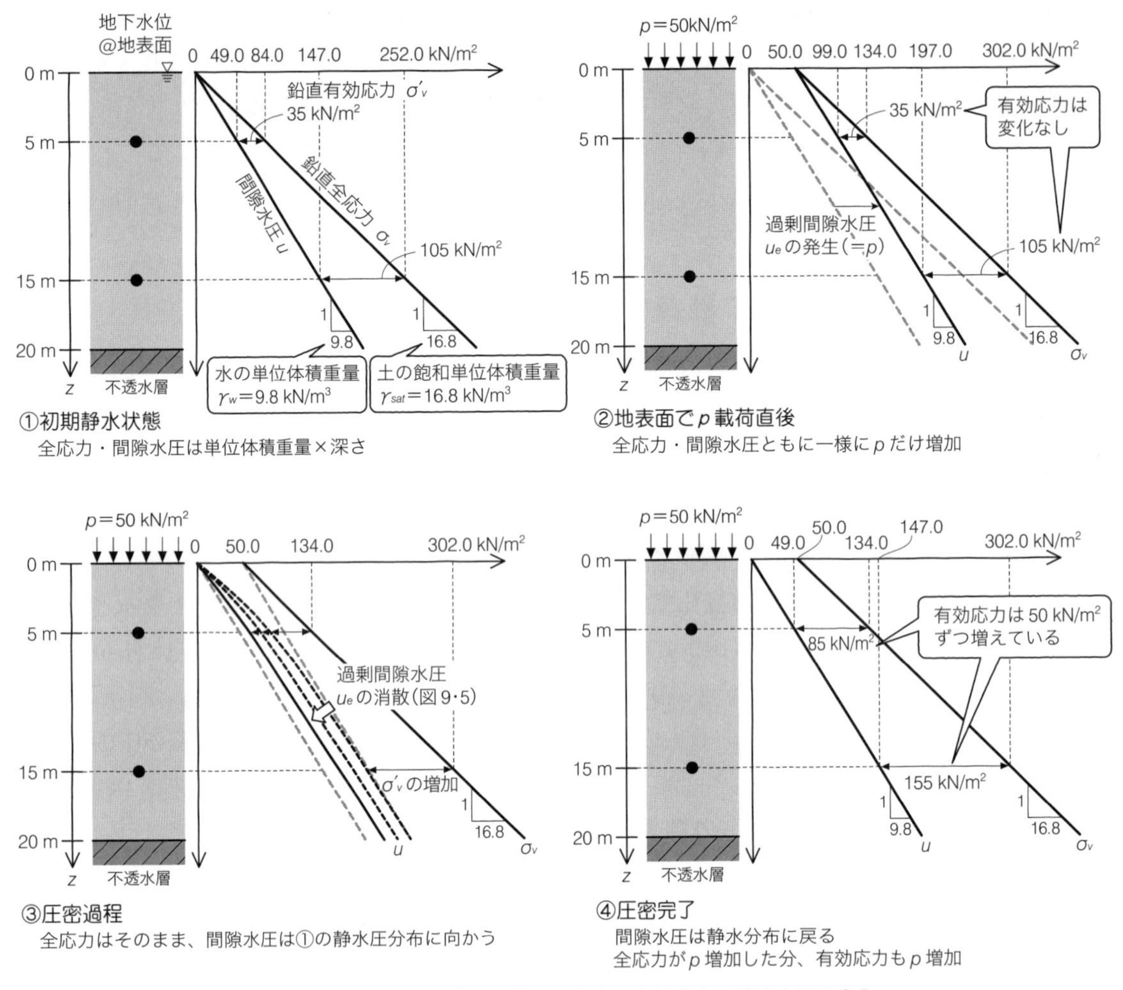

図 10･4　地盤沈下過程における全応力・有効応力・間隙水圧の変化

の増分をすべて受けもつため鉛直有効応力は変わりませんが（図 10･4 ②）、圧密度が 0%から 100%に向かうに従い（図 10･4 ③）、すべて鉛直有効応力増分に変わります（図 10･4 ④）。よって、圧密後は $\sigma'_v = 35 + 50 = 85$ kN/m² となります。以上と全く同様の計算により、点 B では、σ'_v は最初は 105 kN/m² ですが、荷重がかかり十分に時間が経つと、105 + 50 = 155 kN/m² となります。

（2）ステップ 2：間隙比 e と体積変化の計算

●方法 1：圧密曲線を用いる方法

点 A について、間隙比の変化を図 10･3 の圧縮曲線から読み取ると、鉛直有効応力が 35 kN/m² から 85 kN/m² に増加することで、間隙比 e は 1.38 から 1.28 に減少します。2.3 節で学んだように、土の体積は $V_s(1+e)$ と表わせますから、点 A 近傍の土は、圧密前で $V_s \times (1 + 1.38)$、圧密後で $V_s \times (1 + 1.28)$ となります。つまり、体積圧縮ひずみは、$-\{(1 + 1.28) - (1 + 1.38)\}/(1 + 1.38) = 0.042$（＝ 4.2%）となります。同様の計算を行えば、点 B の近傍では、体積圧縮ひずみは 0.026（＝ 2.6%）となります。

●方法２：圧縮指数 C_c を用いる方法

この講の例では、図 10･3 のように圧縮曲線 $e-\log\sigma'_v$ がわかっている場合を考えていますが、場合によっては、これらのデータなしに沈下量の概算をすることもあります。例えば、液性限界試験が行われており、液性指数 w_L がわかっていれば、経験式である式（8.6）から C_c が推定できます。もとの地盤がほぼ正規圧密状態にあるとわかっていれば、圧密前後の鉛直有効応力の対数の増分 $\Delta(\log\sigma'_v)$ より、間隙比減少分 $-\Delta e$ は $-\Delta e=C_c\,\Delta(\log\sigma'_v)$ と計算できます。これを圧縮ひずみに直すのは、方法１と同じです。

（３）ステップ３：地表面沈下量の計算

地盤のいたるところで同じ量の体積ひずみが生じるのならば、圧密層の圧縮量は（層厚）×（体積ひずみ）であり、それがそのまま地表面沈下量となり、計算は終わりです。しかし、上のステップ２での計算で示したように、通常は生じる圧縮ひずみは、一般に深度によって異なります。深さに依存するひずみ $\varepsilon(z)$ を厳密に考慮して地盤全体の最終的な圧縮量（地表面沈下量）S_f を計算する式は以下のようになります。

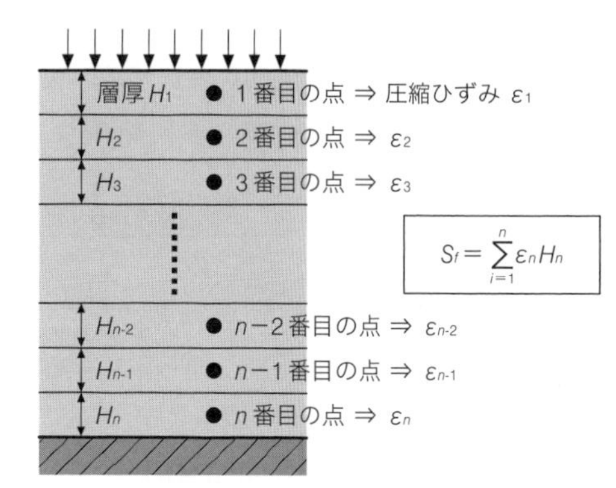

図 10･5　各層の圧縮ひずみと地盤全体の圧縮量

$$S_f=\int_0^H \varepsilon(z)\,dz\ \ [\mathrm{m}] \qquad (10.1)$$

ただし、深さ 1 cm ごとのように細かく圧縮曲線を求めるようなことは現実には困難ですので、n 個の点を選び、それらの点で近傍の層を代表させると（図 10･5）、

$$S_f=\sum_{i=1}^{n}\varepsilon_n H_n\ \ [\mathrm{m}] \qquad (10.2)$$

と書けます。ここまで考えてきた例では、A、B 点という２点しか考えていないので、これらの点が 20m の全圧密層厚のうちそれぞれ 10 m ずつを代表すると考えて、

$$S_f=\sum_{i=1}^{2}\varepsilon_{z,n}H_n=0.042\times10\,[\mathrm{m}]+0.026\times10\,[\mathrm{m}]=0.68\,[\mathrm{m}]$$

となります。この例では層厚 20 m をたった２点で表わしたわけですが、地盤調査・分割計算の両者でどのくらいの点を考慮すべきかは、地盤の均一さや層厚（層厚が大きければ、上部と下部で鉛直有効応力 σ'_v の大きさが著しく異なるため、同じ応力増分 $\Delta\sigma'_v$ に対してでも $\Delta(\log\sigma'_v)$ が大きく異なります）によります。

10･3 地盤沈下量の時間変化の計算

以上より、圧密が完了するとき、つまり平均圧密度 U_z が１（100%）になるときの沈下量 S_f が計算できました。よって、任意の時間 t（あるいは時間係数 T_v）の沈下量 $S(T_v)$ は、最終的な沈下量 S_f に、その時間での平均圧密度 $U_z(T_v)$ を掛けたものになります。

$$S(T_v)=U_z(T_v)S_f\ \ [\mathrm{m}]\quad (T_v：時間係数\ \ ⇒式（9.14）) \qquad (10.3)$$

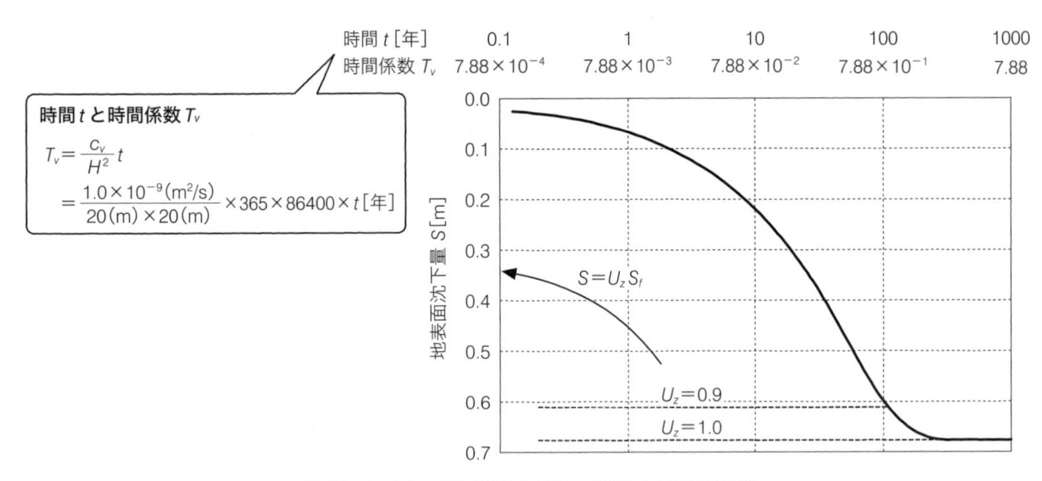

図 10･6　圧密沈下解析の結果：経過時間と沈下量

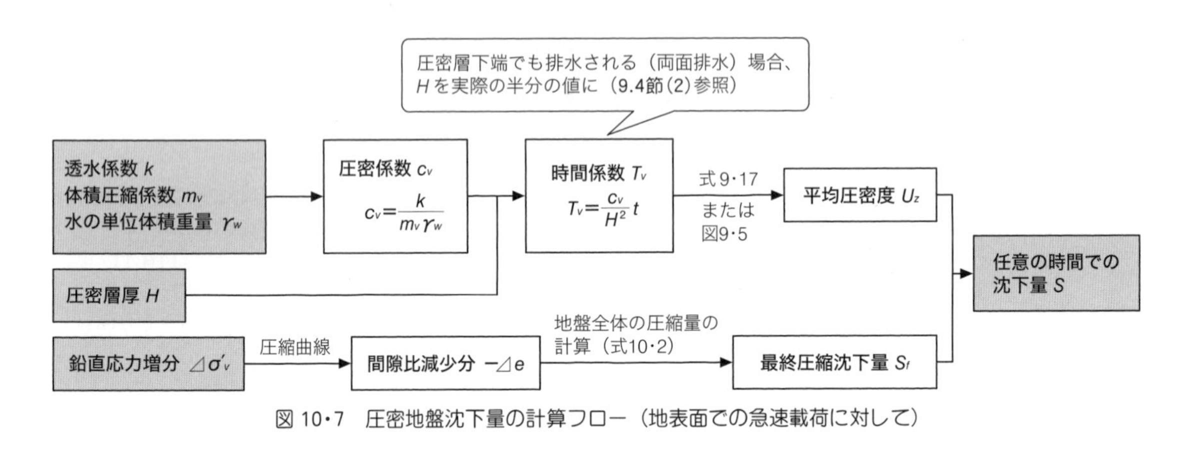

図 10･7　圧密地盤沈下量の計算フロー（地表面での急速載荷に対して）

平均圧密度 $U_z(T_v)$ の計算の仕方は、9.4 節(1)で説明した手順にしたがって、次のように行います。まず、圧密係数 c_v の単位に気をつけて、実際の時間 t と時間係数 T_v の関係を求めます。時間係数 T_v に対応する U_z の値は、式（9.17）から計算するか、図 9･5 から読み取ります。以上から、図 10･6 のように、沈下量 S と時間 t の関係を求めることができました。この例では、ほぼ圧密が終わったと見なせる $U_z = 0.9$ にいたるには、なんとおよそ 100 年も必要ということがわかります。ここまでのすべての計算のフローをまとめると、図 10･7 のようになります。

10･4 圧密係数の性質について：定数？ それとも変数？

第 9 講から読み進めた人は、ここまでの議論で一つ腑に落ちないことがあるかもしれません。圧密係数を定数としてよいか、です。9.2 節で圧密方程式を導く際は、透水係数 k と体積圧縮係数 m_v を定数としました。しかし、m_v は有効応力増分に対するひずみ増分の比を表わすので、図 10･3 の点 A と点 B でのどちらか一つの深さだけに着目しても、有効応力増分に依存することがわかるでしょう。これでは、平均圧密度 U_z と時間係数 T_v の関係を表わす式を導くための前提そのものがおかしかったことになり、式 (9.9) や図 9･5 を使えないことになるのでしょうか。数学的に厳密にはその通りなのですが、実際にはこれらの物性値kとm_vは、考える有効応力増分に対して定数として近似して考えます。

この問題を考慮するために、ここでは詳しく説明はしませんが、三笠の圧密方程式という、9.2節で学んだテルツァーギの圧密方程式に似た形の方程式が提案されています[13)]。この式は、式(9.9)に似ているのですが、間隙水圧ではなく、ひずみを未知変数としています。この定式化によると、kとm_vがそれぞれ定数でなくとも、その比に相当する$c_v = k/m_v \gamma_w$(式(9.8))が一定であるというややゆるい条件のもとで、圧縮量〜時間曲線(図10・6)がそのまま正しいものとして計算されます。そして実際の多くの粘性土の正規圧密状態では(圧密が主に問題となるのは、圧縮性が高くなる正規圧密状態です)、圧密が起こり間隙比が小さくなる、つまり密になるにしたがって、kとm_vが同じ割合で減少していき、圧密係数c_vがおおむね一定に保たれることが知られています(図10・8)。つまり、土は密になって固くなれば、同時に透水性も下がるわけです。よって、ここまでの議論や計算方法は、多くの場合、結果としてそれほど間違っていません。ただし、泥炭のように圧縮にしたがって圧密係数c_vが著しく減少するような地盤では、圧密方程式の適用には注意が必要です[14)]。

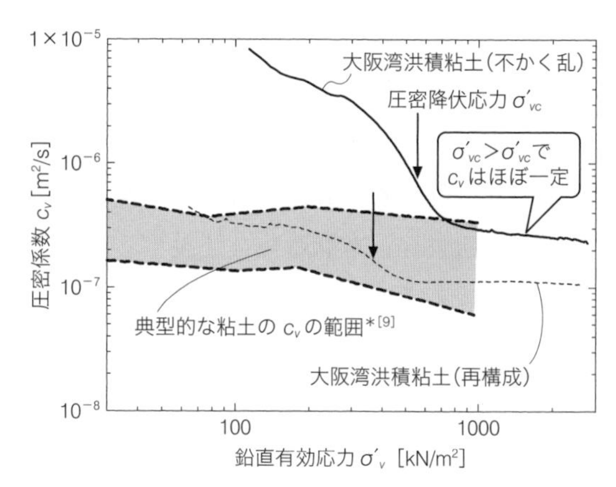

図10・8 圧密係数の応力レベルに依存した変化(稲田(1981)[9]などをもとに作成)

10・5 圧密促進による地盤沈下対策:バーチカルドレーンと事前載荷

地盤上に構造物を建設するにあたって、予測された長期的な圧密沈下量が過剰である場合、何

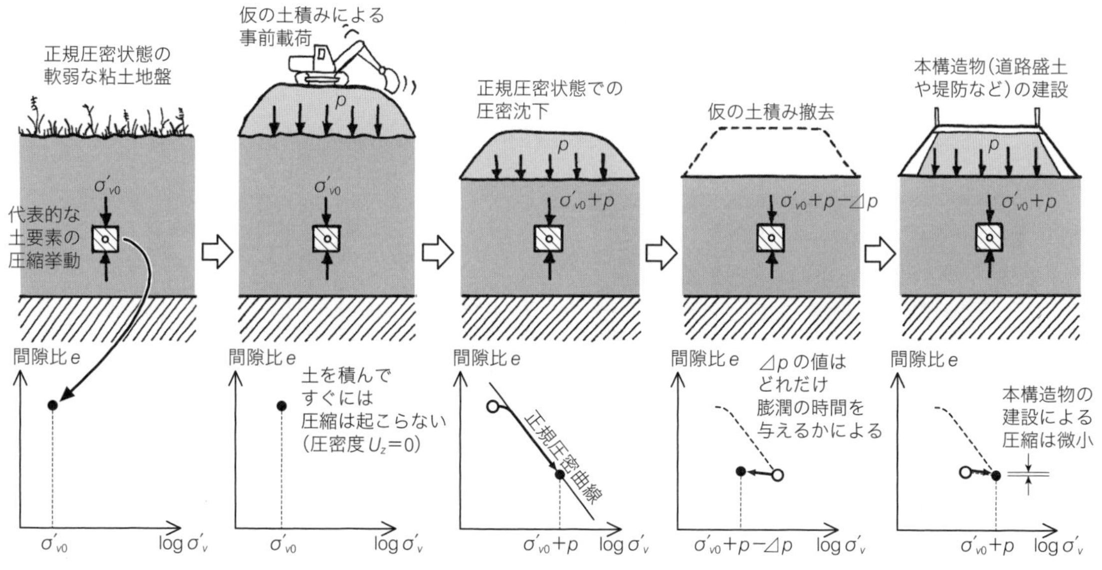

図10・9 事前載荷工法の流れと、地盤の圧縮の様子

らかの対策を施さなければなりません。対策として、セメントを地盤に混入させて固化する方法や、杭を打設するなどの方法もありますが、ここでは**事前載荷工法（プレローディング工法：preloading method）**を説明します。この工法では、図 10・9 に示すように、まず仮の土積みなどにより、最終的に載荷するのと等価な荷重をかけ、圧密沈下を引き起こします。その後、その仮積みを撤去し、本構造物を建設するのですが、仮積み（事前載荷）によりその荷重に相当する分の圧縮はすでに起こっているため、微小な沈下しか新たには起こりません。これにより、本構造物の変形などを最小限に抑えることができます。

しかし 10.3 節の例でいえば、事前載荷をしたところで、それによる圧密が起こり上記の効果を得るには何十年もかかることになり、これだけではとても使える工法ではありません。そこで、実際には**バーチカルドレーン（vertical drain）**とよばれる排水材を地盤に打設して、圧密排水を促進します。バーチカルドレーンは、図 10・10 のように地盤に鉛直方向に挿入されるもので、砂

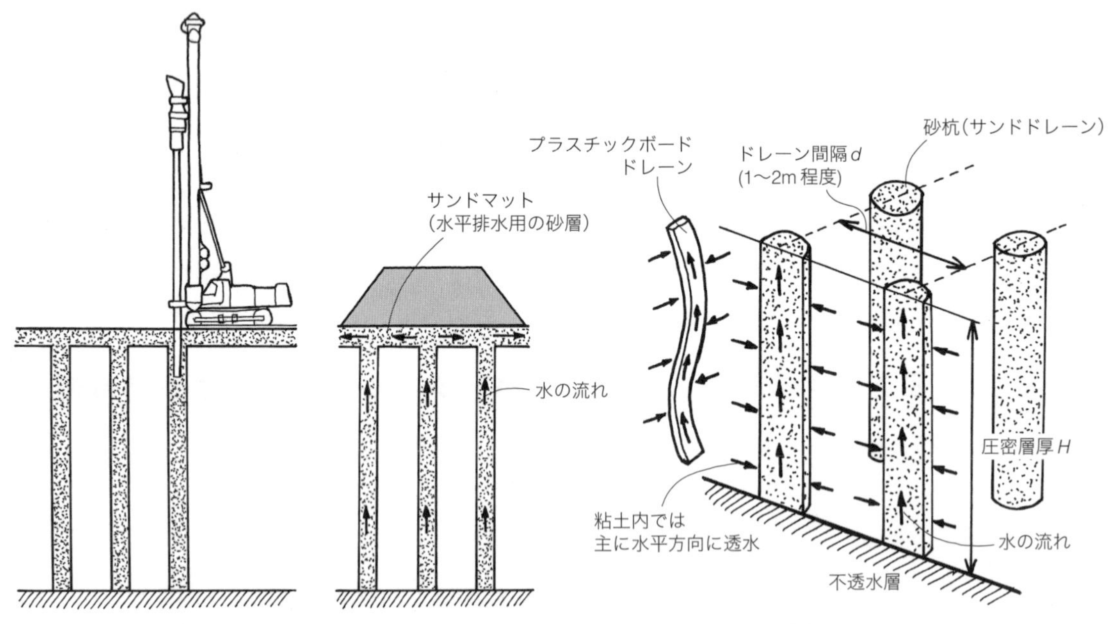

図 10・10　バーチカルドレーンの打設と地中の透水の様子

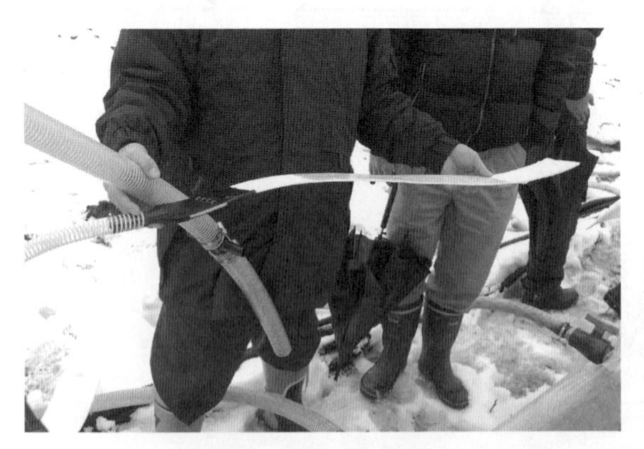

図 10・11　プラスチックボードドレーンとその打設：右写真の中央部で地中に貫入

杭やプラスチックのフィルター材(図 10・11)など、非常に透水性のよいもので出来ています。これを短い水平間隔（例えば 1 ～ 2m）で規則的に打設することにより、排水される間隙水はもはや圧密層の上下端まで流れる必要はなく、近傍のドレーンまで流れればよいことになります。

例えば、図 10・10 で間隔 d を 1m とした場合、大雑把な計算をすれば、時間係数 T_v を計算するための式（9.14）に代入する層厚はもはや 20m ではなく、およそ 1/2 × 1m ＝ 0.5m となり、T_v は（20/0.5）^{2} 倍、つまり 1,600 倍となります。先の例で、U_z＝0.9 にいたるのにかかった 100 年が、およそ 3 週間程度まで減るのです。ここで「およそ」と書いているのは、図 10・10 に示すように、粘土中での水の流れは水平面内で二次元的であるため、前節で学んだ一次元圧密方程式はそのままは成り立たず、少し異なる計算をしなければなりません。

10・6 地盤の長期沈下：二次圧密

前節からここまで、圧密方程式にしたがって議論を進めてきました。この理論によれば、図 9・5 が示す通り、時間係数 T_v が 2 程度になれば、平均圧密度 U_z はほぼ 1 となり、地盤の圧縮はほぼ終了するはずです。しかし、実際の地盤の挙動や、採取した土質試料の圧密試験での挙動を観察すると、圧縮は現実にはいつまでたっても収まりません。圧縮－時間曲線を、観察結果と圧密方程式の解とで一致させようとすると、図 10・12 に示す通り、長い時間が経つにしたがい、必ず観察結果のほうが大きな圧縮を示します。このように、圧密理論で説明できる圧密挙動を**一次圧密**（primary consolidation）とよび、それに加わる形で間隙水圧の消散後に観察される圧密挙動を**二次圧密**（secondary consolidation）とよびます。

二次圧密は、土の粘性に由来すると考えられています。時間の対数に対してほぼ直線的に生じることが経験的に知られており、その速度を二次圧密係数 C_α [無次元] で表わします。例えば C_α＝0.03 なら、圧密開始後 10 日から 100 日の間に間隙比が 0.03 減少し、初期間隙比が例えば 1.50 であれば、(1 ＋ 1.50 － 0.03)/(1 ＋ 1.50) ＝ 0.988 であり、1.2%の圧縮が生じます。また、100 日から 1,000 日の間にさらに 1.2%の圧縮が

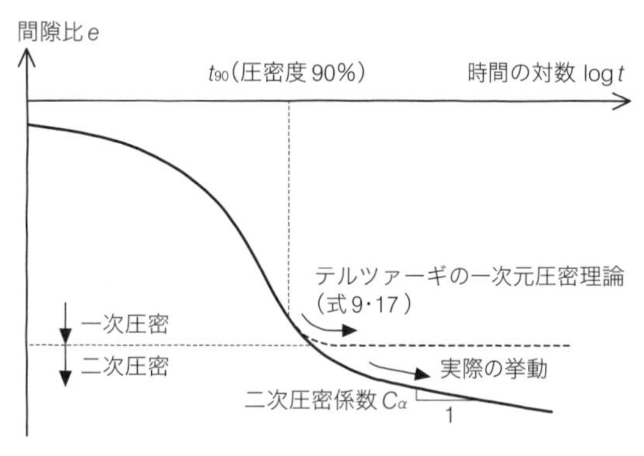

図 10・12　圧密の理論と実際：二次圧密

COLUMN　時間効果の実務での考慮

「問われなければ私はそれを知っている、問われれば私はそれを知らない、時間とはそういうものだ」というのは聖アウグスティヌス（354 - 430）の言葉です。時間がひずみ速度という変数を介して土のさまざまな挙動におよぼす影響は、土を扱う者はだれもが普段感じる一方で、その根本的な物理的原因は解明されているとはいえません。圧密降伏応力 σ'_{vc} や間隙比－有効応力の関係も、どのくらいの速度でひずみが進行するかに実は大きく依存するのです。しかし、実際の地盤と同じように何年もかけて圧密試験を行うわけにはいかないので、現在の実務では、標準的な試験で得られた結果から計算された沈下量を 1 ～ 2 割増しして勘案したりすることで、二次圧密をある程度考慮しています。

起こることになります。

金属でも鉱物でも、図 10・13 に示すように、応力〜ひずみ関係はひずみを生じさせる速度に依存することが知られています。ですから、仮に速い速度で変形させた時点で応力を一定に維持すると、ひずみが生じ続けます。この現象を**クリープ**（creep）とよび、物質の粘性の表われと考えられます。載荷により生じた間隙水圧が消散した後（つまり一次圧密が終了した後）は、土の有効応力は一定なわけですから、二次圧密は、土粒子自体と、それらが成す骨格構造のクリープ変形が原因と考えられます。クリープとは逆に、ひずみを一定にしたときに応力が減少していく現象を**リラクゼーション**（relaxation）とよびます。クリープとリラクゼーションは、物質の同じ特性が異なる表われ方をしていると考えることができます。

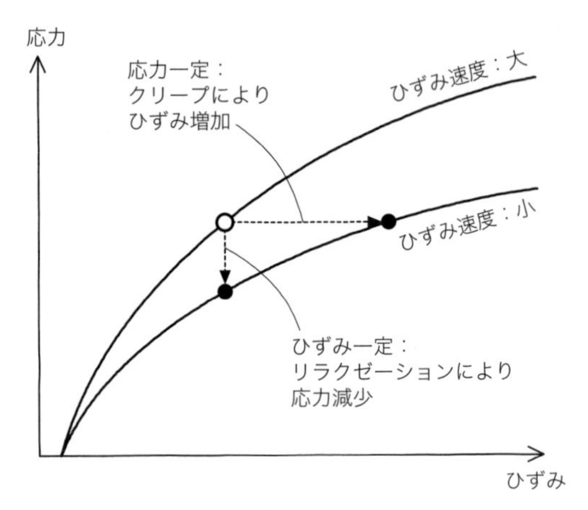

図 10・13　物質の変形の時間依存性：クリープとリラクゼーション

第4章
土のせん断

上：濃尾地震発生当時の様子（1891年）（出典：小藤（1893）[10]）
下：地表に表われたせん断帯：根尾谷断層（岐阜県本巣市：地震断層観察館・体験館）

第 11 講　土のせん断と破壊

これまでは土の体積が減る現象として、圧密と締固めを学びました。どちらも間隙にある水や空気を排出しながら土粒子の集合が徐々に密に詰まって固くなる現象で、土が崩れることはありません。ところが、土は荷重を支えきれなくなると破壊という現象を生じます。本章では、土の集合体が変形して**せん断破壊**（shear failure）にいたる現象について学びましょう。

11･1 せん断と破壊

土構造物や地盤の内部には、重力や外力により応力が作用しています。応力は圧力と同じ単位［kN/m^2 など］で表わされ、変形の原因となる負荷の大きさを考えるのに用います。しかし、応力は圧力とは異なり、地盤内の同じ位置でも考える断面の方向によって様子が変わることに注意が必要です（11.4 節で詳しく解説します）。

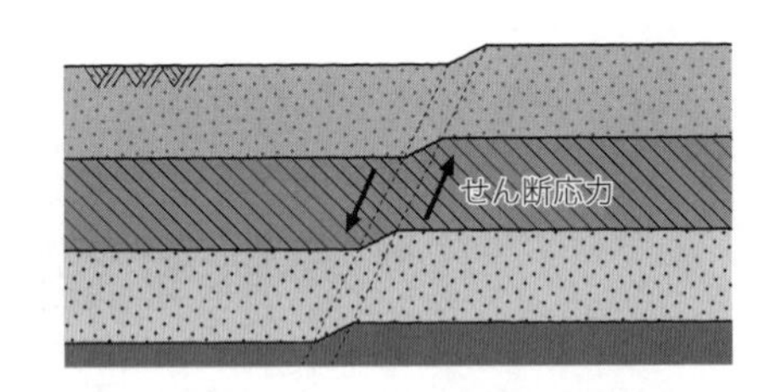

図 11･1　断層におけるせん断現象（正断層の場合）

地盤内部のある面に平行方向に、土をゆがめる、あるいは滑らせるように作用する応力を**せん断応力**（shear stress）とよびます（図 11･1）。土に限らず物体は、受けもてるせん断応力に限りがあり、限界値を**せん断強さ**（shear strength）とよびます。土もせん断強さを超えて応力を受けもつことはできず、せん断強さに近づくにつれて変形が大きくなり、せん断強さに達すると**破壊**（failure）します。例えば、本章扉か図 11･1 のような断層は地震による地盤のせん断破壊の結果です。他にも、雨や地震で斜面や盛土が崩壊したり、地盤が建物の基礎を支えきれずに破壊したり、せん断破壊現象もさまざまです。もちろん土構造物は過度な変形や破壊を生じないように設計する必要があるので、地盤の変形特性やせん断強さを正確に把握しておくことがとても重要です。この講ではまず、土はどのような機構で破壊するか、土のせん断強さとはなにかを説明します。

11･2 物体の摩擦とすべり

せん断破壊の概念を少しわかりやすい「例え」で考えてみましょう。平らな面の上にある物体は、図 11･2 に示すように自重や上載荷重の和に等しい垂直抗力 N［kN］を面から受けます。この物体に面と平行な力を加えると、物体の接地面には加えた力と方向が逆で同じ大きさの摩擦力 F［kN］が作用します。さらに力を加えて摩擦力 F を増やしていくと、ある限界に達したところで物体は面上をすべります。このような摩擦力の限界値は摩擦強度とよばれ、接触面に垂直に作用する垂直抗力 N に比例し、図 11･3 のような関係で与えられ、比例係数 μ［無次元］は摩擦係数とよばれます。

$$F = \mu N \text{ [kN]} \tag{11.1}$$

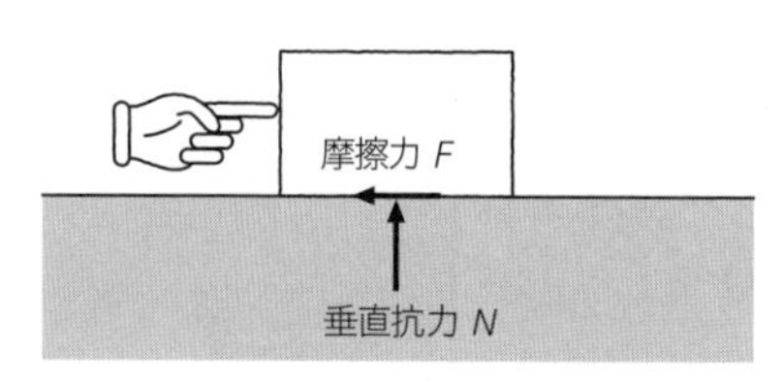

図 11・2　水平面と物体の間に作用する力

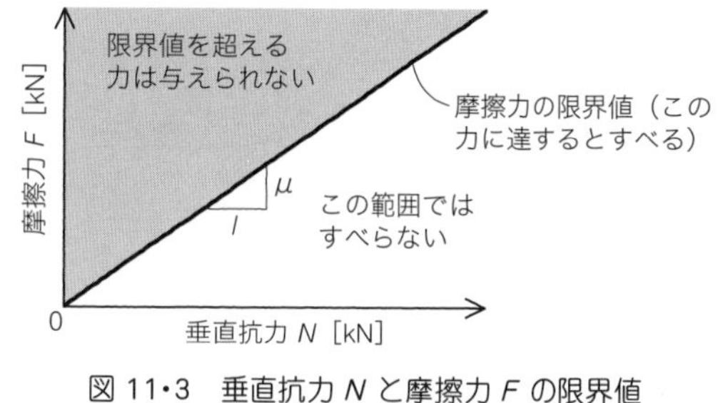

図 11・3　垂直抗力 N と摩擦力 F の限界値

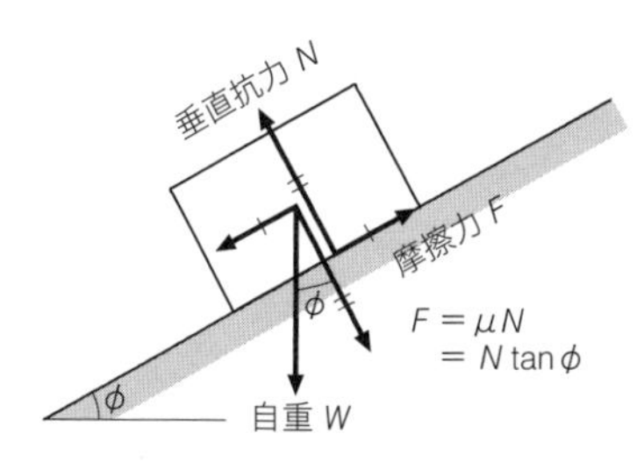

図 11・4　斜面上の物体と摩擦角 φ

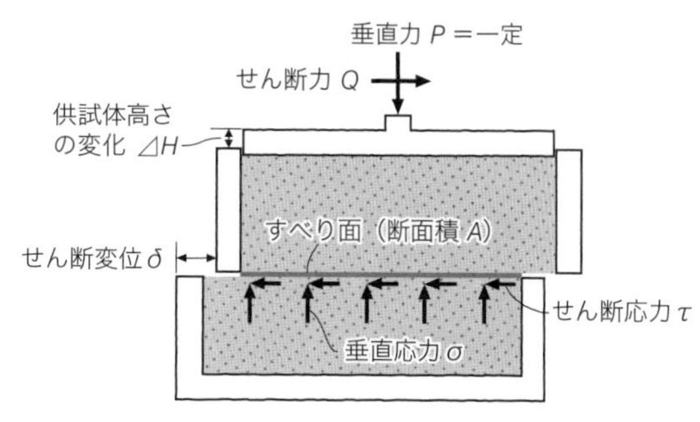

図 11・5　一面せん断試験と土の摩擦現象

同じ物体の摩擦とすべりを斜面で観察しましょう。図 11・4 のように接触面を傾けていくと、物体はある角度 ϕ ですべり落ちます。このとき物体の自重 W とすると、物体が斜面から受ける垂直抗力は $N = W\cos\phi$ 、摩擦力は $F = W\sin\phi$ になります。これを式（11.1）に代入すると、次式が得られます。

$$\mu = \tan\phi \tag{11.2}$$

物体がすべりはじめる角度 ϕ は、摩擦係数 μ を表わすので**摩擦角**（friction angle）とよびます。同じような摩擦現象は土でも観察できます。11.3 節で詳しく見ていきましょう。

11・3 土の摩擦現象

(1) せん断に対する土の強さ：強度

土の摩擦現象は、図 11・5 に示す**一面せん断試験**（direct shear test）で簡単に観察できます。この試験では、上下に分かれたせん断箱という容器に乾燥した土を詰め、上箱と下箱の境界面に垂直力 P を作用させた状態で、上箱と下箱をずらすせん断力 Q [kN] を加えます。このとき境界面には P と Q に対する抵抗力が発生しており、図 11・2 の物体と接触面の摩擦と同じような状況になっています。垂直力 P とせん断力 Q はそれぞれ断面積 A [m²] で割って単位面積あたりに換算し、境界面上の**垂直応力**（normal stress）σ とせん断応力 τ を求めます。

$$\sigma = \frac{P}{A}\ [\mathrm{kN/m^2}]、\ \tau = \frac{Q}{A}\ [\mathrm{kN/m^2}] \tag{11.3}$$

ここでは P を一定に保った定圧一面せん断試験について考えましょう。試験中には、上箱と下箱のずれた量を表わすせん断変位 δ [m] や供試体高さの変化 $\varDelta H$ [m]、せん断力 Q を計測します。垂直応力を変えて複数回の試験を行い、せん断変位 δ とせん断応力 τ の関係を求めると

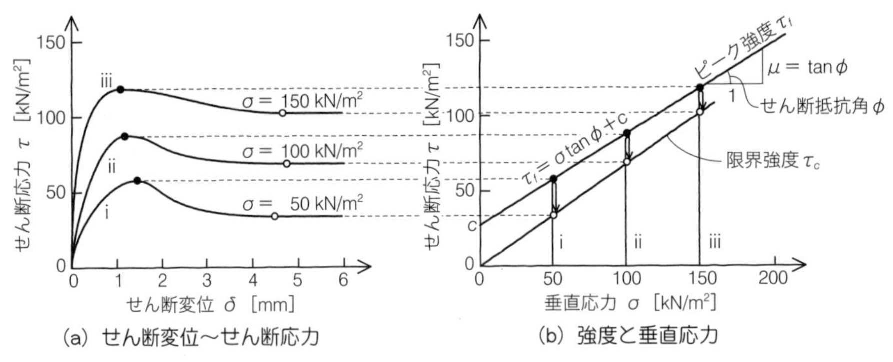

図 11･6　乾燥砂の定圧一面せん断試験とせん断強さ

図 11･6 (a) のような結果が得られます。どの垂直応力下でも、せん断変位を与えていくと最初のうちはせん断応力が徐々に増加します。せん断変位を与えていくと、せん断応力は最大値に達した後、限界値にいたるとせん断応力の変化なくせん断変位が増大し、大きく変形して破壊します。一面せん断試験では、上箱と下箱の境界付近が大きくせん断変形して、変位が不連続になります。このような面を不連続面、あるいはすべり面とよびます。せん断応力は最大値にいたった後、せん断応力は図のように減少する場合もありますし、そのまま減少せず、曲線が平らになることもあります。せん断応力の最大値を**ピーク強度**（peak strength）とよびます。各試験のピーク強度 τ_f を整理すると、図 11･6 (b) のように垂直応力 σ との線形関係が得られます。

$$\tau_f = \sigma \mu + c = \sigma \tan \phi + c \quad [\mathrm{kN/m^2}] \tag{11.4}$$

この式は**クーロンの破壊規準**（Coulomb's failure criterion）とよばれます。破壊規準とは、土が破壊する条件を表わす式のことです。式 (11.4) は、垂直応力が大きいほどせん断強さが大きくなることを表わします。前節で説明した物体の摩擦と同じように摩擦係数 μ を角度 ϕ を使って $\tan \phi$ で表わし、**せん断抵抗角**（angle of shear resistance）とよびます。角度 ϕ は土の内部の摩擦を表わすことから、**内部摩擦角**（internal friction angle）とよばれることもあります。c [kN/m²] は**粘着力**（cohesion）とよびます。粘土や固結した自然堆積土、セメントなどで固めた土など形を保って自立する土は、垂直応力 $\sigma = 0$ でも $\tau_f = c > 0$ の強度をもちます。一方、自立せずに崩れる乾燥した砂は $c = 0$ になります。なお、さらにせん断を続けて最終的に到達するせん断応力を**限界強度**（critical strength）とよびます（図 11･6 (b)）。限界強度 τ_c を発揮している状態に式 (11.4) を適用すると、τ_f の代わりに τ_c を用いますが、土の種類によらず粘着力 c がほぼ 0 になります。

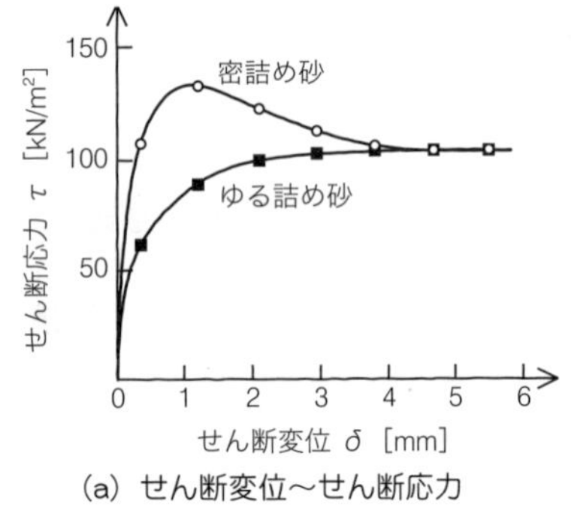

(a) せん断変位〜せん断応力

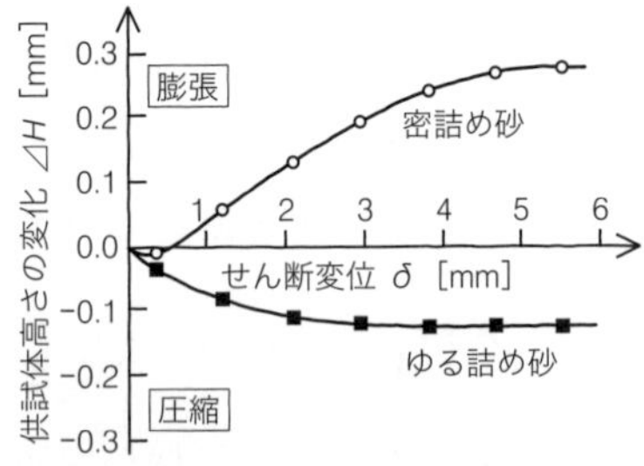

(b) せん断変位〜供試体高さ変化

図 11･7　砂の密度によるせん断挙動の違い（定圧一面せん断試験）

試験の結果をさらに詳しく観察しましょう。図 11･7 は、同じ種類の土で詰め具合（間隙比 e または密度）を変えて 2

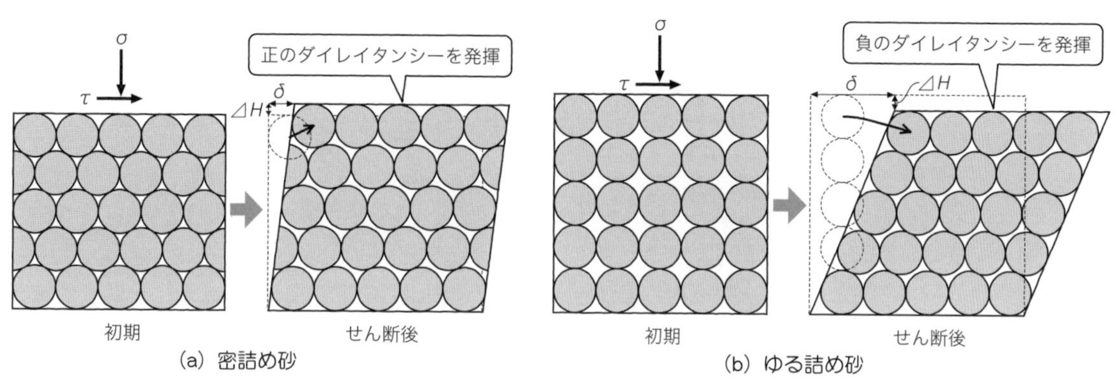

図 11・8　砂のダイレイタンシー特性

種類の試料を作製し、同じ垂直応力で一面せん断試験を行った結果です。(a)はせん断応力 τ の変化、(b)は供試体の高さの変化⊿Hです。砂は密に詰まっているほど、(a)に示すように初期のせん断変位に対するせん断応力の増加率やピーク強度が高くなります。なお、ゆるく詰めた試料ではせん断応力がゆるやかに増加し、明確なピーク強度が見られず、ピーク強度 τ_f と限界強度 τ_c が同じ値になります。

(2) せん断にともなう土の体積変化：ダイレイタンシー

「土のせん断」が「面上の物体のすべり」と大きく異なるのは、図 11・7 (b) のようにせん断を受けながら体積変化する点です。密に詰めた土は膨張し、ゆるく詰めた土は圧縮する傾向を示します。これは土のように粒子が集まった粒状材料に特徴的な性質で、せん断変形にともなう体積膨張を**ダイレイタンシー**（dilatancy）とよびます。逆に、せん断変形にともなう体積圧縮は負のダイレイタンシーといいます。図 11・8 (a) のように、密詰めの状態からせん断をはじめると、粒子が乗り上がるように正のダイレイタンシーを発生して膨張し、しだいにゆる詰めになります。逆に、(b) のゆる詰めの状態からせん断をはじめると、かみ合わせがよくなるように負のダイレイタンシーを発生して圧縮し、密になっていきます。インスタントコーヒーやクリーミングパウダーの詰替え用の粉末を空容器に入れるときに、粉末が溢れそうになっても容器を軽く叩くとかさ（体積）を減らしてうまく詰めることができます。土の力学の視点からは、ゆる詰めの粉末に微小なせん断を与えて負のダイレイタンシーを発生させていると説明できます。

(3) 応力や体積が変化しない状態：土の限界状態

せん断変位を与え続けていくと、やがてせん断応力や体積の変化を生じない状態に達します。これを**限界状態**（critical state）とよびます。図 11・9 (b) は、初期密度（詰め具合）を変えた粒状体に同じ垂直応力を作用させて単純せん断したときの比体積 v（$=1+e$；e は間隙比）(2.3 節を参照) の変化です。**単純せん断試験**（simple shear test）では、一面せん断試験と同様に垂直応力とせん断応力を与えますが、土は平行四辺形の形状を保って一様に変形します。この図のように、試料の詰め具合の試料が異なっていても、同じ垂直応力であれば、せん断を続けて限界状態に達すると最終的にほぼ同じ密度（比体積）になります。つまり、せん断前の詰め具合によらず、土の密度は粒子の形や粒度に固有の収まりのよい密度に収束してくるのです。同じ垂直応力

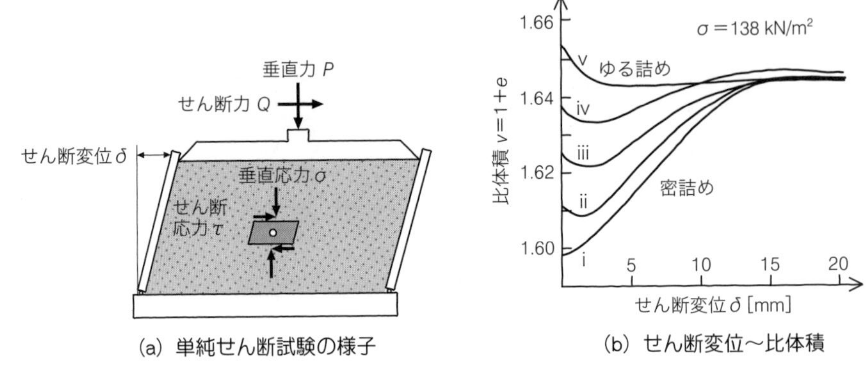

(a) 単純せん断試験の様子　(b) せん断変位〜比体積

図 11・9　初期密度が異なる粒状体の同じ垂直応力下での単純せん断試験（出典：Wroth（1958）[11]）

であれば、限界状態では初期の詰め具合によらず同じ密度に収束するので、そのときのせん断応力、すなわち限界強度も同じになるのはごく自然なことです。

図 11・10は、さまざまな垂直応力のもとで粒状体を限界状態までせん断して得た比体積(密度)とせん断強さです。限界状態での密度(比体積)やせん断強さ(限界強度)は、垂直応力に対して一つに定まります。ピーク強度は土粒子の詰まり具合などによって変化しますが、限界強度は詰め具合に依らず、垂直応力によって決まる、その土固有の性質です。このような限界状態での垂直応力とせん断応力および比体積をつないだ線を**限界状態線**(critical state line)とよびます。

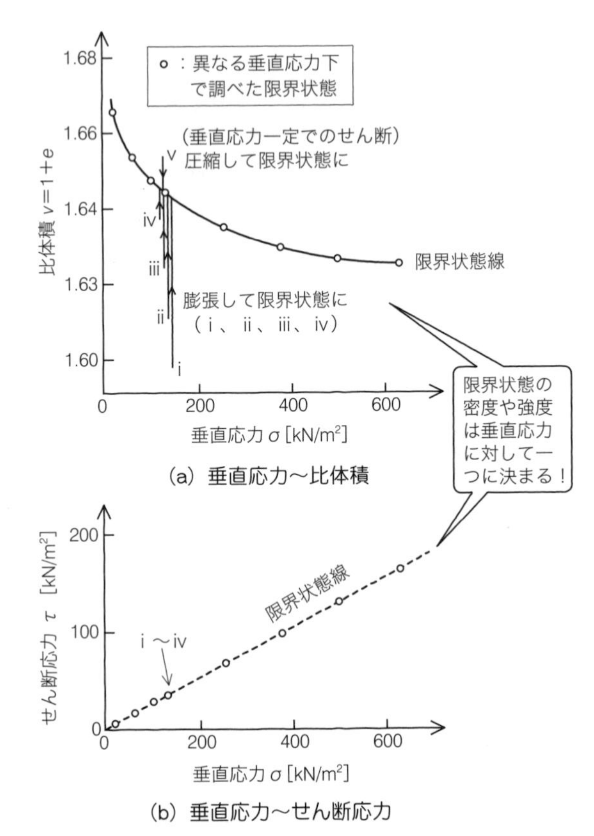

(a) 垂直応力〜比体積

(b) 垂直応力〜せん断応力

図 11・10　限界状態線：限界状態での比体積とせん断強さ（出典：Wroth（1958）[11]）

（4）粘土のせん断特性：過圧密がもたらすせん断強さの変化

ここまで砂(および砂を想定した粒状材料)のせん断挙動を説明してきましたが、粘土のせん断挙動についても確認しておきましょう。粘土にもこれまで説明したせん断強さの特徴がだいたい同じように当てはまるのですが、粘土では過圧密の影響が非常に大きくあらわれます。8.3 節では、図 8・5 の鉛直有効応力 σ'_v と比体積 v の関係で正規圧密曲線と除荷・再載荷曲線を示し、正規圧密線上にあるとき正規圧密、それより下側(高密度側)にあるとき過圧密とよぶことを説明するとともに、過圧密比 OCR に σ'_c/σ'（圧密降伏応力 σ'_c、現在の有効応力 σ'）を定義しました。ここで一次元圧密の後に除荷を受けて膨潤した粘土を単純せん断したときのせん断挙動を確認していきましょう。

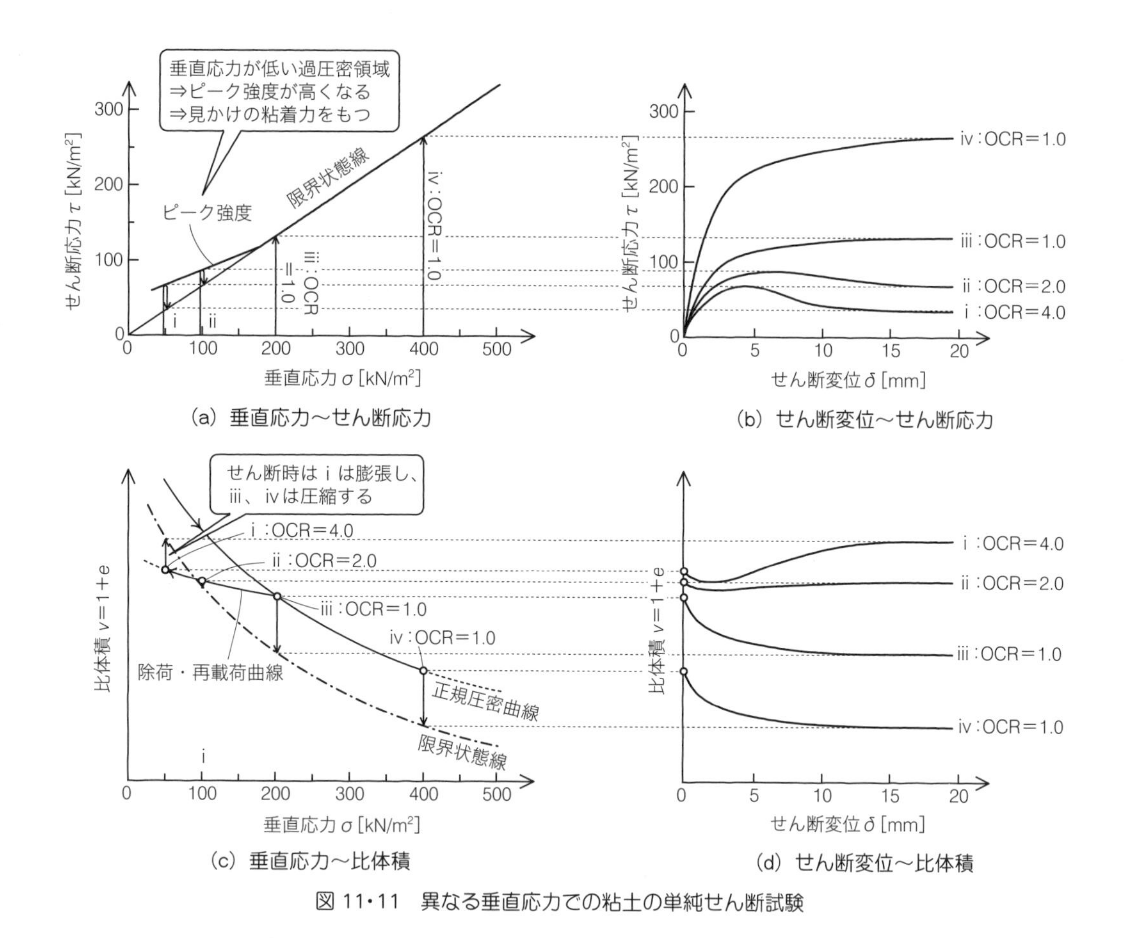

図 11・11　異なる垂直応力での粘土の単純せん断試験

図 11・11 (a)～(d) には、垂直応力 200 kN/m² まで圧密した後、50 kN/m² まで除荷して過圧密状態にした粘土を単純せん断した結果を示しています。i は垂直応力 50 kN/m² でそのまません断を行っており、過圧密比 OCR＝4.0 です。ii～ivは再び垂直応力 100 kN/m²、200 kN/m²、400 kN/m² まで圧密を行ってからせん断しており、せん断開始時の OCR はそれぞれ 2.0、1.0、1.0 です。ivでは再圧密の過程で圧密降伏応力が増加しています。過圧密比が大きい粘土は(a)、(b)のように限界強度に比べてピーク強度が明確に高く、一方で、正規圧密粘土は限界強度までせん断応力が単調に増加して限界強度がピーク強度になります。そのため、過圧密粘土のピーク強度は(a)のように垂直応力 σ とせん断応力 τ の関係で原点を通らず、τ 軸で切片をもちます。これを見かけの粘着力とよびます。なお、砂と同様に、粘土の限界強度線もおおむね原点を通る直線になります。また、正規圧密粘土の場合、限界強度 τ_c はピーク強度 τ_f と等しいので、式 (11.4) の粘着力 c は、乾燥した砂と同様に、$c=0$ となります。(c)の垂直応力 σ と比体積 v の関係図には、粘土試料の作製過程、つまり垂直応力 σ が 200 kN/m² にいたる前の正規圧密曲線や、そこからの除荷・再載荷曲線も示しています。図のように、せん断を続けると最終的に到達する密度を表わす限界状態線が粘土にも存在し、その位置は正規圧密曲線と似た形状で下側に位置します。せん断にともなう粘土の体積変化は、せん断開始時の密度と限界状態線の位置を比べれば一目瞭然です。せん断開始時点での粘土の比体積は、過圧密比が高いほど限界状態線に対して下側（密度が高い

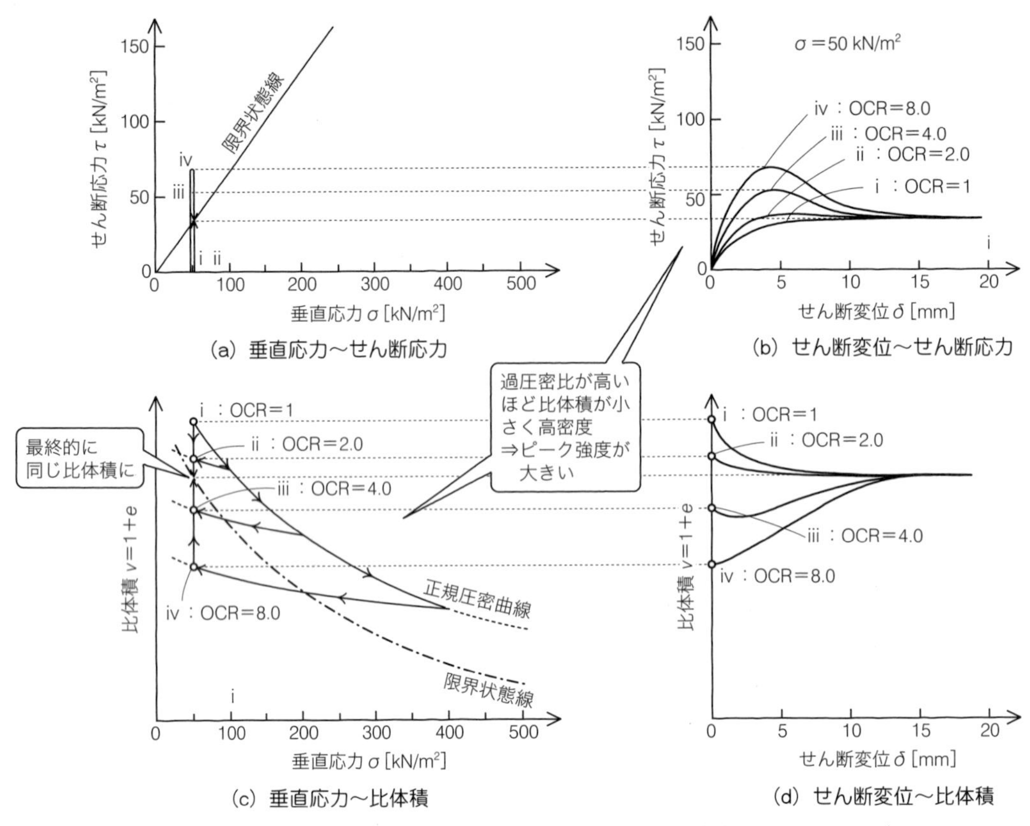

図 11・12　過圧密比が異なる粘土の単純せん断試験（垂直応力 σ ＝ 50 kN/m²）

ほう）に位置するので、せん断時に正のダイレイタンシーを発生して膨張しやすくなります。正規圧密状態から垂直応力 σ を減少させても粘土ではあまり体積が戻ってこないので、過圧密状態では垂直応力 σ が小さくても比較的密度が高い状態が一時的に保たれ、そこにせん断という外乱を与えると粘土は膨らみたがる、ということになります。

少し前に、密詰め砂は正のダイレイタンシーを発生し、ピーク強度が限界強度に比べて高くなること、ゆる詰め砂は負のダイレイタンシーを発生し、限界強度がピーク強度と等しくなることを説明しましたが、過圧密粘土と正規圧密粘土のせん断挙動の違いも同じように考えることができます。図 11・12 は図 11・11 と同じ粘土を用いて、圧密降伏応力（および過圧密比）を 50、100、200、400 kN/m² と変化させて、同じ種類の粘土を垂直応力 50 kN/m² で単純せん断した結果です。圧密降伏応力や過圧密比が大きいほど、せん断開始時の比体積が小さく、密度が高いので、ピーク強度は高くなります。また、図 11・7 に示した砂のせん断と同様に、粘土でも異なる密度の供試体がせん断によって同じ密度に収束するので、圧密降伏応力や過圧密比が大きいほど、正のダイレイタンシーを発生して膨張することがわかります。このように、粘性土の過圧密比の違いは、土試料の詰まり具合（密度や比体積）の違いと同じように考えることができます。つまり、正規圧密粘土と過圧密粘土の違いは、ゆる詰め砂と密詰め砂の違いと定性的に同じだと考えることができます。

第 12 講　多次元の応力とひずみ、土の破壊規準

圧密現象について説明した第 3 章では、鉛直方向の一次元圧密を対象としたため、鉛直応力のみ考えてそれを σ と表わしました。しかし、せん断現象は、土が形を大きく変えてゆがむように変形し、最終的には壊れる現象です。この「形を変えてゆがむ変形」は、方向によって受ける応力の大きさが異なることで生じる「多次元の現象」です（すべての方向から同じ垂直応力を作用させても、土は形をほぼ保ったまま圧縮するだけで壊れません）。第 11 講で説明した一面せん断試験や単純せん断試験では、せん断を受けて破壊する面があらかじめ決められていましたが、実際の地盤では応力状態を分析して破壊する面を特定する必要があります。この講では、多次元の応力成分の表わし方とともに、多次元の応力をモールの応力円で分析し、破壊を判定する方法を学びましょう。

12・1 地盤内の多次元の応力の表わし方

図 12・1 (a) のように側面に一様な圧力 p [kN/m^2] が作用する静止した棒の内部の応力を考えましょう（棒自体の重さは無視します）。透水や圧密の章でも学んだように、(b)のように側面と平行な断面では、断面に垂直で圧力 p と同じ大きさの応力成分 σ [kN/m^2] のみ発生することは直観的に理解できるでしょう。しかし、側面と平行ではない断面で、同じ棒の応力成分を考えると様子が大きく異なります。応力は棒に作用する外力とつり合うように発生するので、(c)の断面には（p とは大きさが異なる）垂直な応力成分 σ と平行な応力成分 τ [kN/m^2] が発生します。土の変形や破壊を考えるときには、このように同じ場所でも考える断面によって応力の成分が異なることをきちんと理解しておく必要があります。

地盤や構造物は実際には三次元に広がりをもちますが、土質力学では、トンネルや道路盛土、河川堤防など図 12・2 に示すように一方向に長い構造物を対象とすることが多く、このような問題は奥行き方向（長手方向）に変形を生じないと仮定して、二次元に単純化して考えることができます。このような条件を**平面ひずみ条件**（plane strain condition）とよびます。ここからは二

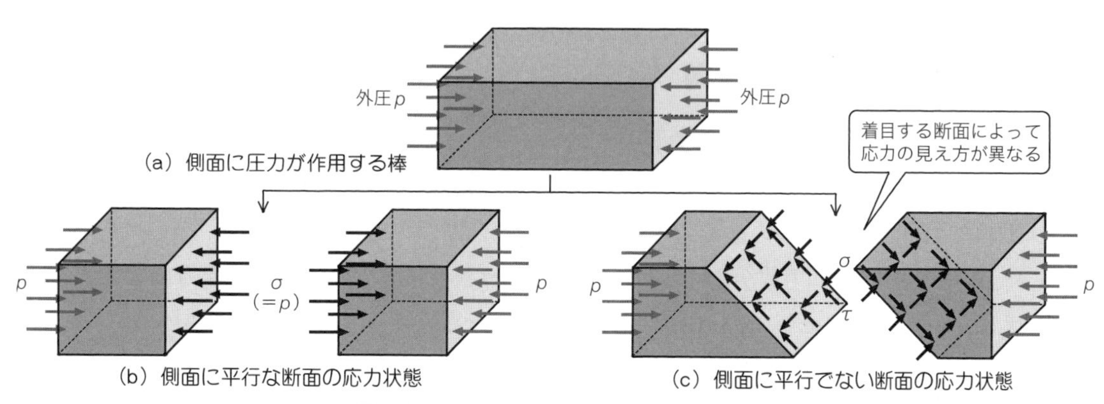

図 12・1　物体に働く外力と内部の応力状態

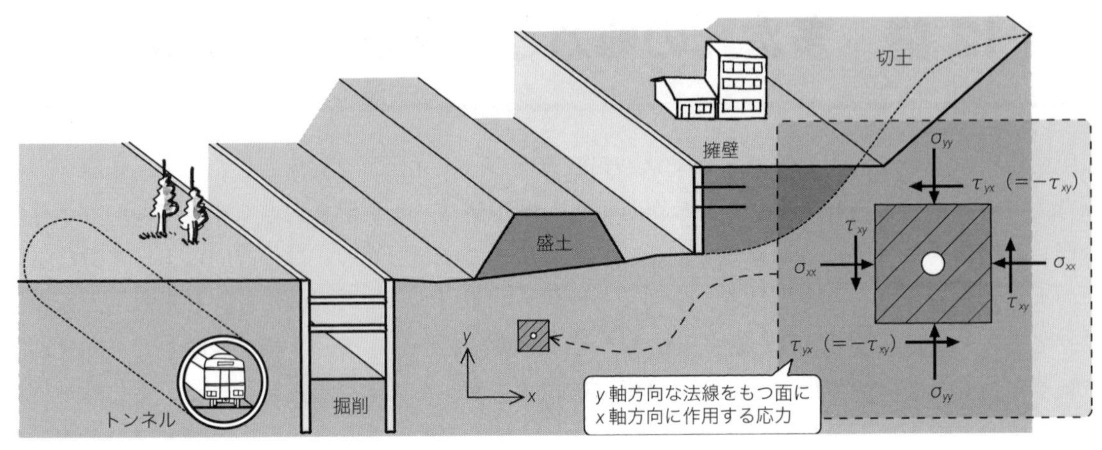

図 12・2　二次元平面ひずみ条件の地盤構造物と応力成分

次元の応力について説明していきます。ただし、説明する内容は二次元でも三次元でも本質的な理解に違いはありません。

地盤内部のある位置の応力を考えてみましょう。図 12・2 のように x、y の直交座標軸を設けて、それぞれの座標軸と平行な辺をもつ微小な土塊に着目します。それ自体の重量を無視できるくらい小さな土塊です。土塊の境界の四つの辺はそれぞれ周辺の地盤に接しており、各辺は垂直に作用する垂直応力 σ [kN/m^2] と平行に作用するせん断応力 τ [kN/m^2] を受けています。応力の成分は、単位面積当たり（奥行方向には単位長さを考えます）に換算した力の単位をもちます。各成分は二つの添え字で区別し、一つ目の添え字は応力が作用する面の法線がどの軸の方向を向いているか、二つ目の添え字は応力がどの軸の方向に作用するかを表わします。応力成分の正の向きは図 12・2 の矢印の方向とします。土は引張（ひっぱり）強さが小さく、圧縮応力が作用する状況を考えることがほとんどなので、垂直応力は圧縮を正としています。また、せん断応力は土塊を反時計まわりに回転させる方向を正としています。なお、静止した土塊では周囲の地盤から作用する力がつり合うことから、向い合う面の垂直応力とせん断応力はそれぞれ向きが逆で、同じ大きさになります。また、周囲の地盤から土塊に作用する回転モーメントもつり合うことから、せん断応力について $\tau_{yx}=-\tau_{xy}$ が成立します。結局、二次元の独立な応力成分は σ_{xx}、σ_{yy}、τ_{xy}（または τ_{yx}）の三つです。

12・2 多次元の応力の性質

(1) 力のつり合いとモールの応力円

前節では、同じ位置でも考える面によって地盤内の応力の成分が変わることを説明しました。では、具体的に図 12・3 (a) の地盤のある位置で任意の断面の応力を考えてみましょう。図のように x 軸、y 軸をとり、応力成分が (b) のように表わされるとき、x 軸を法線方向とする面 AC から反時計まわりに θ 回転した面 AB に作用する応力を考えてみましょう。面 AB の応力の成分は (b) のように面に垂直な成分を σ、平行な成分を τ とします。せん断応力 τ は、任意の断面で機械的に向きを定義できるように、土塊を反時計まわりに回転させる方向を正とします。(c) のよ

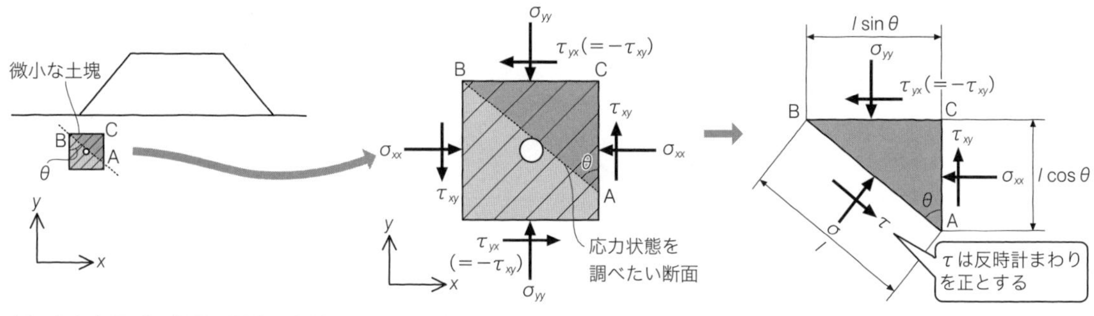

図 12・3　任意断面に作用する垂直応力とせん断応力

うに断面 AB と x 軸、y 軸に平行な二つの断面 AC、BC を辺とする微小な直角三角形の土塊を切り出して、断面 AB に垂直な方向と平行な方向の力のつり合いをそれぞれ考えます。応力は単位面積あたりの力であり、作用する辺の長さがそれぞれ異なることに注意しましょう。

$$\begin{aligned}\sigma l &= \sigma_{xx} l\cos\theta\cos\theta - \tau_{xy} l\cos\theta\sin\theta + \sigma_{yy} l\sin\theta\sin\theta - \tau_{xy} l\sin\theta\cos\theta \\ \tau l &= \sigma_{xx} l\cos\theta\sin\theta + \tau_{xy} l\cos\theta\cos\theta - \sigma_{yy} l\sin\theta\cos\theta - \tau_{xy} l\sin\theta\sin\theta\end{aligned} \tag{12.1}$$

それぞれ整理すると、面ACから反時計まわりに θ 回転した面ABに作用する応力が得られます。

$$\begin{aligned}\sigma &= \frac{\sigma_{xx}+\sigma_{yy}}{2} + \frac{\sigma_{xx}-\sigma_{yy}}{2}\cos 2\theta - \tau_{xy}\sin 2\theta \ \ [\mathrm{kN/m^2}] \\ \tau &= \frac{\sigma_{xx}-\sigma_{yy}}{2}\sin 2\theta + \tau_{xy}\cos 2\theta \ \ [\mathrm{kN/m^2}]\end{aligned} \tag{12.2}$$

式 (12.2) の θ を変化させると、任意の角度 θ の断面に発生する応力を求めることができます。さらに、式 (12.2) から θ を消去すると次式が得られます。

$$\begin{aligned}\underbrace{\left(\sigma - \frac{\sigma_{xx}+\sigma_{yy}}{2}\right)}_{\text{モール円の中心の}\sigma\text{座標}}^2 + \tau^2 &= \left(\frac{\sigma_{xx}-\sigma_{yy}}{2}\cos 2\theta - \tau_{xy}\sin 2\theta\right)^2 + \left(\frac{\sigma_{xx}-\sigma_{yy}}{2}\sin 2\theta + \tau_{xy}\cos 2\theta\right)^2 \\ &= \underbrace{\left(\frac{\sigma_{xx}-\sigma_{yy}}{2}\right)^2 + \tau_{xy}{}^2}_{\text{モール円の半径の2乗}}\end{aligned} \tag{12.3}$$

この式は $\sigma-\tau$ 平面で図示すると図 12・4 のように、中心 $(\sigma,\ \tau)=\left(\dfrac{\sigma_{xx}+\sigma_{yy}}{2},\ 0\right)$、半径 $\sqrt{\left(\dfrac{\sigma_{xx}-\sigma_{yy}}{2}\right)^2+\tau_{xy}{}^2}$ の円になります。この円は式 (12.2) で与えられる任意の角度 θ の断面に作用する σ、τ の集合で、**モールの応力円（Mohr's stress circle）**とよばれます。式 (12.2) から $(\sigma,\ \tau)$ をベクトルとして式示すると、

$$\begin{pmatrix}\sigma \\ \tau\end{pmatrix} = \underbrace{\begin{pmatrix}\dfrac{\sigma_{xx}+\sigma_{yy}}{2} \\ 0\end{pmatrix}}_{\text{モールの応力円の中心の座標}} + \underbrace{\begin{pmatrix}\cos 2\theta & -\sin 2\theta \\ \sin 2\theta & \cos 2\theta\end{pmatrix}}_{\text{ベクトルを反時計まわりに}2\theta\text{回転させる行列}} \underbrace{\begin{pmatrix}\dfrac{\sigma_{xx}-\sigma_{yy}}{2} \\ -\tau_{xy}\end{pmatrix}}_{\text{モールの応力円の中心から}\binom{\sigma_{xx}}{\tau_{xy}}\text{へのベクトル}} \tag{12.4}$$

になります。図 12・4 には、モールの応力円の中心とそこから $(\sigma_{xx},\ \tau_{xy})$ へのベクトルを示してい

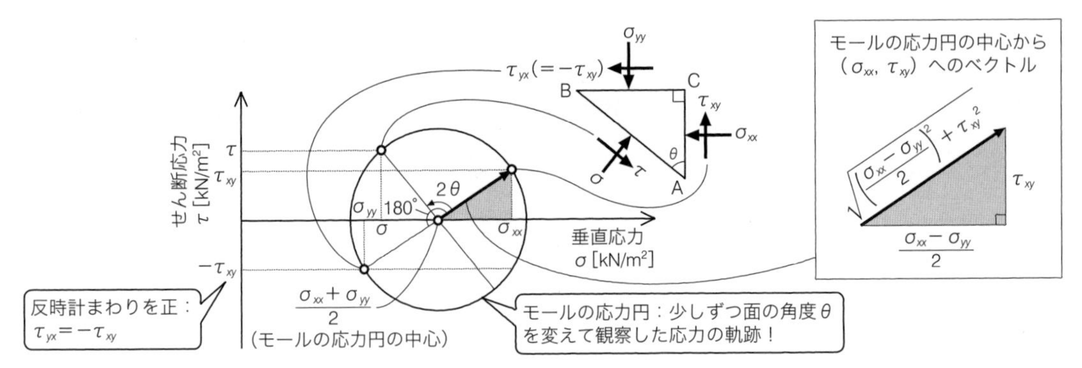

図 12・4　任意の断面の応力を表わすモールの応力円

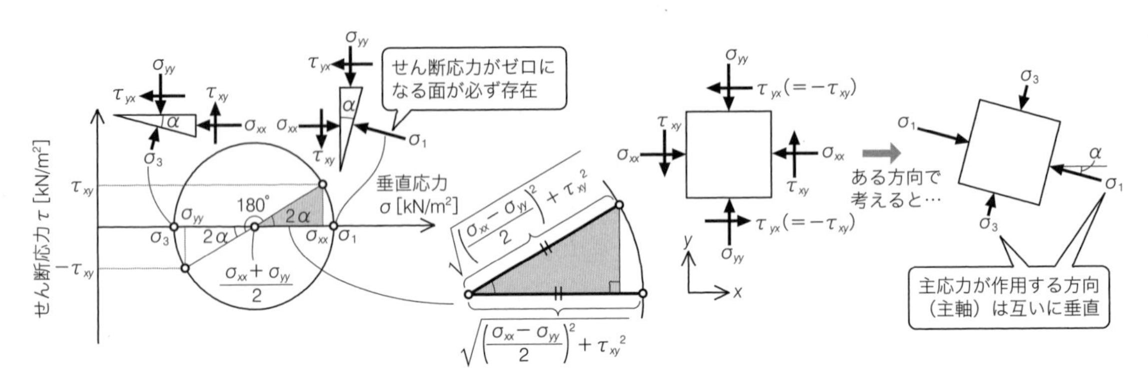

図 12・5　主応力と主応力方向

ますが、(σ, τ) はモールの応力円の円周上で (σ_{xx}, τ_{xy}) から反時計まわりに 2θ 回転した点に位置します。

(2) せん断応力が発生しない主応力面と主応力

モールの応力円の中心は σ 軸上に存在するので、図 12・5 の応力円は必ず直径の長さだけ離れた 2 点で σ 軸と交差します。この 2 点では $\tau=0$ であるため、対応する断面ではせん断応力が発生せず垂直応力のみ作用していることがわかります。この面のことを**主応力面**（principal stress plane)、面に働く垂直応力を**主応力**（principal stress）とよびます。主応力を σ_1、σ_3（$\sigma_1 \geqq \sigma_3$）で表わすと、それぞれ**最大主応力**（major principal stress)、**最小主応力**（minor principal stress）であり、図 12・4 で求めたモールの応力円の中心と半径を利用すると、

$$\sigma_1=\underbrace{\frac{\sigma_{xx}+\sigma_{yy}}{2}}_{\text{モール円の中心の}\sigma\text{座標}}+\underbrace{\sqrt{\left(\frac{\sigma_{xx}-\sigma_{yy}}{2}\right)^2+\tau_{xy}{}^2}}_{\text{モール円の半径}}、\ \sigma_3=\underbrace{\frac{\sigma_{xx}+\sigma_{yy}}{2}}_{\text{モール円の中心の}\sigma\text{座標}}-\underbrace{\sqrt{\left(\frac{\sigma_{xx}-\sigma_{yy}}{2}\right)^2+\tau_{xy}{}^2}}_{\text{モール円の半径}}\ [\mathrm{kN/m^2}] \quad (12.5)$$

になります。σ_1 が作用する面は、σ_{xx}、τ_{xy} が作用する面から時計まわりに

$$\alpha=\frac{1}{2}\tan^{-1}\left(\frac{2\tau_{xy}}{\sigma_{xx}-\sigma_{yy}}\right) \quad (12.6)$$

の角度をなします。モールの応力円上で σ_1 と σ_3 は 180°回転したところに位置するので、図 12・5(b) に示すように σ_3 が作用する主応力面は σ_1 が作用する主応力面と直交します。式 (12.5) を代入し、

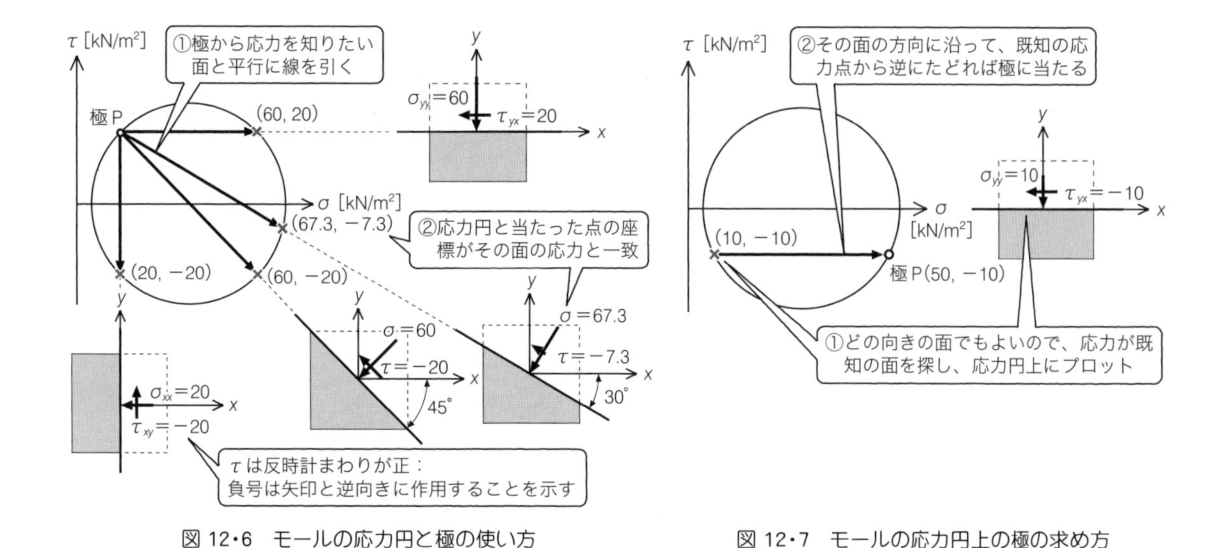

図 12･6　モールの応力円と極の使い方

図 12･7　モールの応力円上の極の求め方

式（12.3）を主応力 σ_1、σ_3 で表わすと次式になります。

$$\underbrace{\left(\sigma-\frac{\sigma_1+\sigma_3}{2}\right)^2}_{\text{モール円の中心の}\sigma\text{座標}}+\tau^2=\underbrace{\left(\frac{\sigma_1-\sigma_3}{2}\right)^2}_{\text{モール円の半径の2乗}} \tag{12.7}$$

（3）モールの応力円と極を利用した応力の観察

モールの応力円の上には、必ず**面に関する極**（pole with regard to plane）とよばれる点が一つ存在します。極を利用すると、任意の面における垂直応力 σ とせん断応力 τ を図から簡単に求めることができます。図 12･6 のようにモールの応力円と極が存在する場合を例として考えます。 例えば x 軸と平行な面にかかる応力を知りたければ、極からその面と平行に線を引き、応力円ともう一度ぶつかる点の座標を読めばよいのです。同様に、例えば x 軸と 30° をなす面にかかる応力を知りたければ、やはりそのような方向に線を引き、応力円とぶつかった点の座標を読み取ります。

では、応力円を描いた後、極はどのようにして見つければよいのでしょうか。どこか一つの面での応力状態がわかっていれば、上記の理屈を逆にたどることで、極はいつでも簡単に見つけることができます。練習のため、上とは例を変え、図 12･7 のような例を考えます。ここでは x 軸と平行な面の応力は $(\sigma,\ \tau)=(10,\ -10)$ kN/m² ですから、とある点から x 軸と平行な向きに線を引いたときにこの点にぶつかる、そのような点は、図に示す点（この例では $(\sigma,\ \tau)=(50,\ -10)$ kN/m² に相当）しかありません。ですから、$(\sigma,\ \tau)=(50,\ -10)$ が極 P となります。

さまざまな面にかかる応力の値は、式（12.4）を使ってももちろん計算でき、極を利用して図から読み取るのと同じ結果になります。しかし、例えば主応力のかかっている面の向きや、後述の破壊面の向きなどを手っ取り早く直感的に把握するために、極の使い方を知っていると便利です。

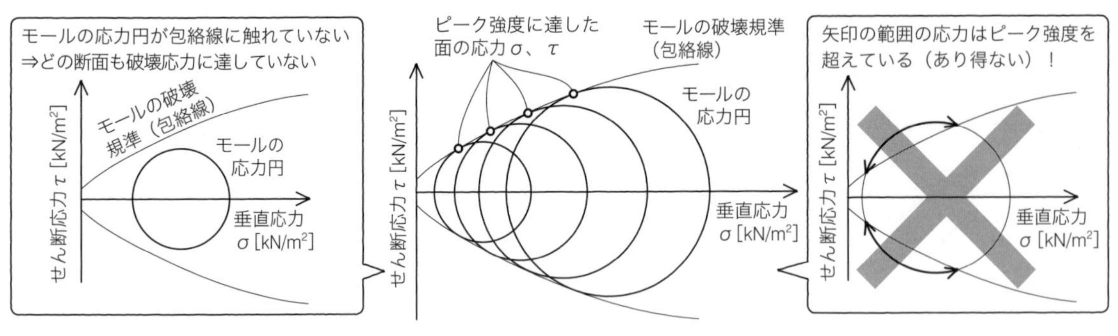

図 12・8　破壊時のモールの応力円とモールの破壊規準

12・3 モール・クーロンの破壊規準

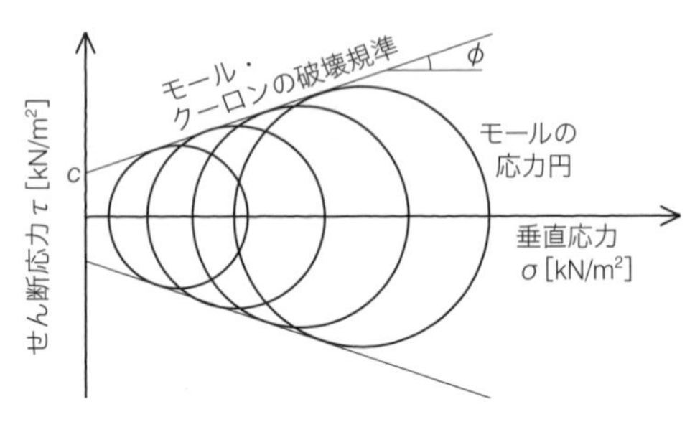

図 12・9　モール・クーロンの破壊規準

12.1 節では、地中の同じ位置でも考える断面によって応力成分 σ、τ は変化することを説明し、12.2 節でその変化をモールの応力円により表わしました。言いかえると、モールの応力円は地中のある点でのあらゆる方向の断面の応力状態を表わしています。ところで、土が外力を受けて破壊するとき、どこかの方向の断面のせん断応力 τ がまさにピーク強度 τ_f に達しているはずです。破壊にいたるときの応力状態はさまざまで、それに対応するモールの応力円の位置や大きさもさまざまですが、このときモールの応力円は土の破壊を規定する図 12・8 のような包絡線（ほうらく）にすべて内接し、モールの応力円と包絡線の接点の座標は、ピーク強度 τ_f に達した面の応力 σ、τ を表わします。この包絡線を、

$$\tau_f = \tau(\sigma)\ [\mathrm{kN/m^2}] \tag{12.8}$$

と垂直応力 σ の関数で表わします。この式を**モールの破壊規準**（Mohr's failure criterion）とよびます。なお、図中に示したように、モールの応力円が破壊規準に触れていないときは、どの断面も破壊応力に達しておらず、土はまだ破壊していません。一方、土はどの断面においても破壊規準を超えるような応力を受けもつことはできないので、モールの応力円が包絡線を超える（横切る）ことはありません。

ところで、この包絡線が第 11 講の式（11.4）の直線（$\tau_f = c + \tan\phi\,\sigma$ ；クーロンの破壊規準）で表わせるとき、**モール・クーロンの破壊規準**（Mohr-Coulomb's failure criterion）とよびます。式（12.4）を式（11.4）に代入すれば、モール・クーロンの破壊規準を主応力で表わすこともできます。

$$\sigma_1 - \sigma_3 = 2c\cos\phi + (\sigma_1 + \sigma_3)\sin\phi \tag{12.9}$$

図 12・9 はモール・クーロンの破壊規準と破壊時のモールの応力円の様子を表わしています。

（1）破壊規準と破壊面の向き

土が破壊する際のモールの応力円と破壊規準の接点について考えてみましょう。モールの応力

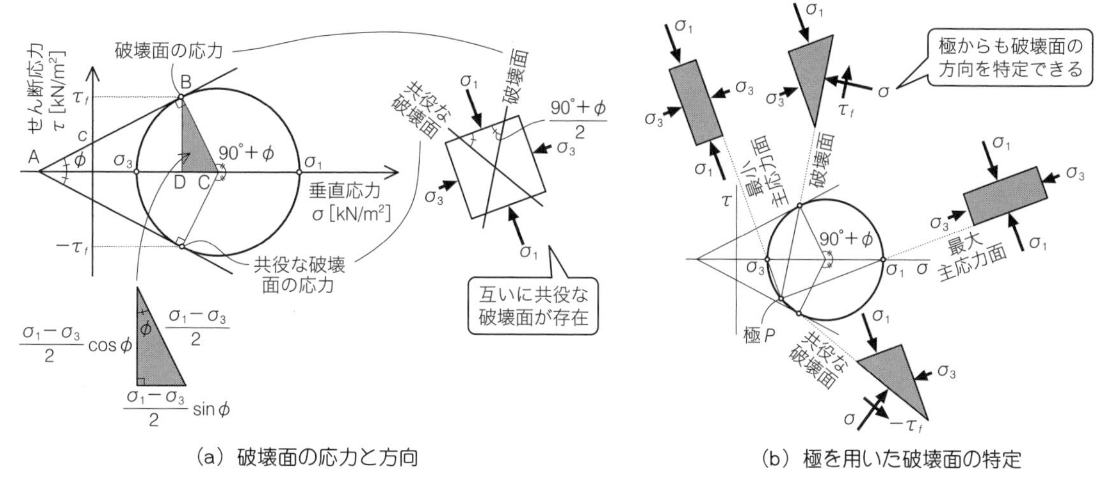

(a) 破壊面の応力と方向　　(b) 極を用いた破壊面の特定

図 12・10　破壊応力と破壊面

円と破壊規準の接点は発生する応力 σ、τ が破壊規準を満たす面で、この面を破壊面と呼びます。破壊規準を式 (12.9) に示したモール・クーロンの破壊規準で与えるとき、図 12・10 (a) に示すようにモールの応力円は線形の破壊規準に接します。直角三角形 ABC および相似な直角三角形 BDC に着目すれば、幾何学的に破壊面の応力状態や破壊面と（主応力が作用する）主応力面がなす角度を計算できます。破壊面は図より明らかに 2 方向あり、互いに共役とよびます。まず、破壊面に作用する応力は、

$$\sigma = \underbrace{\frac{\sigma_1+\sigma_3}{2}}_{\text{モール円の中心の}\sigma\text{座標}} - \underbrace{\frac{\sigma_1-\sigma_3}{2}}_{\text{モール円の半径}}\sin\phi,\quad \tau_f = \pm\underbrace{\frac{\sigma_1-\sigma_3}{2}}_{\text{モール円の半径}}\cos\phi \ \ [\mathrm{kN/m^2}] \tag{12.10}$$

になります。また、モールの応力円上での主応力 σ_1、σ_3 から破壊面の応力まで回転角の半分の角度(なぜ半分か？　忘れていたら 12.2 節(1)を復習)から、破壊面は最大主応力 σ_1 面と $(90°+\phi)/2$、最小主応力 σ_3 面と $(90°-\phi)/2$ の角度をなすことがわかります。つまり、主応力面から見た破壊面の方向（傾き）は、土のせん断抵抗角のみによって決まります。なお、先に学んだモールの応力円の極から図 12・10 (b) のように破壊面の向きや応力状態を特定することもできます。

12・4 せん断における間隙水のはたらき：間隙水圧と有効応力

第 11 講からここまで、応力変化はすべて変形に寄与するものとして説明してきました。これは、間隙に水がない乾燥土、あるいは間隙が水で満たされた飽和土でも吸排水が瞬時に起こって間隙水圧が変化しない条件での変形・破壊の記述に対して適用できる考え方です。一方で、地盤は土粒子、水および空気からなり、その変形は間隙中の水や空気の影響を受けます。第 5 講では、鉛直方向の力のつり合いに着目しながら、間隙が水で満たされた飽和土に作用する全応力と土中の間隙水圧の差として有効応力を定義し、飽和土は有効応力の変化に応じて変形する（有効応力は土の変形に有効な応力である）ことを学びました。また第 9 講では、これを利用して間隙水圧の

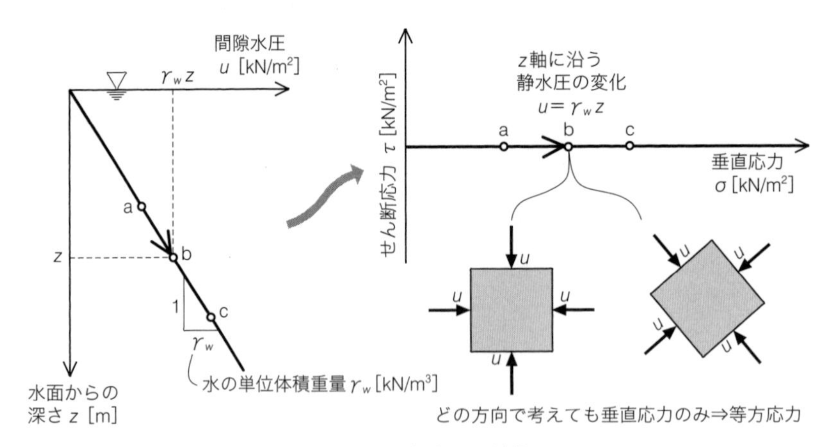

図 12・11　静水圧の特徴

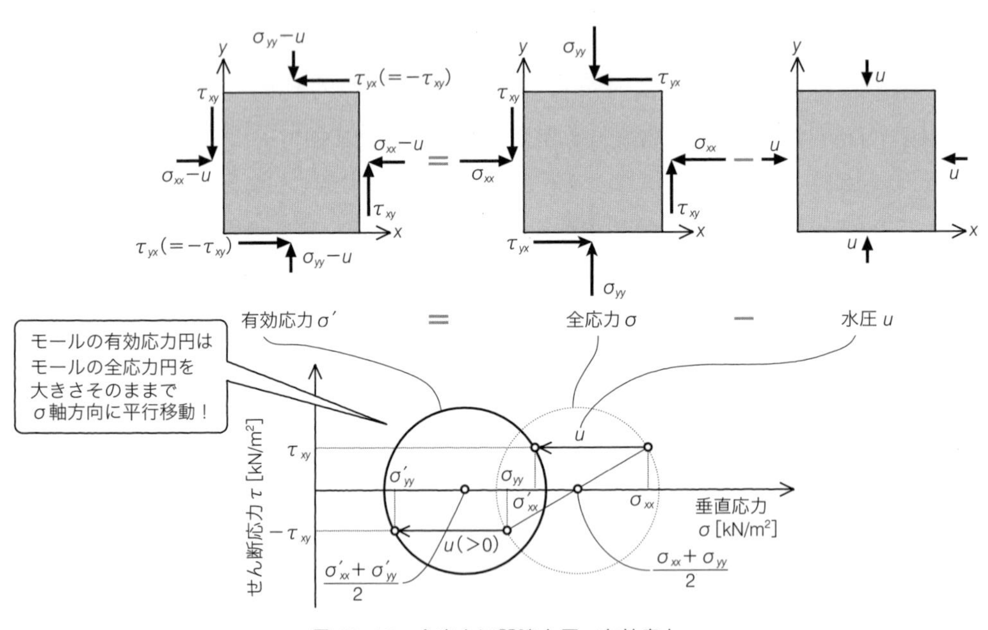

図 12・12　全応力と間隙水圧、有効応力

消散にともなう有効応力の増加により、土が時間遅れをともなって体積圧縮する土の圧密現象を解きました。ここでは、間隙が水で満たされた飽和土について、間隙水圧がせん断に及ぼす影響を考えてみましょう。

水などの多くの流体（液体や気体）は、流れのない静止状態ではせん断応力を受けもつことができず、垂直応力のみ受けもちます（流れているときのみせん断応力は発生します）。どの断面で考えてもせん断応力を受けもたず垂直応力のみ作用するので、静水圧に対応するモールの応力円を描くと図 12・11 に示すように σ 軸上の点（モールの応力円の半径がゼロ）になり、静水圧は等方的であることがわかります。高い水圧下に生息する深海魚を釣り上げると水圧が解放されていくらか膨張しますが、解放される水圧は等方的なので特定の方向にだけ膨張して魚の形が大幅に変わる（ゆがむ）ということはありません。

(1) 間隙水圧と全応力・有効応力で描くモールの応力円

土中の水の流れはかなり遅い場合が多いので、浸透流が発生していても間隙水圧は静水圧と同様に等方的に作用すると見なします。飽和土に全応力（有効応力と区別するため明示的に全応力とよびます）を作用させると、一部は間隙水にかかり、残りは土粒子が有効応力として受けもちます。すると、有効応力は図 12・12 に示すように全応力と間隙水圧の差で与えられます（式(5.1)）。間隙水圧は等方的で垂直応力成分のみ発生するので、全応力と有効応力の違いは垂直応力のみで、せん断応力は同じです。そのため、全応力と有効応力に対してそれぞれモールの応力円を描くことができ、モールの全応力円とモールの有効応力円は、横軸の垂直応力 σ のみ間隙水圧 u の分、離れており、両者の大きさは同じになります。間隙水圧 u が正なら図 12・12 のようにモールの有効応力円はモールの全応力円に対して左側に位置しますが、間隙水圧 u が大気圧よりも小さく負の値をとるときモールの有効応力円が右側に位置することもあります。これは例えば、豆の水煮のレトルトパウチのように、袋の外からは大気圧がかかり、内側の水は負圧をかけて吸い出そうとしたまま封をした状態などに相当します。

(2) モールの有効応力円と破壊規準

飽和土は有効応力の変化に応じて変形します。有効応力でモールの応力円を描いて 12.3 節で説明した破壊規準を考えることで、間隙水圧の大きさによらず土のせん断破壊を統一的な破壊規準で判定できます。式（11.4）や式（12.9）で表わしたモール・クーロンの破壊規準を用いる場合には、せん断抵抗角を ϕ' [°]、粘着力を c' [kN/m^2] とします。有効応力の破壊規準を用いるとき、せん断破壊は図 12・13 に示すようにモールの有効応力円が破壊規準に接します。このとき、モールの全応力円は、間隙水圧 u が正だと破壊規準から離れたところに位置し、間隙水圧が負だと破壊規準を超えます。ただし、間隙水圧の大きさがわからず有効応力を求められない場合には、モールの全応力円で破壊規準を表わすこともあります。そのとき、全応力でモール・クーロンの破壊規準を表わしていても、せん断抵抗角や粘着力の意味合いは異なるので注意が必要です。これについては第 14 講で詳しく学びましょう。

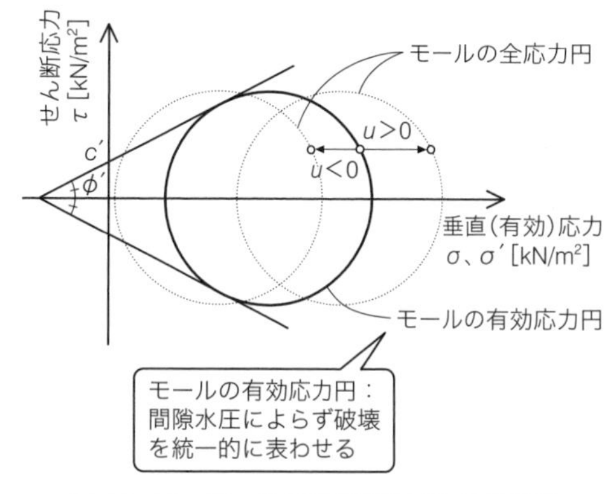

図 12・13　モールの有効応力円と破壊規準

第13講　土のせん断試験

土構造物は許容値を超えた変形を生じたり、破壊したりすることがないように設計する必要があります。そのためにはまず、せん断試験により土の**剛性**（stiffness：変形のしにくさ）やせん断強さの定数を正確に得ることが重要で、そのうえで地盤の変形や破壊を予測する必要があります。ただし、せん断試験にはさまざまな種類があるので、各試験の特徴をよく理解したうえで、現場で想定される状況や載荷条件に適したせん断試験を選択する必要があります。また、必要な試験回数や求めたい土の定数、試験に要する時間、労力、費用、あるいは対象とする構造物の重要性も考慮しながら、試験方法を決めることも重要です。この講では、まず土の変形の表わし方と剛性について説明します。つづいて、土のさまざまなせん断試験とその特徴について解説します。

13・1 土の変形と剛性

第12講まで土のせん断現象について、主に破壊という観点で説明してきましたが、破壊前でも土はせん断を受けると変形を生じます。ここでは土の変形の表わし方と剛性、すなわち変形のしにくさについて説明します。

(1) 土の変形を表わすひずみ

変形は**ひずみ**（strain）で表わされます。ひずみは基準（初期）状態から長さや形、体積がどれだけ変化したか表わす無次元の量です。x、y、z 軸方向にそれぞれ l_x、l_y、l_z の長さをもち、体積 V（$= l_x l_y l_z$）の図13・1の直方体で土の変形を考えましょう。いま、y 軸方向に載荷をして垂直応力を $\varDelta\sigma_{yy}$ 増加させ、それ以外の応力成分は変化しない（$\varDelta\sigma_{xx} = \varDelta\sigma_{zz} = 0$、せん断応力も変化しない）ように保ったとき、$l_x$、$l_y$、$l_z$ がそれぞれ $\varDelta l_x$、$\varDelta l_y$、$\varDelta l_z$ 伸びたとします。y 軸方向に圧縮応力を作用させたので、言うまでもなく $\varDelta l_y < 0$（圧縮）です。また、直方体がどの方向にも同じ変形のしにくさ（剛性）をもつ**等方弾性体**（isotropic elastic medium）とすると、x、z 軸方向に同じだけはらみ出すので $\varDelta l_x = \varDelta l_z > 0$ と考えることができます。土のひずみも応力と同じように圧縮を正にとります。すると、各方向の垂直ひずみ増分 $\varDelta\varepsilon_{xx}$、$\varDelta\varepsilon_{yy}$、$\varDelta\varepsilon_{zz}$ は初期状態から圧縮した割合として次のように与えられます。

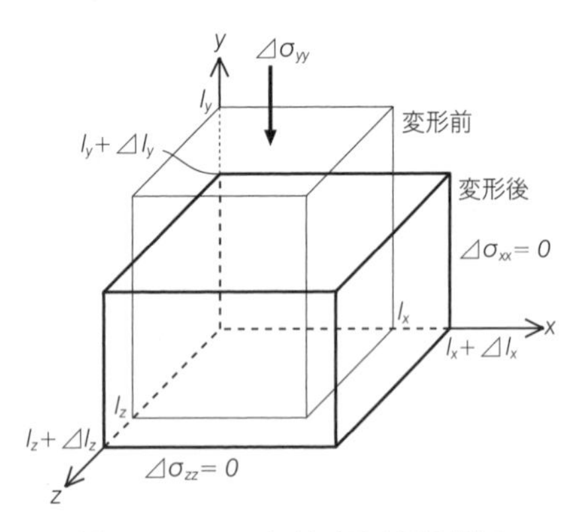

図13・1　$\varDelta\sigma_{yy}$ に対する変形の様子

$$\varDelta\varepsilon_{xx} = \frac{-\varDelta l_x}{l_x}\times 100、\ \varDelta\varepsilon_{yy} = \frac{-\varDelta l_y}{l_y}\times 100、\ \varDelta\varepsilon_{zz} = \frac{-\varDelta l_z}{l_z}\times 100\ [\%] \tag{13.1}$$

体積についても初期状態から圧縮した割合として**体積ひずみ増分**（volumetric strain increment）$\varDelta\varepsilon_v$ を考えます。変形後の各辺長は $l_x + \varDelta l_x$、$l_y + \varDelta l_y$、$l_z + \varDelta l_z$ になるので、変形後の体積は $V + \varDelta V = (l_x + \varDelta l_x)(l_y + \varDelta l_y)(l_z + \varDelta l_z)$ です。

$$\triangle\varepsilon_v=\frac{-\triangle V}{V}\times 100$$

$$=-\frac{(\triangle l_x l_y l_z+l_x\triangle l_y l_z+l_x l_y\triangle l_z)+(\triangle l_x\ \triangle l_y l_z+l_x\triangle l_y\triangle l_z+\triangle l_x l_y\triangle l_z+\triangle l_x\triangle l_y\triangle l_z)}{l_x l_y l_z}\times 100$$

$$=\left(-\frac{\triangle l_x}{l_x}-\frac{\triangle l_y}{l_y}-\frac{\triangle l_z}{l_z}\right)+\left(-\frac{\triangle l_x}{l_x}\frac{\triangle l_y}{l_y}-\frac{\triangle l_y}{l_y}\frac{\triangle l_z}{l_z}-\frac{\triangle l_z}{l_z}\frac{\triangle l_x}{l_x}-\frac{\triangle l_x}{l_x}\frac{\triangle l_y}{l_y}\frac{\triangle l_z}{l_z}\right)\times 100\ [\%] \tag{13.2}$$

式（13.1）を代入すると、体積ひずみ増分は垂直ひずみ増分で与えられます。

$$\triangle\varepsilon_v=\triangle\varepsilon_{xx}+\triangle\varepsilon_{yy}+\triangle\varepsilon_{zz}-(\triangle\varepsilon_{xx}\triangle\varepsilon_{yy}+\triangle\varepsilon_{yy}\triangle\varepsilon_{zz}+\triangle\varepsilon_{zz}\triangle\varepsilon_{xx}-\triangle\varepsilon_{xx}\triangle\varepsilon_{yy}\triangle\varepsilon_{zz})$$
$$\approx\triangle\varepsilon_{xx}+\triangle\varepsilon_{yy}+\triangle\varepsilon_{zz}\ [\%] \tag{13.3}$$

土が破壊にいたるひずみはせいぜい数%から十数%とあまり大きくないので、たいていの場合、括弧内の高次の項は無視します。

（2）土の変形のしにくさ：剛性

引き続き図 13･1 の直方体を例として、剛性について考えましょう。**ヤング率**（Young's modulus）E［kN/m^2］は、他の二方向からの垂直応力を変化させずに、ある一方向のみ垂直応力を増やして圧縮するとき、その方向における垂直ひずみ増分$\triangle\varepsilon_{yy}$に対する垂直応力増分$\triangle\sigma_{yy}$の比を表わします。

$$E=\frac{\triangle\sigma_{yy}}{\triangle\varepsilon_{yy}}\ [\mathrm{kN/m^2}] \tag{13.4}$$

土のヤング率Eは必ずしも同じ土に対して一定ではなく、垂直有効応力の大きさや過去に受けた応力の履歴、ひずみの大きさによっても変わります（図 13･2）。また、**ポアソン比**（Poisson's ratio）ν［無次元］はこの載荷条件での軸ひずみ増分$\triangle\varepsilon_{yy}$（$>0$）と他の二方向の垂直ひずみ増分$\triangle\varepsilon_{xx}=\triangle\varepsilon_{zz}$（$<0$）の比です。通常この比は負値になるので、負号をつけて正の数値として扱います。

$$\nu=-\frac{\triangle\varepsilon_{xx}}{\triangle\varepsilon_{yy}}=-\frac{\triangle\varepsilon_{zz}}{\triangle\varepsilon_{yy}} \tag{13.5}$$

ところで、体積ひずみ増分を式（13.2）のように定義しましたが、体積変化に関わる応力として、互いに垂直な三つの垂直応力の平均値である**平均応力**（mean stress）p［kN/m^2］を定義します。

$$p=\frac{\sigma_{xx}+\sigma_{yy}+\sigma_{zz}}{3}、\triangle p=\frac{\triangle\sigma_{xx}+\triangle\sigma_{yy}+\triangle\sigma_{zz}}{3}\ [\mathrm{kN/m^2}] \tag{13.6}$$

体積弾性係数（bulk modulus）K［kN/m^2］は、体積ひずみに対する平均応力の変化率です。

$$K=\frac{\triangle p}{\triangle\varepsilon_v}\ [\mathrm{kN/m^2}] \tag{13.7}$$

式（13.7）に式（13.3）と式（13.6）の増分形を代入し、本節で想定した載荷条件（$\triangle\sigma_{xx}=\triangle\sigma_{zz}=0$）と式（13.5）を代入すると次式が得られます。

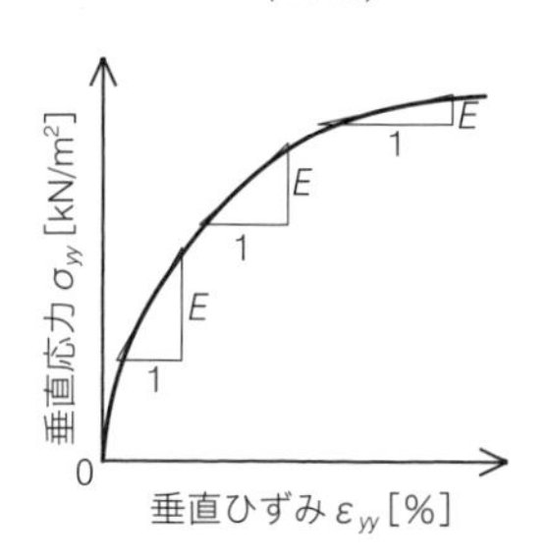

図 13･2　ひずみの大きさによって変わるヤング率

● COLUMN ● 応力・ひずみとテンソル

力学で扱う物理量にはいくつかの種類があります。質量、重さ、長さ、距離、速さ、体積、時間、仕事、エネルギーといった「大きさ」のみをもつ物理量を**スカラー**（scalar）とよびます。変位、速度、加速度、力といった「大きさ」と「方向」をもつ物理量は**ベクトル**（vector）です。一方、応力やひずみは**テンソル**（tensor）という種類の物理量です。本書では、力のつり合いを用いてモールの応力円を説明しましたが、多次元（特に三次元）で応力やひずみの成分がいくつもあるとき、テンソルに関する知識を利用して応力やひずみを扱うと、いろいろな場面（例えば主応力やその方向を求めるとき）で便利です。

$$K=\frac{E}{3(1-2\nu)}\ [\mathrm{kN/m^2}] \tag{13.8}$$

この式は体積弾性係数Kがヤング率Eとポアソン比νで与えられることを示します。また、体積弾性係数と同じように、**せん断弾性係数**（shear modulus）G [kN/m²] もヤング率とポアソン比（あるいはいずれか二つの弾性定数）から求めることができます。

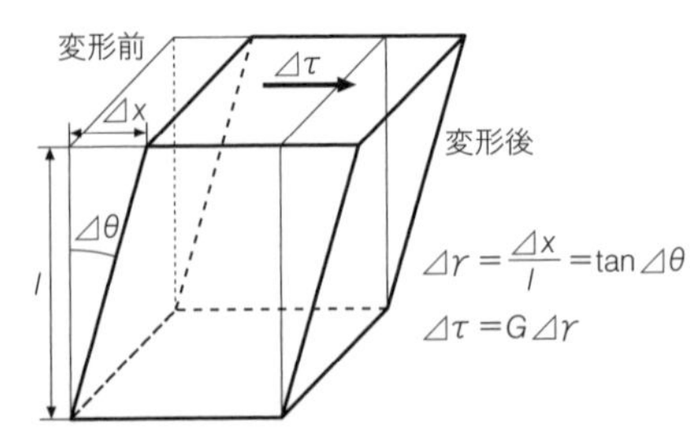

図 13･3　せん断ひずみ$\varDelta\gamma$とせん断弾性係数Gの定義

$$G=\frac{E}{2(1+\nu)}\ [\mathrm{kN/m^2}] \tag{13.9}$$

なお、せん断弾性係数Gは、図 13･3 に示すようにせん断応力増分$\varDelta\tau$とそれを受けて生じるせん断ひずみ増分$\varDelta\gamma$の間の比例係数$\varDelta\tau/\varDelta\gamma$です。

13･2 土のさまざまなせん断試験

せん断試験は、土供試体への載荷方法の違いによって、せん断応力載荷型の**直接せん断試験**（direct shear test）と主応力載荷型のせん断試験に大別できます。直接せん断試験では、供試体の境界面に垂直応力とせん断応力を載荷し、主応力載荷型のせん断試験では、供試体の境界面でせん断応力が作用しないよう、垂直応力のみを制御して、主応力を載荷します。試験を実施する場所の違いという観点では、原位置で採取した土試料や実験室で作製した土供試体を用いて実験室で行う**室内試験**（laboratory test）と、実用性や簡便性の観点から現場で行う**原位置試験**（in-situ test）にも分けることができます。さらに各試験は、せん断時の応力や変形の制御方法や排水条件（土供試体からの排水や供試体への吸水を許すか否か）の違いによって、いろいろな種類、条件の試験に分類できます。ここでは直接せん断試験と主応力載荷型のせん断試験に分けて、代表的な試験方法とその特徴について説明します。

（1）直接せん断試験

直接せん断試験には、11.3 節で説明した一面せん断試験や単純せん断試験の他に、**リングせん断試験**（ring shear test）や**ねじりせん断試験**（torsional shear test）、**ベーンせん断試験**（vane shear test）があります。試験時の供試体内の応力や変形の様子および供試体側面の拘束条件の違いに着目して、各試験の特徴を表 13･1 にまとめます。

一面せん断試験やリングせん断試験は、上下に分かれたせん断箱に土を入れて、せん断箱をずらす、あるいは回転させてせん断箱の境界あたりで供試体をせん断する試験で、せん断面に作用する垂直応力 σ とせん断応力 τ から地すべり面など既知の不連続面に沿うせん断強さを求めるのによく用いられます。なお、一面せん断試験は簡単なのでよく学生の実験実習などで実施されていますが、せん断面の面積がせん断変位とともに減少しつづけたり、装置の機構上の問題からせん断面に一様な応力を作用させにくい、供試体内部の応力が不均一であるひずみを求めることができないといった問題もあります。リングせん断試験でも供試体内部の応力やひずみが不均一になりますが、円筒形状のせん断箱を回転させることでせん断変位を無限に与えつづけることができるので、限界強度の測定には適しています。どちらの試験も、応力や変形の与え方によりさらに幾つかの種類があり、例えば 11.3 節で紹介した垂直応力を一定に保つ定圧せん断試験や、せん断中に垂直変位を生じないようにして体積を一定に保つ定体積せん断試験があります。定体積せん断試験では、体積は一定に保たれてダイレイタンシーによる膨張や圧縮が拘束されるかわりに、垂直応力の値が変化します。

単純せん断試験では、一面せん断試験と同様に供試体の境界面に垂直応力 σ とせん断応力 τ を与えますが、平行四辺形の形状を保って変形するせん断箱を用いることで供試体内の変形は均一になります。ただし、一様な変形を与える機構をもつせん断箱の作製が難しいので、実務で用いられることはほとんどなく、研究目的で実施されることがほとんどです。

ねじりせん断試験は、中空円筒型の供試体の上端に軸方向（axial direction）の垂直応力 σ_a、側方から半径方向（radial direction）に垂直応力 σ_r を作用させた状態で、上端に円周方向にせん断応力 τ を与えて、供試体をねじることによってせん断する試験です。この試験は他の試験に比べて供試体の作製が難しく、時間と手間もかかりますが、原地盤で想定される応力や変形をより忠実に再現できる利点があります。また、供試体内の応力やひずみは半径方向に若干、不均一に分布するもののおおむね一様と見なすことができ、主応力の大きさや方向を求めることができます。

ベーンせん断試験は、欧州を中心として海外でよく実施される原位置試験です。この試験は、

表 13・1　直接せん断試験の種類と特徴

試験名	一面せん断試験	リングせん断試験	ベーンせん断試験	単純せん断試験	ねじりせん断試験
	せん断面 τ σ	σ τ せん断面	回転力 ベーンブレード σ σ τ	σ τ 全体が一様にせん断	σ_a τ σ_r
供試体内の応力と変形	一様でない ・所定の断面でせん断を行う ・強度を簡易に得られる			一様とみなせる	
側方の変位	拘束する（変形しない）		拘束しない（変形する）	拘束する（変形しない）	拘束しない（変形する）
特徴	地すべり面など既知の不連続面に沿うせん断強さや、盛土などを構築する際の粘土地盤のせん断強さの測定に用いられることが多い	地すべり面など既知の不連続面に沿う強度の測定などに用いられることが多い。せん断変位を無限に与えられるため、限界強度の測定に適している	海外では軟弱粘土の非排水強さの原位置測定に用いられる。日本ではあまり用いられず、他の試験の実施が難しい軟弱粘土に使われることがある	一様な変形を与える機構の装置の作製が難しく、研究以外で用いられることはほとんどない	ひずみの測定精度に優れ、せん断強さよりも主にせん断剛性など変形特性の測定に適用される。他の試験に比べて時間と手間がかかる

表 13・1 に示すような 4 枚羽を組み合わせたベーンブレードを地盤に押し込んで回転力を加え、回転抵抗（回転トルク）とベーンブレードの回転によって形成される円筒形のせん断面に沿うせん断抵抗のつり合いを考えることで、原位置での非排水せん断強さ c_u [kN/m^2] を求めます。非排水せん断強さについては、第 14 講で詳しく説明します。原位置試験は、試料を採取して実験室に運ぶ必要がないので、乱さない試料を採取することが難しい地盤でも用いることができます。

（2）主応力載荷型のせん断試験

主応力載荷型のせん断試験としては、一軸圧縮試験や三軸圧縮試験、平面ひずみ試験、三主応力試験があります。各試験の特徴を表 13・2 にまとめます。

一軸圧縮試験（unconfined compression test）は、円柱形の供試体を用いて、側面に作用する垂直応力 σ_r がゼロ、つまり大気中で解放した状態で、軸方向から垂直応力 σ_a を載荷してせん断強さ（一軸圧縮強さ）を求める試験です。この試験は、供試体が自立することが大前提なので、砂質土など自立しない土には用いることができませんが、短時間で簡単に実施できるので、原位置から乱さずに採取した不攪乱の粘土試料や締固め土によく適用されています。

一方、**三軸圧縮試験**（triaxial compression test）は、円柱供試体に側方から垂直応力 σ_r、軸方向から垂直応力 σ_a を加えながら、更に軸方向に圧縮して変形特性（剛性）やせん断強さを求める試験で、水平方向や鉛直方向から垂直応力を受けている実地盤での土のさまざまな応力状態を再現できます。これらの試験については、13.3 節以降でさらに詳しく説明していきます。

平面ひずみ試験（plane strain test）は、一方向にのみ変形を生じない条件（$\varepsilon_2 = 0$）で、それに直交する二方向の垂直応力 σ_1、σ_3 を変化させて直方体形状の供試体をせん断する試験です。土質力学では、一様な断面で延長が長い図 12・2 のような土構造物の安定問題を扱うことが多く、長手（奥行）方向に変形を生じない平面ひずみ条件を仮定できるので、この試験で変形特性やせん断強さを調べるのは合理的です。しかし、試験器の機構が複雑で、時間と手間もかかるため、研究目的で用いられることがほとんどです。

三主応力試験（true triaxial test）は、直方体の供試体にせん断応力が発生しない条件で互いに

表 13・2　主応力載荷型試験の種類と特徴

	一軸圧縮試験	三軸圧縮試験	平面ひずみ試験	三主応力試験
試験名	σ_a $\sigma_r = 0$	σ_a σ_r　σ_r	σ_1 σ_3 σ_2 $\varepsilon_2 = 0$	σ_1 σ_3 σ_2
応力条件	軸対称型 （三主応力のうち二つが必ず同じ）		三主応力型 （相異なる三主応力が作用）	
特徴	簡易に非排水せん断強さを測定でき、粘土の強度推定に頻繁に利用される。自立可能な土にしか適用できない	汎用性が高く、広く用いられる、一軸圧縮試験や（ねじりせん断試験を除く）直接せん断試験に比べて時間と手間がかかる	より実地盤に近い条件を再現して試験を実施できるが、試験機の機構が複雑で、時間と手間がかかるため、研究目的でのみ用いられ、実務で適用されることはほとんどない	

直交する三方向からの垂直応力を独立に制御して土を変形・破壊させる試験で、真の三軸試験ともよばれます。実際の地盤内の応力状態は、軸対称条件や平面ひずみ条件に単純化できるとは限らないため、他の試験よりもさらに実地盤に近い条件を再現して試験を実施できますが、試験器の機構はより複雑になります。

13・3 三軸圧縮試験の概要

三軸圧縮試験は、地盤内の応力状態をおおむね再現したうえで、排水条件を正確に制御してせん断現象を観察できるため、汎用性が高い試験方法として広く利用されています。この試験の概要と結果の考察に用いる応力と変形（ひずみ）のパラメータについて確認しておきましょう。

（1）三軸試験機と試験方法

三軸圧縮試験では、円柱状に整形した土試料を図 13・4 のように三軸室（圧力を負荷できる容器：通常は内部の大半を水で満たしたうえでセル圧とよばれる圧力を試料に負荷します。セル圧は半径方向の全応力 σ_r と等しくなります）に設置します。試料はメンブレン（ゴム膜）を被せて O リングで密閉されており、上下端は多孔板を介して排水弁につながっています。メンブレンの存在により、三軸室内の水は圧力がかかっても土試料に浸透することなく、メンブレンを介して土試料全体に側方から垂直応力をかけることができます。載荷した垂直応力は全応力で、有効応力は間隙水圧を差し引いて考える必要があることに留意してください。

間隙水圧 u [kN/m^2] は、三軸室内の水圧（セル圧）とは独立して、上下端の多孔板を介して制御できます。実験の初期段階で付加する間隙水圧は**背圧（back pressure）**ともよびます。有効応力は常に間隙水圧（背圧）を差し引いて考えます。土試料からの間隙水の排水・吸水は図 13・4 の左下にある排水弁により制御できます。排水弁を開けたときは排水条件になり、排水量はビュ

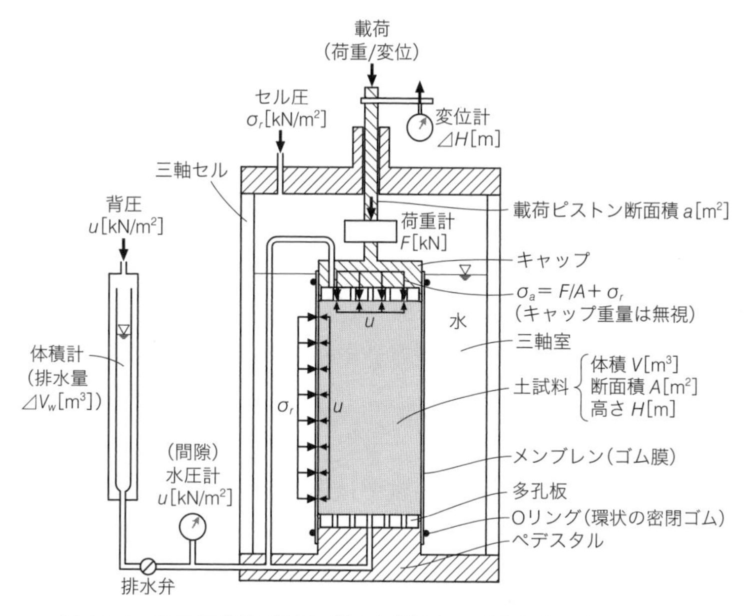

図 13・4 三軸試験機の概要（排水量測定に二重管体積計を用いた例）

レットなどの体積計測器、あるいは電子天秤などの重量計測器により計測します。土粒子と水は圧縮しない（非圧縮）と見なせば、飽和土では排水量$\varDelta V_w$ [m^3] が供試体の体積圧縮量$-\varDelta V$に等しくなります。この間隙水の排出・流入経路を通して、間隙水圧uを与えることができます。通常の排水試験では、間隙水圧を初期値のまま一定に保ちます。一方、排水弁を閉じたときは非排水条件になり、飽和土では体積一定の条件になりますが、間隙水圧が変化するため$\overline{\mathrm{CU}}$試験では（間隙）水圧計によりそれを計測します。なお、飽和土の三軸試験は通常、100 ～ 200 kN/m^{2}程度の背圧を与えて実施します。こうすることで、仮に試料や装置部品を完全に水で飽和しきれず、間隙中や、供試体と装置のすき間などに少し気泡を含んでいる場合でも、背圧を与えることで気泡を圧縮したり、間隙水中に溶かし込んで飽和度を高める効果を期待できます。

試験では、まず初期の供試体の高さH [m]、体積V [m^3]、直径D [m]、重量W [kN] を記録します。次に、三軸室に与えるセル圧と載荷ピストンからの載荷重（あるいは変位）を制御し、軸対称な応力条件下で土試料に載荷軸方向から垂直応力σ_a [kN/m^2] と側方から垂直応力σ_r [kN/m^2] を載荷します。セル圧として三軸室に入力した圧力は側方の垂直応力σ_r [kN/m^2] に等しくなりますが、セル圧は土試料の側面だけでなく、上下面にも、土試料と載荷ピストンの断面積の差$A-a$ [m^2] のぶんだけ作用します。載荷ピストンは先が三軸室の外に出ているので、その断面積aには大気圧（＝0）しかかかりません。これらを考慮しつつ載荷ピストンの軸荷重（または軸変位）を調整して載荷軸方向の垂直応力を目標値に制御します。試験では最初に、原位置と同じ有効応力を作用させて圧密排水が十分に落ち着くまで待った後、軸荷重あるいは軸変位を与えてせん断を行います。試験中は軸変位$\varDelta H$ [m]、軸荷重F [kN]、セル圧σ_r [kN/m^2]、排水量$\varDelta V_w$ [m^3]（圧密過程や排水せん断過程）、間隙水圧u [kN/m^2]（$\overline{\mathrm{CU}}$試験のみ）を計測します。

三軸圧縮試験には、試料を水で飽和させるか否か（飽和土・不飽和土）、せん断前に圧密させるか否か（圧密・非圧密）、圧密させる場合に等方応力（$\sigma_a=\sigma_r$）とするか否か（等方圧密・K_0圧密）、せん断時の排水を許すか否か（排水せん断・非排水せん断）の組み合わせによっていくつかの種類があり、地下水の状態や想定する現象を精緻に再現できます。また、せん断を行う際にσ_aを増やして供試体の軸方向に圧縮するだけでなく、σ_aを減らす（あるいはσ_rを増やす）ことで供試体を伸張させると**三軸伸張試験**（triaxial extension test）、軸方向からの圧縮と伸張を繰返して供試体をせん断すると**繰返し三軸試験**（cyclic triaxial test）を実施できます。

（2）試験結果の整理に用いる応力とひずみのパラメータ

まず試験で計測した値から、載荷軸方向の垂直応力σ_a [kN/m^2] と垂直ひずみε_a、側方の垂直応力σ_r [kN/m^2]、体積ひずみε_vを求めます。側方ひずみε_rの変化は式（13.3）から、

$$\varDelta\varepsilon_v=\varDelta\varepsilon_a+\varDelta 2\varepsilon_r\text{、または}\quad \varDelta\varepsilon_r=\frac{\varDelta\varepsilon_v-\varDelta\varepsilon_a}{2}\ [\%] \tag{13.10}$$

で求めることができます。飽和土の非排水試験では体積変化が起こらないので、$\varDelta\varepsilon_v=0$を代入して$\varDelta\varepsilon_r=-\varDelta\varepsilon_a/2$を得ます。このとき、式（13.5）のポアソン比$\nu$は0.5になります。一方、平均応力$p$ [kN/m^2] は式（13.6）から次式で与えられます。

$$p=\frac{\sigma_a+2\sigma_r}{3}、\ \varDelta p=\frac{\varDelta\sigma_a+\varDelta 2\sigma_r}{3}\ \ [\mathrm{kN/m^2}] \tag{13.11}$$

載荷軸方向の有効応力 σ'_a [kN/m²]、側方の有効応力 σ'_r [kN/m²]、平均有効応力 p' [kN/m²] はそれぞれ、

$$\sigma'_a=\sigma_a-u、\ \sigma'_r=\sigma_r-u、\ p'=\frac{\sigma'_a+2\sigma'_r}{3}=p-u\ \ [\mathrm{kN/m^2}] \tag{13.12}$$

で与えられます。また、せん断に寄与する応力成分として**偏差応力**（deviator stress）q [kN/m²] もよく用いられるので定義を示しておきます。

$$q=\sigma_a-\sigma_r=\sigma'_a-\sigma'_r\ \ [\mathrm{kN/m^2}] \tag{13.13}$$

式（13.13）に示すように、偏差応力は全応力でも有効応力でも同じ形で与えられます。q の値は圧縮試験では正、伸張試験では負になります。なお、三軸圧縮試験は主応力載荷型の試験なので、σ_a と σ_r はともに主応力であり、偏差応力 q はモールの応力円の直径と等しく、どこかの断面に作用する、せん断応力 τ の最大値の 2 倍に相当します。また、偏差応力 q は、三軸状態では式(13.13)の形で与えられることから、軸差応力や主応力差ともよばれます。式(13.10)～式(13.13)は、本来は三軸状態よりも一般的な条件下で定義されるひずみや応力のパラメータを、三軸圧縮試験での軸対称条件に単純化した表現であることに注意してください。なお、p、q を用いて式（12.9）のモール・クーロンの破壊規準は、

三軸圧縮試験の場合、

$$q=\frac{6\cos\phi'}{3-\sin\phi'}c'+\frac{6\sin\phi'}{3-\sin\phi'}p'\ \ [\mathrm{kN/m^2}] \tag{13.14}$$

で表わせます。

なお、三軸伸張試験については、$\sigma_r>\sigma_a$ であることより $q=\sigma_r-\sigma_a$ となることに注意すると、

$$q=\frac{6\cos\phi'}{3+\sin\phi'}c'+\frac{6\sin\phi'}{3+\sin\phi'}p'\ \ [\mathrm{kN/m^2}] \tag{13.15}$$

となります。

第 14 講　排水条件とせん断強さ

三軸圧縮試験では、排水条件を変えることで実地盤のさまざまな状況を簡易に再現できます。そのため、試験の実施にあたっては、想定する現場の状況や載荷条件にあわせて試験条件を選択し、各試験で得られるせん断強さの意味をきちんと理解して利用することが重要です。第 14 講では、排水条件の違いを中心に三軸圧縮試験についてさらに詳しく説明するとともに、一軸圧縮試験や各種排水条件の三軸圧縮試験で得られるせん断強さの定数について解説していきます。

14･1 長期・短期安定問題と排水条件

(1) 排水条件と三軸圧縮試験の種類

12.4 節では、間隙水圧の影響と有効応力について説明するとともに、排水条件とダイレイタンシー特性の違いにより土の剛性やピークせん断強さが変化することを学びました。実地盤では、透水性が低い粘性土から高い砂礫まで、短い時間スケール（数十秒）の地震時応答から長期的変形（数ヶ月～数十年）まで、さまざまな地盤や現象を扱う必要があり、対象とする排水条件は必ずしも排水、非排水と明確には区別されず、その中間として水が部分的にのみ排水される、いわゆるさまざまな「部分排水」の条件に遭遇します。しかし、室内せん断試験では排水条件を単純

表 14･1　せん断試験における排水条件と想定される現場の条件（盛土工・切土工の場合）

	UU試験 （非圧密非排水）	CU、$\overline{CU}$試験 （圧密非排水）	CD試験 （圧密排水）
圧密過程 （せん断前の地盤状況）	非圧密 （載荷直後で圧密が進んでいない）	圧密 （載荷から長時間経過して圧密が進んでいる）	
せん断過程 （せん断時の変形や排水の速さ）	非排水 （載荷直後の安定性を検討）		排水 （長時間経過時の安定性を検討）
想定される現場 （構造物、施工条件） と求まる強度定数	短期安定問題 （施工直後が最も危ない） 軟弱地盤上の盛土の急速施工 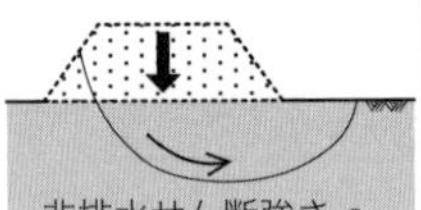 非排水せん断強さ c_u	軟弱地盤上の盛土の段階施工 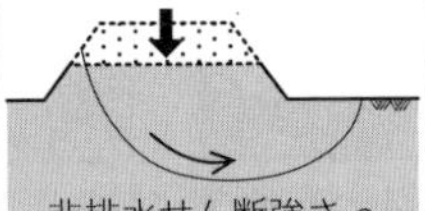 非排水せん断強さ c_u ※圧密排水を促しながら数回に分けて盛土を行う	長期安定問題 切土・開削等の掘削 （長時間経過後が最も危ない） 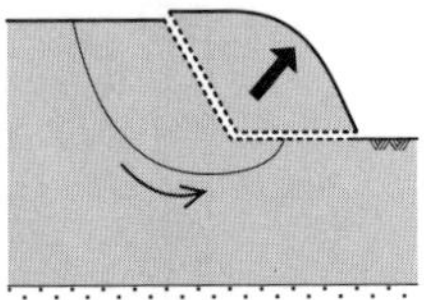 盛土の緩速施工・砂地盤の安定性 （施工中に圧密排水が十分に進む）  排水せん断強さ c'、ϕ'
試験で得られる強度定数	c_u、$\phi_u=0$	CU：c_{cu}、ϕ_{cu} $\overline{CU}$：c'、ϕ'	$c_d \approx c'$、$\phi_d \approx \phi'$

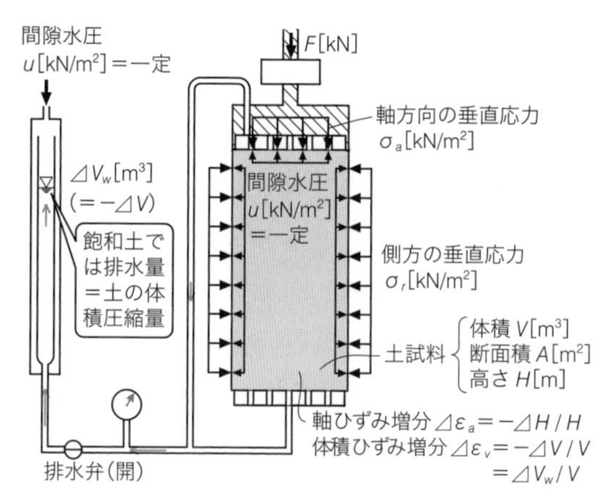

図 14・1　CD 試験（圧密排水試験）の様子

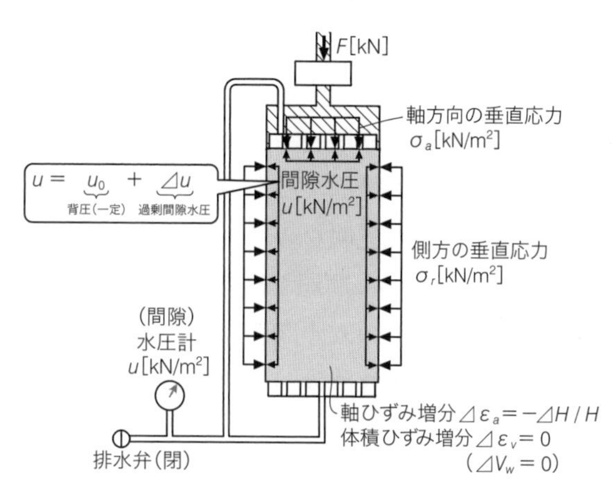

図 14・2　$\overline{\text{CU}}$ 試験（圧密非排水試験）の様子

化して、せん断前（圧密過程）とせん断時の排水条件を組み合わせて、原位置で対象とする条件にできるだけ近い試験方法を選択します。試験条件は具体的に、表 14・1 に示すような非圧密非排水条件の **UU 試験**（unconsolidated undrained test）、圧密非排水条件の **CU、$\overline{\text{CU}}$ 試験**（consolidated undrained test）、圧密排水条件の **CD 試験**（consolidated drained test）があります。なお、$\overline{\text{CU}}$ は CU バーなどとよびます。

圧密排水（CD）試験では、等方的に垂直応力を載荷（$\sigma_a=\sigma_r$）して圧密を行った後、図 14・1 に示すように排水を許しながら軸方向に圧縮してせん断します。排水条件では過剰間隙水圧は発生しません。なぜなら、せん断に対して土が膨張しようとして水圧が下がろうとする場合には外から自然に水が入ってくるように、また逆に、土が収縮しようとして水圧が上がろうとする場合には水が抜けられるように、排水経路を開き、かつ十分にゆっくりと載荷する試験だからです。このとき、土試料は排水（吸水）した分だけ体積圧縮（膨張）します。

圧密非排水（CU、$\overline{\text{CU}}$）試験では、CD 試験と同様に等方的な垂直応力の載荷により圧密を行いますが、その後は図 14・2 に示すように、排水を許さない条件でせん断を行います。土粒子と水自体はほとんど圧縮しないので、吸水、排水を許さない非排水条件では、飽和土の体積が一定に保たれることをしっかり理解してください。非排水条件では体積が一定に保たれる代わりに、過剰間隙水圧が発生します。CU 試験と $\overline{\text{CU}}$ 試験の違いは、$\overline{\text{CU}}$ 試験ではせん断中に間隙水圧を計測することで、計測値から求めた有効応力で強度定数 c'、ϕ' を求めることができます。

一方、非圧密非排水（UU）試験では、垂直応力を等方的に載荷する段階から軸方向に圧縮するせん断過程まで一貫して排水を許しません。

（2）長期安定問題と短期安定問題：現場の状況と想定すべき排水条件

第 9 講では、土が載荷を受けると土中の全応力とともに直ちに間隙水圧が変化し、その後、時間的な遅れをともなって過剰間隙水圧が消散し、有効応力が増加することで圧密が進むことを説明しました。せん断破壊に対する土構造物の安定性を考える場合にも、盛土や切土などを行った直後と幾らか時間が経過した後では土中の間隙水圧や有効応力が異なっており、垂直有効応力が異なるとせん断強さも異なることを考慮して、最も危険な状況下でも安定を保つように土構造物を設計しなければなりません。

例えば、軟弱な正規圧密粘土地盤上で急速な載荷を行う場合は、載荷直後は正の過剰間隙水圧が発生して垂直有効応力が低下し、せん断強さも低下しますが、長期的には圧密が進行して地中の垂直有効応力が増加するため、せん断強さが増加して地盤は強くなります。そのため、せん断破壊に対して最も危険なのは載荷直後で、短期的な安定を検討しておくことが設計上、重要になります。このような問題を**短期安定問題**（**short-term stability problem**）とよびます。軟弱粘土地盤の基礎や盛土の安定問題は典型例です。短期安定問題では透水係数が小さい粘性土からの排水が進む前の安定性を検討するため、非圧密非排水（UU）試験や圧密非排水（CU、$\overline{\mathrm{CU}}$）試験が適していると言えるでしょう。一方、粘土地盤で掘削や切土など除荷（全応力の低下）をともなう施工を行う場合には、施工後に地盤が吸水して膨張し、垂直有効応力が低下するため、せん断強度が低下してしだいに危険な状態になります。この場合、長期的な安定を検討する必要が出てくるため**長期安定問題**（**long-term stability problem**）とよびます。長期安定問題は十分に圧密排水を生じながらのせん断現象が対象となるため、CD 試験による検討が適しています。なお、盛土の築造でも透水性が高い砂礫地盤上の盛土や、長い時間をかけて緩速（かんそく）施工を行う場合には、施工中に十分に圧密排水が促されて強度増加を見込めるため、CD 試験による長期安定問題の検討が合理的でしょう。つまり、「短期」、「長期」というのは、何時間、何日、何ヶ月で分かれるのか？という話ではなく、透水の速さ、つまり過剰間隙水圧消散にかかる時間と、載荷にかける時間の相対的な大小関係で決まる概念です。波が去って濡れた砂浜の上にそっと足を置くのと、急に踏みつけるのでは砂の固さが全く違って感じます。これは、「砂地盤上に足を置く問題」に対しては、短期と長期の違いは数秒であるということです。これが大規模な粘土地盤では数年になったりします。**第 9 講**で圧密に関連して学んだことですが、これには土の透水性の違いのほか、影響される地盤の領域の大小も関わっています。

三軸圧縮試験では、対象とする地盤や構造物、現象を考慮して、UU 条件、CU・$\overline{\mathrm{CU}}$ 条件、CD 条件といった排水条件を選択します。なお、一軸圧縮試験は側方から垂直応力を与えないため圧密過程を考慮することはなく、比較的早いひずみ速度でせん断が行われて排水が進まないと考えることができるため、飽和土に関しては UU 試験に対応していると考えます。14.2 節からは、各試験の特徴と得られるせん断強さの定数について解説していきます。

14・2 圧密排水（CD）三軸圧縮試験

圧密排水（CD）条件の三軸圧縮試験では、原位置の応力レベルを想定した等方応力状態まで排水条件で圧密を行ったのち、排水条件のまま側方の垂直応力 σ_r 一定の条件で、過剰間隙水圧が発生しないように軸方向に少しずつひずみを与えて供試体をせん断します。せん断過程で間隙水を十分に排水させるので、透水性のよい砂や礫に適用されることが多いです。

軸ひずみ ε_a と偏差応力 q および体積ひずみ ε_v の関係で整理した圧密排水（CD）試験の結果の一例を図 14・3 (a)、(b) に示します。試験の初期状態 i は等方応力なので偏差応力 q（$=\sigma_a-\sigma_r$）$=0$ から始まり、軸ひずみの増加とともに ii 、iii、iv と偏差応力が増加して v あたりでピーク強

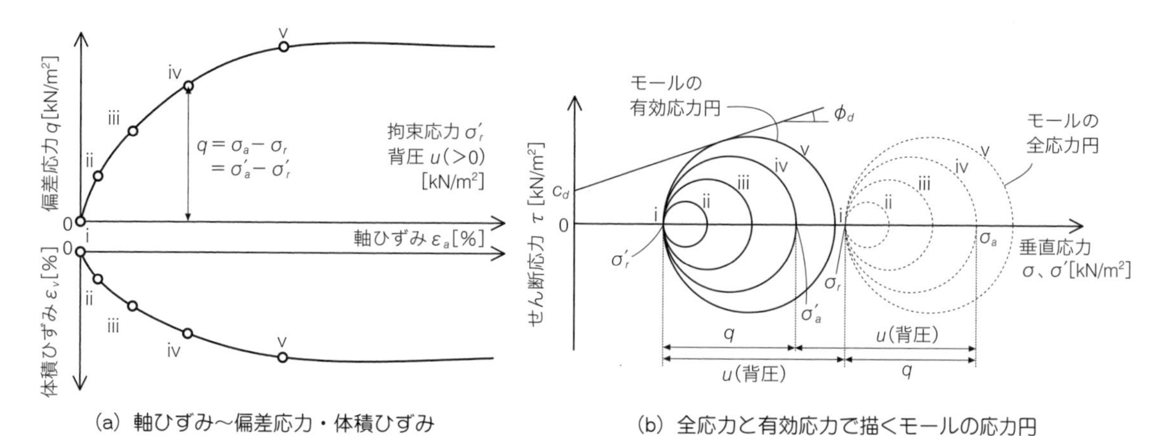

図 14･3　圧密排水三軸試験の結果の一例（ゆる詰め土）

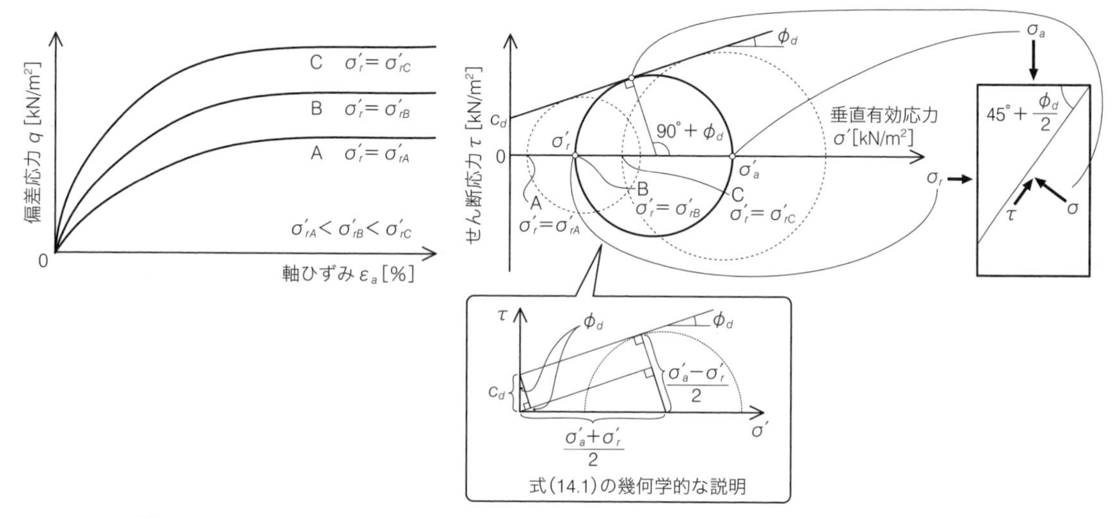

図 14･4　異なる側方応力の三軸試験での破壊時のモールの応力円と破壊規準およびすべり面

度に達し、やがて破壊にいたります。ｉ〜ｖの各状態でモールの応力円を描くと図 14･3（c）のようになります。モールの全応力円は、等方応力の初期状態ｉでは点になり、その後、モールの全応力円の左端の σ_r を固定したまま、右端の σ_a が右側に移動して大きくなっていきます。CD 試験では通常、正の背圧（間隙水圧）を与えて試験中は一定に保つので、モールの有効応力円はモールの全応力円を左側にそのまま平行移動した形になります。

（1）せん断強さの定数 c_d、ϕ_d

ピーク強度に達するｖでは、モールの有効応力円が破壊規準に接していると考えられます。しかし、粘着力 c_d をゼロと仮定できる乾燥砂などを除いて、一回の三軸圧縮試験でモール・クーロンの破壊規準線を引いて、CD 試験でのせん断強さの定数である内部摩擦角 ϕ_d と粘着力 c_d を得ることはできません。そこで、まず側方の有効垂直応力 σ'_r を変えて 2 回以上の試験を行い、図 14･4 のように各試験の破壊時の有効応力でモールの応力円を描きます。σ'_a、σ'_r はともに主応力でモールの応力円の両端の σ 座標になることに着目すれば、図 14･4 から幾何的に次の関係が得られます。

$$\underbrace{\frac{\sigma'_a-\sigma'_r}{2}}_{\text{モール円の半径}}=\underbrace{\frac{\sigma'_a+\sigma'_r}{2}}_{\text{モール円の中心の}\sigma\text{座標}}\sin\phi_d+c_d\cos\phi_d \tag{14.1}$$

こうして得た2回以上の試験のせん断破壊時のモールの応力円に接するように破壊規準線を引きます（12.3節で説明したようにモールの応力円が破壊規準を超えるような応力状態は許容されません）。ϕ_dとc_dは過剰間隙水圧が発生しない完全排水条件のもとで、モールの有効応力円を用いて得たせん断強さの定数なので、12.4節で説明したせん断抵抗角ϕ'と粘着力c'とほぼ一致します。

（2）破壊面の向き

12.3節でも説明したように、モールの有効応力円と破壊規準線の接点の座標（σ, τ）は破壊応力に達した断面の応力状態を表わしています（モールの有効応力円上の他の点は破壊にいたっていません）。この点はモールの有効応力円で$(\sigma, \tau)=(\sigma_a, 0)$から$90°+\phi_d\,(=90°+\phi')$回転した位置にあるため、実際のすべり面は載荷軸に垂直なσ_aを受ける面から$45°+\phi_d/2\,(=45°+\phi'/2)$回転した面です。

14・3 非圧密非排水（UU）三軸圧縮試験と一軸圧縮試験

（1）UU試験と非排水せん断強さc_u

飽和土の非圧密非排水（UU）試験では、せん断前に載荷軸方向および側方からの垂直応力σ_a、σ_rを等方的に増やしても、排水を許さず圧密が起こらないので、垂直有効応力σ'_a、σ'_rは変わりません（σ_a、σ_rの増分は間隙水圧uの上昇により相殺されます）。よって、せん断前のモールの有効応力円（等方応力なので点で表わされます）は位置も大きさも同じままで、全く影響を受けません。このため、いくらせん断前の垂直応力σ_r（$=\sigma_a$）を変えてUU試験を実施したとしても、全く同じ有効応力からせん断を行うので、せん断時のσ_rの大きさによらずモールの有効応力円は同一になります。一方で、モールの全応力円は、せん断前に増やしたり減らしたりした垂直応力σ_rの分だけ、同じ直径で左右に平行移動した図14・5のようになります。すると、モールの全応力円のみ見ていると（つまり、間隙水圧を測らないで有効応力を知らない人には）、あたかも側方からの垂直応力を増やしてもせん断強さが増加しないように見えます。もちろん、これは全応力を

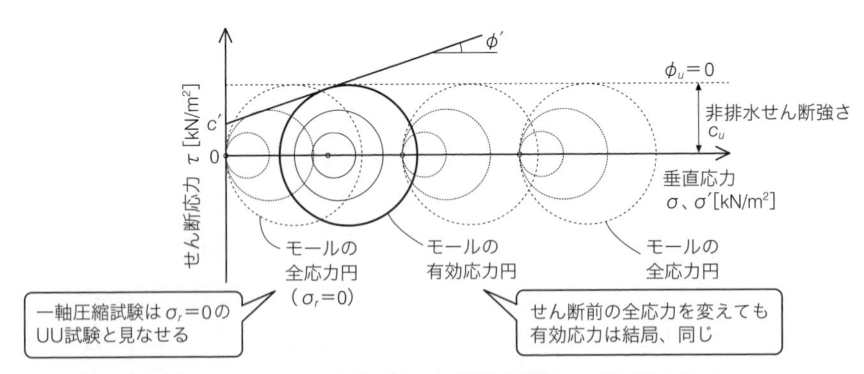

図14・5　非圧密非排水（UU）試験で得たモールの応力円

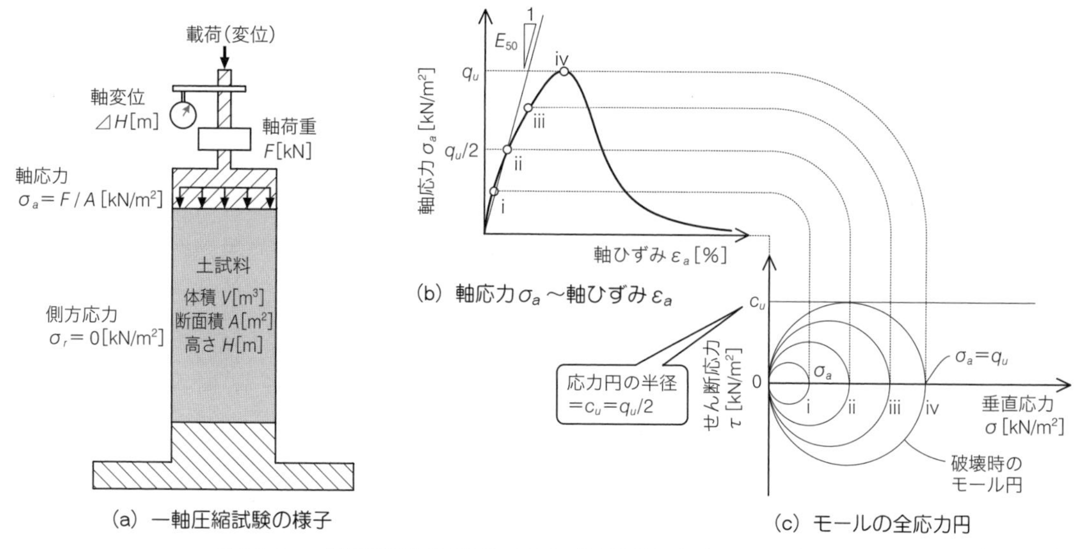

図 14・6　一軸圧縮試験の概要と応力ひずみ関係およびモールの全応力円

増やしているのみで、有効応力を増やさなかったからなのですが、全応力による見かけ上のせん断抵抗角はゼロになります。このように、UU 試験で全応力に対し粘着力 c とせん断抵抗角 ϕ をそれぞれ c_u（s_u と表わされることもあります）と ϕ_u と定義したとき、c_u を**非排水せん断強さ**（undrained shear strength）とよびます。「見た目の」全応力によって定義される ϕ_u は、飽和土では 0 と考えてよいことになります。

（2）一軸圧縮試験と一軸圧縮強さ q_u

一軸圧縮試験では、整形した円柱供試体を装置に図 14・6（a）のように設置し、側方からは垂直応力をかけずに、軸方向から圧縮して軸変位 $\varDelta H$［m］を与えて軸荷重 F［kN］を計測します。一軸圧縮試験はせん断時のひずみ速度が 1［%/分］程度と比較的速いため、透水性が低い飽和粘土に用いる場合、せん断中にほとんど排水が進まないと考えることができます。したがって、一軸圧縮試験は側方からの垂直応力 $\sigma_r=0$［kN/m²］での非圧密非排水（UU）三軸試験と見なして、非排水せん断強さ c_u を求められます。ここで、破壊時の軸応力 σ_a（つまり、軸方向全応力の最大値）を**一軸圧縮強さ**（unconfined compression strength）とよび、通常 q_u で表わします。図 14・6 を見れば明らかですが、一軸圧縮強さ q_u（破壊時のモールの応力円の直径）と非排水せん断強さ c_u（破壊時のモールの応力円の半径）の間には、$c_u=q_u/2$ の関係があります。一方、不飽和土の試験では、非排水条件であっても全応力を加えると間隙空気の圧縮により土の密度が増し、結果として有効応力がある程度増加するため、完全に全応力ゼロの一軸圧縮試験と比べると UU 試験のせん断強さが大きくなります。

ところで、図 14・6（b）に示した軸ひずみ ε_a（載荷軸方向の垂直ひずみ）と軸応力 σ_a の関係において、$q_u/2$ を通る直線の傾きはヤング率の意味合いをもつ変形係数で、E_{50}［kN/m²］と表わします。E_{50} は地盤が破壊する前の変形の大きさや基礎の沈下量の計算などに利用されます。

(3) 自然堆積土の乱れと鋭敏比

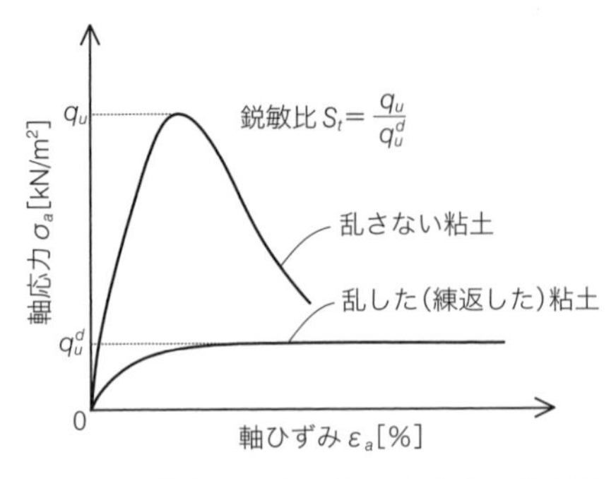

図 14・7 乱さない土と乱した土の一軸圧縮強さと鋭敏比

自然堆積土は、かく乱される(練返(ねりかえ)される)ことで土粒子間の構造や結合(セメンテーションともよばれます)が失われてせん断強さが低下します。図 14・7 のように、かく乱前の一軸圧縮強度 q_u をかく乱後の一軸圧縮強度 q_u^d で割って得た比を**鋭敏比**(sensitivity ratio) S_t とよびます。S_t は大抵の粘土では 2 〜 4 程度ですが、それ以上になることもあり、4 〜 8 なら鋭敏粘土、8 〜 16 なら超鋭敏粘土、16 を超えるとクイッククレーとよばれます[15)、16)]。粘性土の地盤調査を行う際には鋭敏比を求めることがありますが、鋭敏比が高い地盤では、工事や建設機械の走行による振動で土のせん断強さが低下して、構造物の沈下や建設機械の走行性の低下を引き起こす可能性に留意する必要があります。クイッククレーはかく乱するとドロドロの液体状になるような粘土で北欧やカナダに広く分布しており、大規模な地すべりの原因にもなる要注意な土です。

14・4 圧密非排水(CU、$\overline{\text{CU}}$)三軸圧縮試験とせん断強さ

圧密非排水(CU、$\overline{\text{CU}}$)条件の三軸圧縮試験は、原位置で想定される有効応力レベルまで排水条件で等方圧密を行ったのち、(過剰間隙水圧が発生する)非排水条件で側方応力 σ_r を一定に保ったまま軸ひずみを与えて供試体がせん断破壊するまで載荷します。CD 試験のように、せん断中に過剰間隙水圧が発生しないように土試料内からの排水を待ちながらゆっくり載荷する必要がないので、透水性が低い粘土に用いられることが多いです。

(1) $\overline{\text{CU}}$ 試験とせん断強さの定数 c'、ϕ'

飽和土の圧密非排水試験のせん断過程では体積変化を生じない(体積ひずみ ε_v が一定)一方で、過剰間隙水圧が発生することに注意が必要です。図 14・8 は図 14・3 の CD 試験と同じ土試料を、同じ初期応力状態(圧密終了時点)から非排水せん断した結果ですが、排水せん断時に体積圧縮するゆる詰め試料(あるいは正規圧密土)は非排水せん断では間隙水圧が増加する傾向を示し、

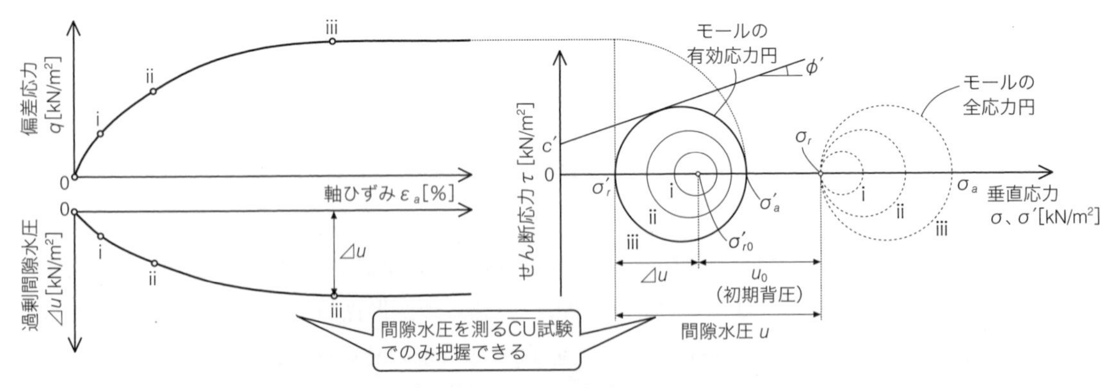

図 14・8 圧密非排水($\overline{\text{CU}}$)試験の結果の一例(ゆる詰め土)

左端を固定して拡大するモールの全応力円に対して、モールの有効応力円は左端のσ'_rの値が刻々と変化します。負のダイレイタンシーの働きによって間隙水を排出して圧縮しようとするものの、排水を許されないため、代わりに間隙水圧が上昇すると考えればよいでしょう。正の過剰間隙水圧を発生するとモールの有効応力円はσ軸上で左側に移動するため、最大せん断応力τが低下します。$\overline{\text{CU}}$試験のモールの有効応力円から求めた強度定数はc'、ϕ'と表わしますが、CD試験から求められるc_d、ϕ_dとほぼ一致します。このように圧密非排水（$\overline{\text{CU}}$）試験でも、圧密排水（CD）試験と本質的に違いはなく、有効応力で考えると、同じ破壊規準線、つまり同じ強度定数でせん断破壊を記述できます。

（2）CU 試験とせん断強さの定数 c_{cu}、ϕ_{cu}

せん断中の間隙水圧を常に測定する$\overline{\text{CU}}$試験では有効応力を計算できるため、前述の結果整理ができます。CU試験でも土は全く同じ応答をしているはずですが、せん断前までしか間隙水圧がわからず、せん断中の有効応力が得られないので、少し異なる考え方をします。CD試験や$\overline{\text{CU}}$試験で得られる破壊規準線は「破壊の時点でのτとσ'の関係を表わすもの」ですが、CU試験では破壊時の有効応力がわかりませんから、「破壊の時点でのτと圧密時（つまりせん断開始前）の有効応力σ'_0」を直接結びつける強度定数ϕ_{cu}とc_{cu}を求めます。つまりこれらの定数は、せん断開始前に有効応力σ'_0で押さえつけていた面が、（途中の非排水せん断過程でどのように間隙水圧が発生するかはわからないが）最終的にどのようなせん断応力τを発揮するかを与えます。ですから、長期間安定しており圧密有効応力がわかっている地盤が急速に（非排水で）破壊にいたるような状況で発揮される強度を、地盤内部の間隙水圧などを一切考えずに求めるのに適しています。

図 14･8 と同じような非排水せん断を二つの異なる圧密有効応力から行ったとすると、モールの応力円は図 14･9 のように描けます。なお、CU試験では、圧密時の背圧をゼロと見なし、過剰間隙水圧のみ考えます。ここで注意が必要なのは、CU試験ではモールの有効応力円は実際には見えないということです。モールの全応力円だけ用いて結果整理をしなくてはならないのですが、ここでCD試験や$\overline{\text{CU}}$試験のようにモールの全応力円に接線を引いてはいけません（図 14･9）。あ

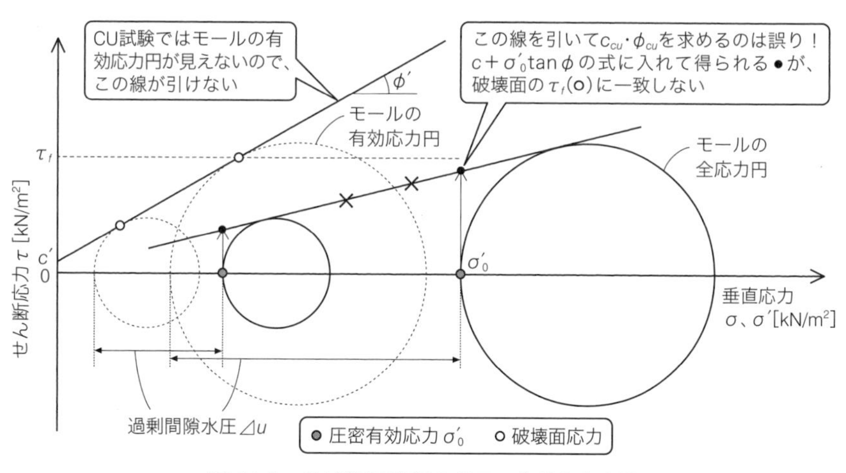

図 14･9　CU 試験で得られるモールの全応力円

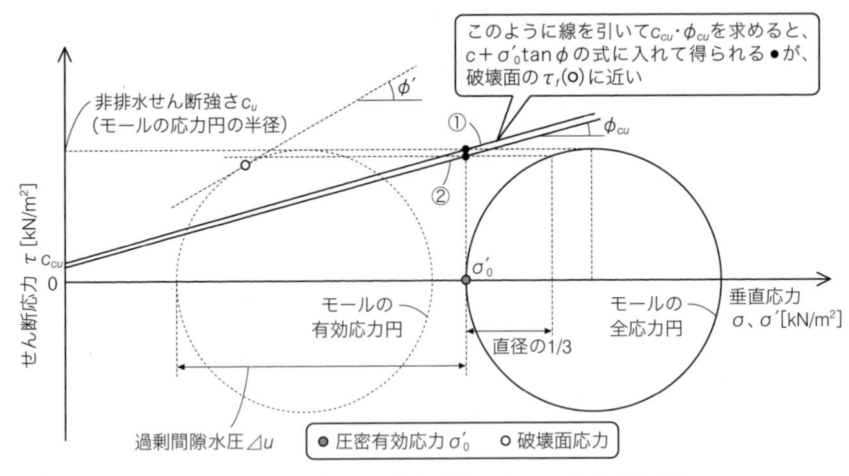

図 14・10　CU 試験から強度定数 c_{cu} と ϕ_{cu} を求める方法

くまで破壊を定義するのは有効応力であり、この接線には物理的な意味がないからです。過去にはこのような結果整理がされていたのですが、最新の地盤工学会の基準[3]では訂正されています。CU 試験から破壊面における c_{cu} と ϕ_{cu} を物理的に完全に正しく求める方法はありません。

実際的な方法として、図 14・10 に示すものがあります。①の方法では、圧密有効応力 σ'_0 に対して非排水せん断強さ c_u を与える c_{cu} と ϕ_{cu} が得られます。しかし非排水せん断強さ c_u は、図 14・10 より、明らかに破壊面でのせん断力より大きいので、この方法はせん断強さを過大評価することになります。そこで、別の方法として②が考えられています。モールの全応力円の左端から 1/3 の点のせん断応力を、圧密有効応力 σ'_0 に対して結びつける方法です。この「左端から 1/3 の点」の σ は式（13.11）で与えた平均応力 $p=(\sigma_a+2\sigma_r)/3$ です。このようにして求められる c_{cu} と ϕ_{cu} は、破壊面上で発揮されるものにより近い強度を表わすといわれています。

（3）強度増加率 c_u/σ'_{v0}

CU 試験から得られる c_{cu} と ϕ_{cu} に似た概念として**強度増加率**（shear strength ratio）があります。これは図 14・10 の①の線に相当するものですが、c_{cu} と ϕ_{cu} で切片と傾きを表わすのではなく、$c_{cu}=0$ と考えて単に c_u/σ'_0 として①の線の傾きを表わすものです。ここで、せん断前の圧密有効応力 σ'_0 は、三軸試験では軸方向・側方方向ともに等しくすることが多いのでそれらを用いればよいですが、原位置では側方方向の応力は簡単にはわからないので、鉛直方向有効応力 σ'_{v0} を用います。このようにして強度増加率は「鉛直方向有効応力（＝「有効土被り圧」）σ'_{v0} に対して非排水せん断強さ c_u が増加する比」c_u/σ'_{v0} として定義されます。平易に言いかえれば、「深くなるとどのくらい強くなるか」を表わします。なお、本によっては σ'_{v0} を p' と表わしますが、平均有効応力（式 13.12）とまぎらわしいので本書では σ'_{v0} としています。

（4）有効応力経路

飽和土は有効応力の変化に応じて変形するので、有効応力の変化を図示すれば試験結果の考察を深めることができます。図 14・8 に示したゆる詰め土の $\overline{\text{CU}}$ 試験の結果を用いて、13.3 節で紹介した平均応力 p および平均有効応力 p' と偏差応力 q の関係を図 14・11 に示します。せん断過

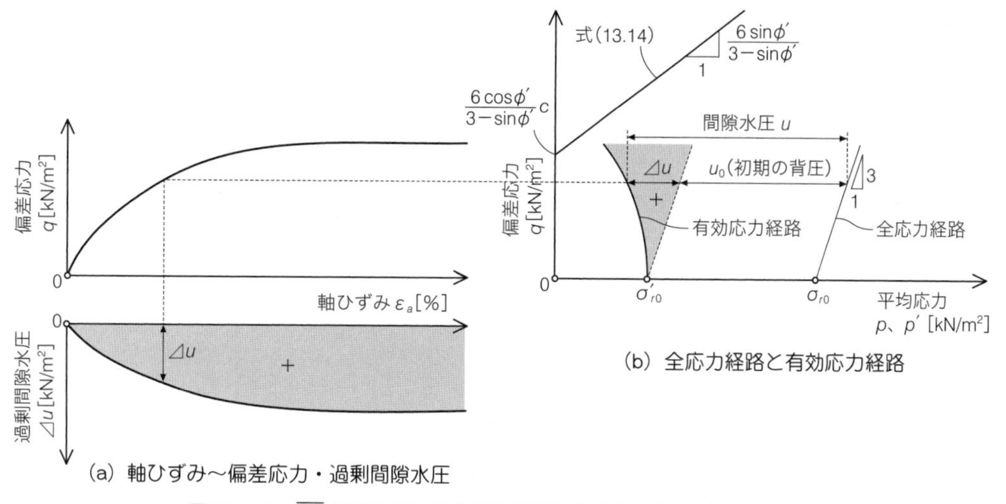

図 14・11 $\overline{\text{CU}}$ 試験における全応力経路と有効応力経路（ゆる詰め土）

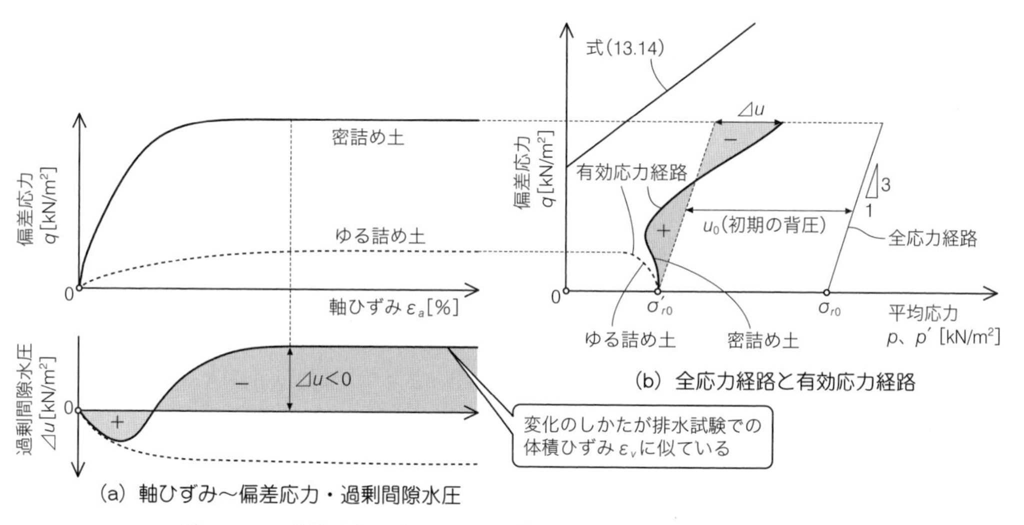

図 14・12 密詰め土とゆる詰め土の $\overline{\text{CU}}$ 試験における有効応力経路の比較

程では側方からの垂直応力を一定に保つので、$\varDelta\sigma_r=0$ です。これを式（13.11）と式（13.13）に代入して整理すると、$\varDelta q=3\varDelta p$ になります。つまり、全応力は傾き 3 の直線に沿って移動します。一方、有効応力はせん断中に過剰間隙水圧が発生するので、それに応じてさまざまな変化を生じます。正規圧密粘土やゆる詰め砂はせん断を受けると、負のダイレイタンシーを発揮して間隙水を排出して圧縮しようとするものの、非排水条件なので間隙水の排出が阻害されて、かわりに正の過剰間隙水圧が発生（図 14・11 (b)）して有効応力は左側にずれます。式（13.14）の破壊規準線と比較することで破壊に対する接近の具合がわかります。

土試料の過圧密比あるいは密度と有効応力経路の関係についても確認しておきましょう。図 14・12 にゆる詰め土と密詰め土の $\overline{\text{CU}}$ 試験の結果を示します。11.3 節では、ゆる詰めの土は圧縮、密詰めの土は膨張する傾向を呈すると説明しました。密詰めの土では、ゆる詰め土とは逆に体積膨張を阻害するように過剰間隙水圧が減少（間隙水が膨張力を受けもつ）し、それにともなって有効応力が増加して剛性や強度が増加します。そして、地盤の変形は有効応力の変化にともなって発生します。

（5）間隙水圧の変化と有効応力経路：スケンプトンの間隙圧係数

スケンプトン（Skempton）[17] は、非排水条件でせん断を受ける間隙水圧の変化量$\varDelta u$を全応力の主応力の変化量$\varDelta\sigma_1$、$\varDelta\sigma_3$と次式で関係づけました。

$$\varDelta u = B\{\varDelta\sigma_3 + A(\varDelta\sigma_1 - \varDelta\sigma_3)\} = B\{A\varDelta\sigma_1 + (1-A)\varDelta\sigma_3\} \ [\mathrm{kN/m^2}] \tag{14.2}$$

A、B［無次元］は間隙圧係数とよばれます。全応力を等方的に増加させるとき、$\varDelta\sigma_1 = \varDelta\sigma_3$なので式（14.2）は次式になります。

$$\varDelta u = B\varDelta\sigma_3 \ [\mathrm{kN/m^2}] \tag{14.3}$$

ところで、(間隙水が非圧縮とすると) 非排水条件で飽和土に作用する全応力を等方的に増やしても圧縮することはありません (排水されないので圧密は起こりません)。このとき、土が変形しないので有効応力の変化はゼロになるはずです。よって、全応力の変化は間隙水圧の変化に相殺されて$\varDelta\sigma_3 = \varDelta u$になり、式（14.3）から$B=1$であることがわかります。このことを利用して、三軸試験を実施する際に、非排水条件で全応力を等方的に増やして間隙水圧の変化を計測し、求めたB値が1に近い値になっていることを確認できれば、供試体がきちんと飽和されていると言えます。

等方的な全応力の変化に限らず、飽和土の場合は$B=1$になるので、

$$\varDelta u = \varDelta\sigma_3 + A(\varDelta\sigma_1 - \varDelta\sigma_3) = A\varDelta\sigma_1 + (1-A)\varDelta\sigma_3 \ [\mathrm{kN/m^2}] \tag{14.4}$$

が成り立ちます。セル圧一定（$\varDelta\sigma_3 = 0$）で飽和土の非排水三軸圧縮試験を実施する場合はさらに、

$$\varDelta u = A\varDelta\sigma_1 \ [\mathrm{kN/m^2}] \tag{14.5}$$

になります。$\overline{\mathrm{CU}}$試験では式（14.4）あるいは式（14.5）により間隙圧係数Aを計測できます。間隙圧係数Aは土によって異なり、正規圧密土では破壊時で0.5～1.0程度になります。過圧密粘土では0.5程度以下の値になり、過圧密比OCRが大きいほど小さく、負の値にもなります。このことは図14・12に示した有効応力と全応力の経路からも見てとることができます。

第5章
土と構造物

五稜郭の石垣の構造：裏込石の奥に土留めの石垣を据えた二重構造

第 15 講　地盤の中の応力：地中応力

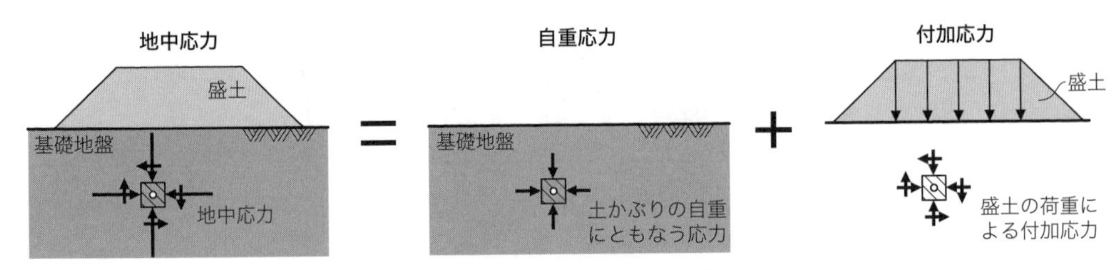

図 15・1　地中応力、自重応力、付加応力

地盤は高層ビル、長大橋(ちょうだいきょう)、原子力発電所などあらゆる重要な構造物を支えています。また鉄道盛土や道路盛土のような土構造物は土そのものが構造体です。列車や車両の交通荷重を支えるとともに、土構造物自体も、下部の基礎地盤によって支えられています。このように、あるものが土に接して存在し、それがおよぼす荷重（外力）により生じる地盤中の応力を**地中応力**（stresses in the ground）といいます。

土質力学は、「あるものの存在による荷重」に加えて、土自身の重さ、つまり土の自重を含めて考えます。この場合、地中応力のうち土の自重に対応した部分は**自重応力**（stresses due to self-weight）とよばれます。土はコンクリートや鉄ほど強くなく、しかもその強さが応力によって変動し、外力が加わる前の土の状態を把握することが重要な意味をもつため、常に自重応力を考えます。この自重応力に対して、交通や構造物といった外力の作用により地盤内に生じる応力を**付加応力**（additional stresses）とよぶことにします。つまり、地中応力は自重応力と付加応力を組み合わせたものになります（図 15・1）。本講では水平な地盤を対象として、地中応力を考えるうえで欠かせない自重応力・付加応力の求め方を学びましょう。

15・1 静止状態（K_o条件）での地中応力

（1）水平地盤と K_o条件

水中にて土粒子が自重で沈降して堆積し、水平な地盤を形成することを考えます。例えば自然に形成された平野部や水平地盤、あるいは沖合の海底面、人工的に埋め立てられた水平地盤などがこれにあたります。図 15・2 (a) は沖合における土砂の埋め立て工事の様子を示し、土砂が排砂(はいしゃ)管とよばれる管から海中に投入されています。また図 15・2 (b) は海中に投入された土砂がどのように沈降・圧密していくかを室内で再現した実験です。円筒容器に水面が張られており、そこに土砂が投入され沈降して、徐々に水面下に堆積して地盤が形成されています。

土粒子の沈降・堆積が継続的に生じると地盤の層厚は徐々に厚くなります。図 15・3 で地表に堆積した土粒子 a や b は後から堆積した土粒子の重みによって a′ や b′ へと沈下します。このとき水平方向のすべての位置で同じ条件の沈降、堆積が進行しているため、土粒子は鉛直方向に沈下するものの、水平方向には移動しないと考えることができます。より厳密に言えば、土の圧縮

(a) 沖合での埋め立て工事にて：排砂管から投入される土砂

(b) 沈降・堆積する土砂の再現実験

図 15・2　土の堆積が形づくる水平地盤（提供：片桐雅明博士）

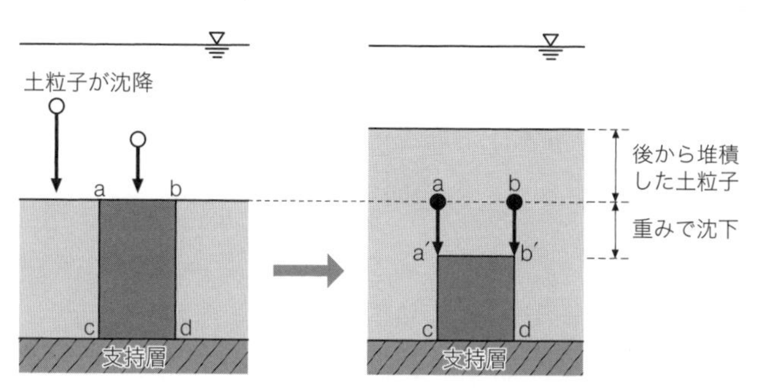

図 15・3　K_0 条件の水平地盤の形成過程

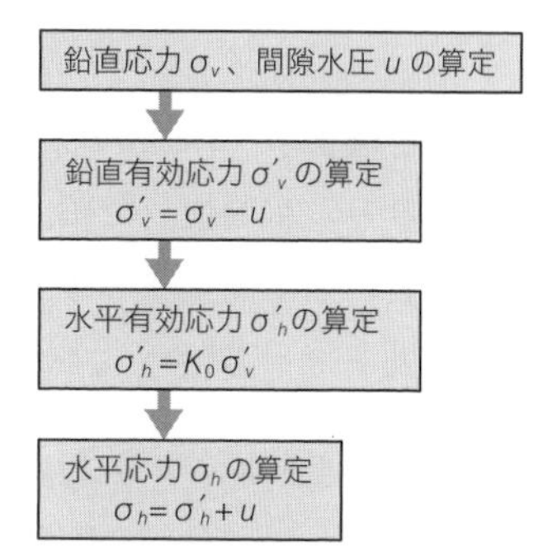

図 15・4　水平地盤内の自重応力を求める手順

ひずみの方向が鉛直のみであり、水平方向にひずんでおらず、間隙水の流れも鉛直方向のみです。このような状態を K_0 条件（K_0 condition）といいます。このことは 8.2 節でも触れましたので、合わせて学んでください。

（2）自重応力（鉛直応力・水平応力）の求め方

K_0 条件下にある水平地盤内の自重応力は図 15・4 のフローチャートで求められます。

まず図 15・5 に示した水平地盤内の深さ z [m] にある土に作用する鉛直応力 σ_v [kN/m²] は、その位置より浅いところにある土の単位体積重量 γ_i [kN/m³] と、その土の層厚 h_i [m] を用いて次のように求められます。

$$\sigma_v = \int_0^z \gamma(\alpha)d\alpha = \sum_{k=1}^{i} \gamma_k h_k \quad [\mathrm{kN/m^2}] \tag{15.1}$$

式（15.1）における単位体積重量 γ [kN/m³] は土の湿潤・飽和状態により、それぞれ湿潤単位体積重量 γ_t [kN/m³]・飽和単位体積重量 γ_{sat} [kN/m³] に置き換えられます。単位体積重量 γ の違いに応じた土層区分を適切に行えば、鉛直応力 σ_v [kN/m²] の値を精度よく求めることができます。なお、水平地盤なので、鉛直応力 σ_v が作用している水平面内のせん断応力 τ [kN/m²] はゼロとなり、モールの応力円を描くにあたって、σ_v は σ 軸上にプロットされます（図 15・5）。

ところで式（15.1）により得られる鉛直応力 σ_v は全応力です。鉛直有効応力 σ'_v [kN/m²] は、鉛直応力 σ_v から間隙水圧 u [kN/m²] を除くことにより、

$$\sigma'_v = \sigma_v - u \quad [\mathrm{kN/m^2}] \tag{15.2}$$

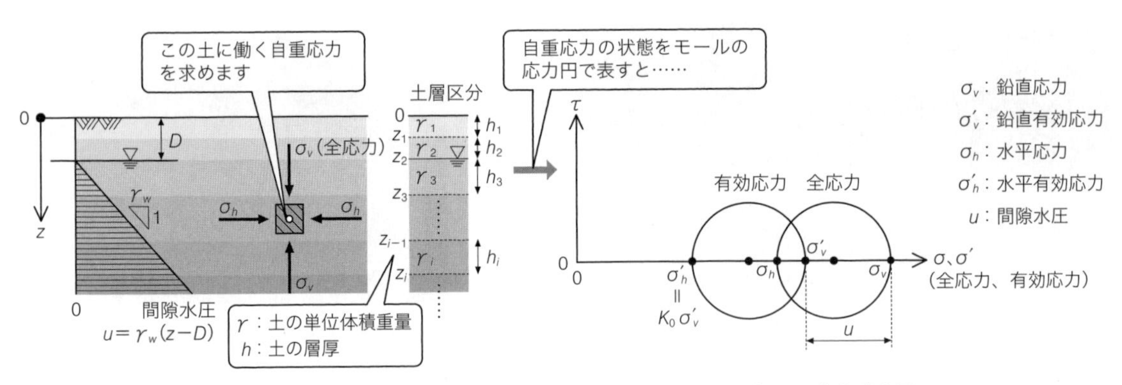

図 15･5 K_0 状態の水平地盤の自重応力σ_v、σ_v'、σ_h、σ_h'とモールの応力円

によって得られます（5.2 節参照）。地下水が静水（水の流れがない）状態であれば、間隙水圧uは、第 5 講「土の中の水環境」で紹介したように、直線状の静水圧分布となります（図 15･5 左）。地下水位より上の土に発生するサクションの影響を無視すると、地表面から地下水位までの深さがD [m] であるとき、深さzにおける間隙水圧uは、

$$u=\begin{cases}0 \ (\text{地下水位より上}:z<D) \\ \gamma_w(z-D) \ (\text{地下水位より下}:z\geq D)\end{cases} \quad [\text{kN/m}^2] \tag{15.3}$$

になります。

つづいて鉛直面に作用する水平応力σ_h [kN/m²]、水平有効応力σ'_h [kN/m²] を求めます。K_0条件下にある水平有効応力σ'_hと鉛直有効応力σ'_vの比を**静止土圧係数K_0（coefficient of lateral earth pressure at rest）**といい、この静止土圧係数K_0を用いて、水平有効応力σ'_hは、

$$\sigma'_h=K_0\,\sigma'_v \quad [\text{kN/m}^2] \tag{15.4}$$

として得られます。このとき水平面内と同様に鉛直面内においてもせん断応力τはゼロです。

水平有効応力σ'_hに間隙水圧uを加えることにより、水平応力σ_hが次式により求まります。

$$\sigma_h=\sigma'_h+u \quad [\text{kN/m}^2] \tag{15.5}$$

つまり、水平地盤の自重応力の決定手順は図 15･4 のとおりσ_v、$u\rightarrow\sigma'_v\rightarrow\sigma'_h\rightarrow\sigma_h$となります。

（3）さまざまに変化する静止土圧係数 K_0 の値

式（15.4）において静止土圧係数K_0の値が問題となりますが、有効応力で定義した土のせん断抵抗角ϕ'から正規圧密状態におけるK_0の値を推定する準理論的な方法として、次のヤーキー（Jaky）の式[18]が知られています。

$$K_0\fallingdotseq 1-\sin\phi' \quad [\text{無次元}] \tag{15.6}$$

式（15.6）を用いるとせん断抵抗角$\phi'=30°$の正規圧密粘土のK_0の値は 0.5 程度ですが、過圧密粘土では過圧密比 OCR とともに大きくなって 1.0 を超えることもあります。図 15･6 に示すように地表面が侵食されると土の鉛直有効応力σ'_vが減少しますが、土粒子間の摩擦のため水平有効応力σ'_hはそれほど小さくなりません。そのため過圧密比 OCR とともにK_0の値が大きくなります。

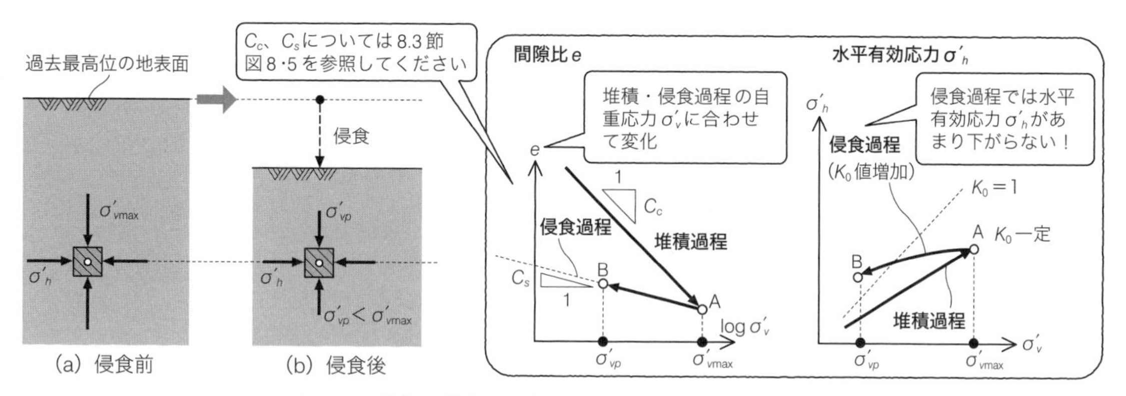

図 15･6　堆積・侵食にともなう土の応力状態と K_0 値の変化

図 15・7　航空機 B-747 の主脚（1 脚 4 輪）（左）と同じ荷重約 910kN の載荷実験（右）（提供：国立研究開発法人港湾空港技術研究所）

砂質土の地盤で構造物を設計するときには 0.5 程度の K_0 の値が用いられることが多いですが、土を締固めた場合には、締固めの程度が大きくなるほど K_0 の値が大きくなります。このように K_0 はいろいろな影響を受ける極めて敏感な値であり、しかもその大きさを実際の地盤で直接求めることは容易ではありません。したがって K_0 条件下の水平地盤内の自重応力は、鉛直応力 σ_v と鉛直有効応力 σ'_v 以外、精度よく決めることはなかなか難しいのです。

15･2 載荷による地盤内の付加応力

図 15･7 は航空機の車輪が地表面に載荷する力を実験で再現しています。このように列車や車両の交通荷重あるいは高層ビル、長大橋、盛土などの構造物荷重が地表面に載荷されたとき、地中応力は自重応力の状態から変化します（図 15･1）。つまり、載荷荷重による付加応力が自重応力に新たに加わります。

ここで注意をしたいのは、載荷荷重はまず全応力の大きさを変えるということです。載荷荷重により地盤内の全応力状態が変化し、間隙水圧の即時変化が生じます。新たに載荷が行われなければ、全応力はその後一定ですが、やがて時間の経過とともに、間隙水圧の値は地下水位に応じて収束値に向かいます。これにともなって有効応力も変化して、地盤の変形が継続します。このように、載荷荷重による付加応力は全応力変化（$\varDelta\sigma$, $\varDelta\tau$）[kN/m^2] から考えるのが鉄則です。

（1）載荷後の地中応力の変化

では、図 15･8 で K_0 条件下における水平地盤を考えましょう。載荷荷重が加わる前、地盤内の

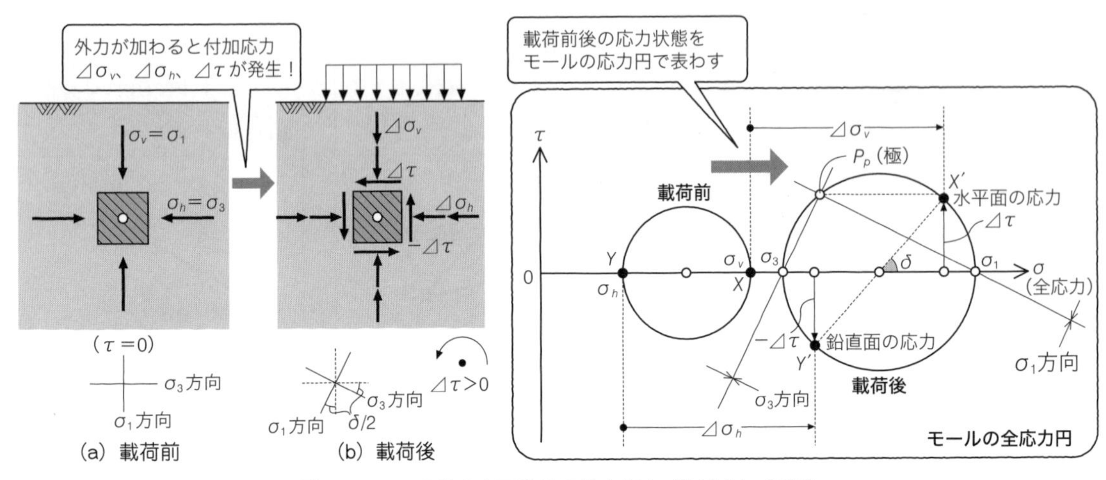

図 15・8　K_0 条件の水平地盤の地中応力（全応力）の変化

土要素には自重応力が作用しており、全応力として水平面には鉛直応力σ_v、鉛直面には水平応力σ_hが働いています。水平・鉛直面内ではせん断応力τがゼロであるため鉛直応力σ_v、水平応力σ_hはそれぞれ最大主応力σ_1、最小主応力σ_3となります（ここでは正規圧密地盤のように鉛直応力のほうが水平応力より大きい場合を考えましょう）。したがってこれら主応力の作用方向は鉛直および水平方向です。このときの水平面、鉛直面に作用する応力状態は、モールの応力円（載荷前）の点X、点Yになります。

この地盤表面に載荷荷重が加わると、地盤内に付加応力が生じます。すると全応力が変化します。付加応力によって水平面の鉛直全応力が$\varDelta\sigma_v$だけ変化し、また、地盤表面に広く均一に荷重が加わらない限り、せん断応力も$\varDelta\tau_{vh}$変化します。同様に鉛直面において水平全応力が$\varDelta\sigma_h$だけ変化し、せん断応力も$\varDelta\tau_{hv}$変化します。このとき$\varDelta\tau_{vh}=\varDelta\tau$とすると、土要素のモーメントのつり合いから$\varDelta\tau_{hv}=-\varDelta\tau$となります。$\varDelta\tau_{hv}$に負号がつくのは 12.2 節で述べたようにモールの応力円を描くためにせん断応力の正の方向を反時計まわりとしているからです。

荷重が加わる前の自重応力を足し合わせると、載荷後に土要素の水平面に働く鉛直応力は$\sigma_v+\varDelta\sigma_v$、せん断応力は$\varDelta\tau$となり、せん断応力がゼロでなくなるため、鉛直応力は最大主応力ではなくなります。同様に鉛直面に働く水平応力は$\sigma_h+\varDelta\sigma_h$、せん断応力は$-\varDelta\tau$となり、水平応力は最小主応力ではなくなります。つまり、全応力の大きさの変化とともに主応力方向の変化も発生します。このときの水平面、鉛直面に作用する応力状態は、モールの応力円（載荷後）の点X'、点Y'になります。また、第 12 講で紹介した“面に関する極P”を利用すると、主方力方向が求まります。

（2）付加応力を求めるための四つの基本解

載荷による地盤内の付加応力を具体的に求めるために、弾性論にもとづく解がよく用いられます。図 15・9（a）に示すように、実際の土の応力〜ひずみ関係は、載荷応力が大きくなると弾性的ではありませんが、比較的観測値とよく一致するなどの利点があります。この弾性論にもとづく解のうち、基本的なものは図 15・10 の四つです。どれも地盤を等方等質な半無限（つまり水平

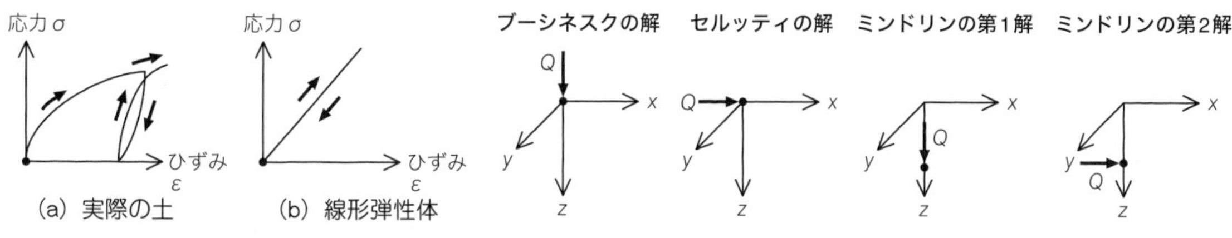

図 15・9　実際の土と線形弾性体の応力〜ひずみ

図 15・10　弾性論にもとづく四つの基本解の載荷ケース

方向と深さ方向には無限遠方まで土がある）の線形弾性体として仮定し、地表あるいは地中の一点に集中（点）荷重が作用するケースです。ここで線形弾性体とは、図 15・9（b）のように応力とひずみの関係が比例する弾性体のことを意味します。

①地盤表面に鉛直な集中荷重が作用する場合に対するブーシネスクの解
②地盤表面に水平な集中荷重が作用する場合に対するセルッティの解
③地盤内部に鉛直な集中荷重が作用する場合に対するミンドリンの第 1 解
④地盤内部に水平な集中荷重が作用する場合に対するミンドリンの第 2 解

15・3 付加応力の代表的な弾性解：ブーシネスクの解

四つの基本的なケースのうち最も広く用いられるのは①の**ブーシネスクの解**（Boussinesq's solution）です。これを用いると地表面に働く鉛直集中荷重 Q[kN] により、地盤内の任意の位置（z, ρ）に生じる付加応力（$\varDelta\sigma$, $\varDelta\tau$）が式（15.7）にて得られます。ここで z[m] は対象としている位置の深さを、ρ [m] は鉛直集中荷重 Q[kN] が作用する中心線とその位置との距離になります（図 15・11）。式（15.7）では、円筒座標系（ρ, β, z）の応力成分で付加応力（$\varDelta\sigma$, $\varDelta\tau$）を表わしています。

$$\varDelta\sigma_z=\left[\frac{3z^3}{2\pi r^5}\right]Q、\qquad \varDelta\sigma_\rho=\frac{1}{2\pi r^2}\left[\frac{3\rho^2 z}{r^3}-\frac{(1-2\nu)r}{r+z}\right]Q$$
$$\varDelta\sigma_\beta=\frac{(1-2\nu)}{2\pi r^2}\left[\frac{r}{r+z}-\frac{z}{r}\right]Q、\quad \varDelta\tau=\left[\frac{3\rho z^2}{2\pi r^5}\right]Q \qquad [\mathrm{kN/m^2}] \qquad (15.7)$$

式（15.7）において、r は鉛直集中荷重 Q が作用する地点と、地盤内の応力を求めている位置との距離を表わします。ν は弾性体と仮定した地盤のポアソン比（13.1 節参照）で、砂地盤では 0.25 〜 0.3 の値がよく採用されます。非排水条件の飽和粘土地盤では 13.3 節で紹介したように、体積一定と考えて 0.5 が用いられます。

(1) 鉛直集中荷重 Q に比例する付加応力

式（15.7）によって得られる付加応力は、いずれも鉛直集中荷重 Q に比例します。さらに式（15.7）の解は、地盤のヤング率 E [kN/m²]（13.1 節参照）を含みません。特に鉛直応力 $\varDelta\sigma_z$ とせん断応力 $\varDelta\tau$ の解は地盤のポアソ

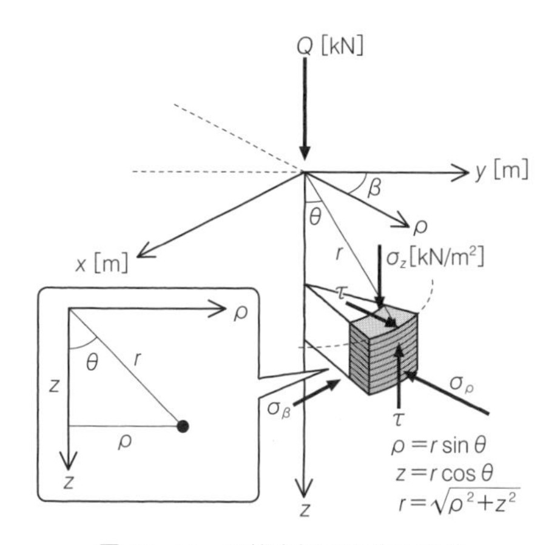

図 15・11　円筒座標での応力成分

ン比 ν も含みません。つまり地盤が豆腐のように柔らかくても、あるいはダイヤモンドのように硬くても、弾性である限り付加応力 $\Delta\sigma_z$、$\Delta\tau$ の大きさは鉛直集中荷重 Q [kN] と地盤内の位置だけで決まることを意味します。実際の地盤は岩盤のような固いものから粘土のような柔らかいものまで多種多様ですが、ブーシネスクの解による付加応力は、実験などで観測される値によく一致します。

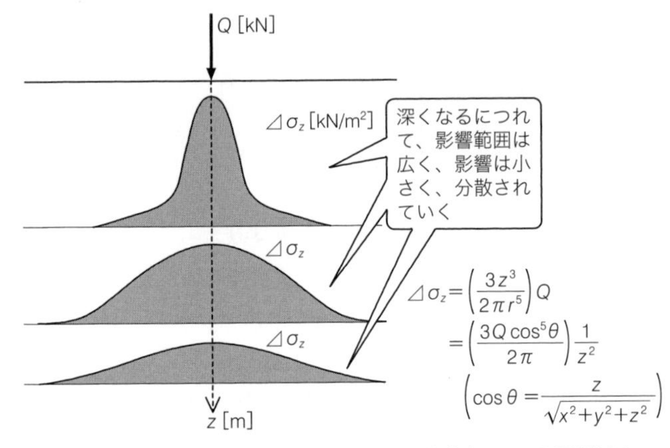

図 15・12　鉛直集中荷重 Q に対する鉛直応力 $\Delta\sigma_v$ の距離減衰

特に鉛直応力 $\Delta\sigma_z$ に着目すると、式（15.7）から図 15・12 のように鉛直集中荷重 Q に対する $\Delta\sigma_z$ の値は鉛直方向には深さの 2 乗、z^2 に反比例して減少し、また同じ深さであれば水平方向に釣鐘状に分布します。地表の載荷荷重をより広い領域で支えるために地中では付加応力が分散されているとも考えられます。

（2）分布荷重は解の重ね合わせで求める

ブーシネスクの解は地盤表面に鉛直集中荷重が作用する場合の解であり、荷重条件が限定されています。しかし複雑な分布荷重も、いくつもの集中荷重を重ね合わせたものと考えられるため、線形弾性論にもとづき図 15・13 (a) のように解の重ね合わせをすることにより、そのような場合の付加応力を得ることができます。これを利用して、台形分布荷重、あるいは一様分布荷重などが載荷された場合（図 15・13 (b)）の鉛直応力 $\Delta\sigma_z$ を容易に求められる図表が準備されています [19)、20)]。より複雑な荷重分布は、数値解析で地盤内の応力をシミュレーションして求めます。

鉛直集中荷重や等分布荷重が作用するとき、鉛直応力 $\Delta\sigma_z$ が等しい地点をつなげて線を描くと、図 15・14 のように球根の断面形状によく似た形が得られます。これを**圧力球根（pressure bulb）**とよびます。等分布荷重の場合、同じ大きさの分布荷重強度 q_s [kN/m²] に対して、載荷の幅が大きくなると圧力球根はより大きくなります。つまり、載荷幅が広いと、より地中の深いところまで大きな付加応力が生じます。このように圧力球根で付加応力の地中の伝達状況を知ることが可能

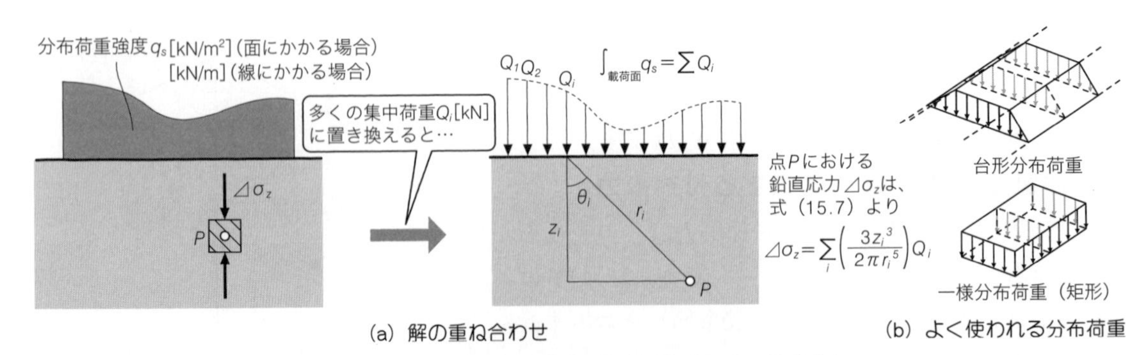

図 15・13　ブーシネスクの解の重ね合わせによる鉛直応力

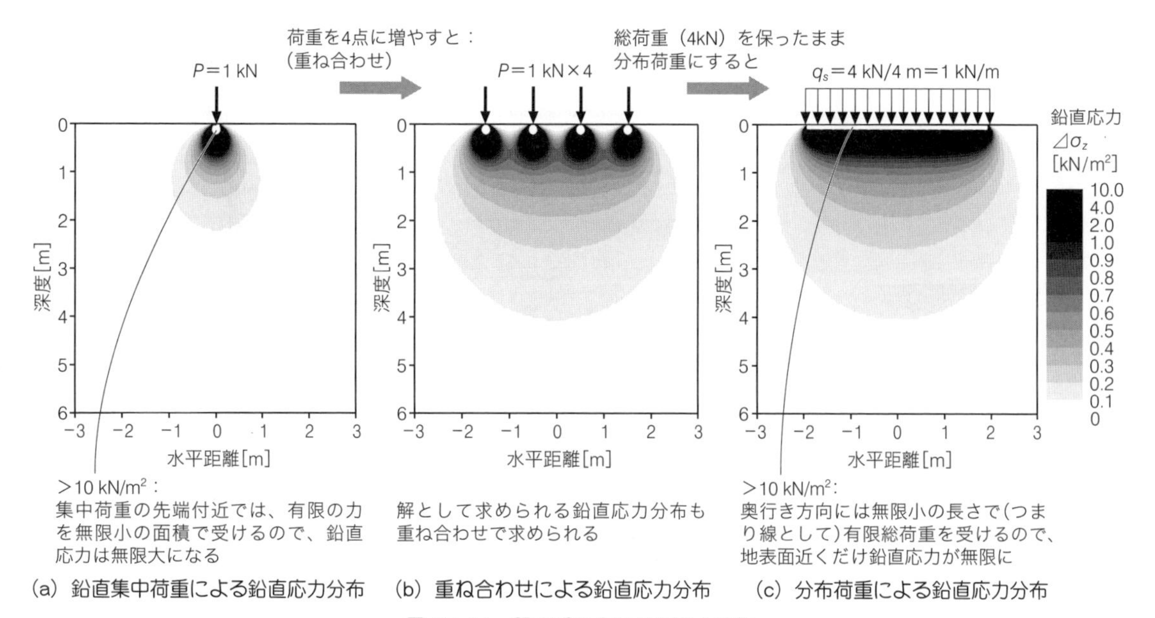

図 15・14　解の重ね合わせと圧力球根

となり、調査や設計において考慮すべき地盤深度の範囲を検討する場合などに参考となります。

（3）付加応力の簡易計算法

ブーシネスクの解は理論的に厳密なので、荷重による地盤内の付加応力を知るうえで有用ですが、コンピュータによる計算を特に必要としない、より簡略な方法で推定することもよく行われます。例えば沿岸に防波堤を建設するとき、軟弱な粘土地盤に直接防波堤をのせると、地盤は壊れたり、沈下したりします。そのような場合、粘土の一部を排除して砂に置き換える「置換改良」が行われます。防波堤の荷重による付加応力が図 15・12 で説明したようにどのように地盤の中で分散されるかを見極めて、置換の範囲（深度や幅）を決定することになります。

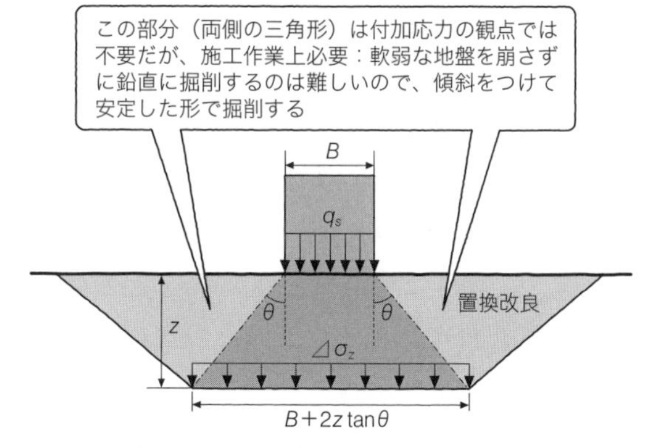

図 15・15　付加応力の近似計算方法の例

簡略した方法を用いると図 15・15 のように推定することができます。地表面の幅 B に一様な分布荷重強度 q_s [kN/m²] がかけられたとき、深さ z [m] での位置における鉛直応力 $\varDelta\sigma_z$ は、深さに比例して一定の角度 θ で分散し、一様に広がっていると見なします。そうすると、力のつり合いから、あらゆる深さ z において台形部分が防波堤の荷重 $q_s \times B$ と同じ力を支えないといけないことになります。深さ z での台形の幅は $B+2z\tan\theta$ なので、鉛直応力 $\varDelta\sigma_z$ は次式で求められます。

$$\varDelta\sigma_z = \frac{B}{B+2z\tan\theta} q_s \ \ [\mathrm{kN/m^2}] \qquad (15.8)$$

なお、θ の値は土の物性によりますが、30° や 45° の値がよく用いられます。

第 16 講　土からかかる力 (1)：ランキンの土圧理論

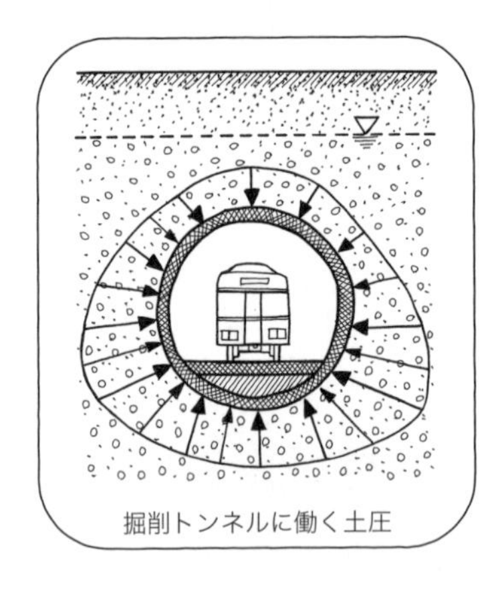

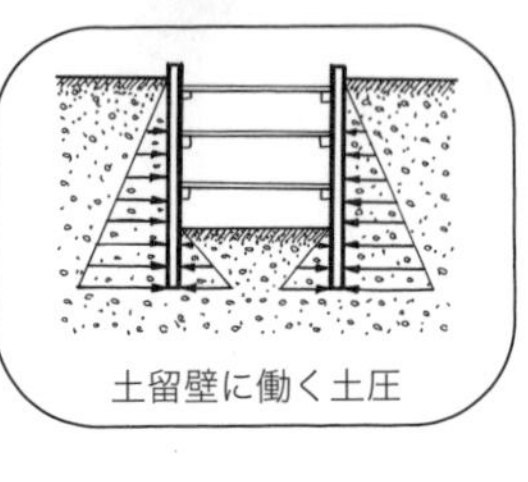

図 16・1　構造物に働くさまざまな土圧

地中に上下水道管を埋設したり、道路や鉄道やトンネルを構築したりすると、水道管やトンネルには周囲の地盤から圧力が働きます（図 16・1）。地盤の掘削工事において土砂の崩壊を防ぐために掘削面の周囲に設ける土留め壁（earth retaining wall）や、切土や盛土による急斜面を支えてその安定を図るために設ける擁壁（retaining wall）にも、壁の前後の地盤から応力が働きます。このように地盤と他の構造物との境界面にはさまざまな圧力が働き、これを**土圧**（earth pressure）といいます。壁など構造物が施工中あるいは地震時などに動いたり土が変形したりすると、土圧の大きさは複雑に変化します。その複雑に変化する土圧の大きさを求めるための理論が**土圧理論**（earth pressure theory）です。

本講ではまず、土の圧縮伸張に対して実際の現象として観察される土圧の変化を説明します。つづいて代表的な土圧理論であるランキンの土圧理論について説明します。

16・1 主働状態と受働状態

水平地盤を対象にすると、15・1 節で述べたようにある深さの土要素の水平面と鉛直面にはそれぞれ自重応力である鉛直応力 σ_v [kN/m^2]、水平応力 σ_h [kN/m^2]が作用しています(図 15・5)。これらは全応力であり、間隙水圧 u の値を除けばそれぞれ鉛直有効応力 σ'_v [kN/m^2]、水平有効応力 σ'_h [kN/m^2] が得られます。地盤が水平なので、土要素の水平面と鉛直面内のせん断応力はゼロであり、正規圧密土や過圧密比が比較的小さい過圧密土では鉛直有効応力 σ'_v、水平有効応力 σ'_h はそれぞれ最大主応力 σ'_1 [kN/m^2]、最小主応力 σ'_3 [kN/m^2] となります。

この地中に図 16・2 のように鉛直で剛な壁が存在すると、壁面には地盤から圧力が作用します。このとき壁面周辺の土の水平有効応力 σ'_h が水平土圧として壁に作用していると見なせます。壁面には間隙水圧 u も作用しますが、まずは水圧を分離して、土の粒がおよぼす圧力として土圧を考えます。なお、16.4 節で水圧を分離しない場合について説明します。

最初に壁が固定されている状態を考えます（図 16･2 (a)）。壁面の周辺の土に水平方向の変位は生じず、ひずみも生じません。土が水平方向にひずんでいない状態を**静止状態**といい、静止状態における水平土圧を**静止土圧**（earth pressure at rest）とよびます。静止状態は 15.1 節で学んだ K_0 状態と同じです。

次に壁が下端を回転中心として右側に徐々に傾斜し、h 移動した状態を考えます（図 16･2 (b)）。壁の左側では壁面が離れていくため土は水平方向にゆるむように変形し、水平方向に伸張、鉛直方向に圧縮します。このとき図 16･3 のように水平有効応力 σ'_h は減少し、最終的に一定値に落ち着きます。土が水平方向に伸張して水平有効応力 σ'_h が減少し、一定値に収束した状態を**主働状態**（active state）といい、主働状態における水平応力の値を**主働土圧**（active earth pressure）とよんで p_a [kN/m^2] と表記します。一方、壁の右側では壁面が押し込まれていくため土は水平方向に圧縮され、鉛直方向に伸張します。そして壁の左側の状態とは反対に水平有効応力 σ'_h は増加し最終的に一定値に落ち着きます。土が水平方向に圧縮して水平有効応力 σ'_h が増加し一定値に収束した状態を**受働状態**（passive state）といい、受働状態における水平応力の値を**受働土圧**（passive earth pressure）とよんで p_p [kN/m^2] と表記します。

主働状態と受働状態で、水平応力の変化は著しく異なります。横方向に土が伸張する場合（主働状態）、わずかな壁の回転量 θ に対して水平有効応力 σ'_h は一定値に収束します。逆に横方向に

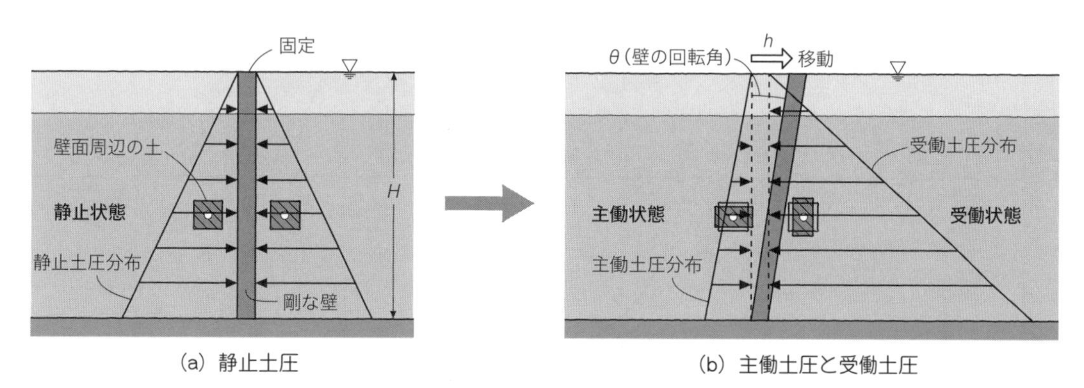

(a) 静止土圧　　(b) 主働土圧と受働土圧

図 16･2　土の静止状態，主働状態および受働状態

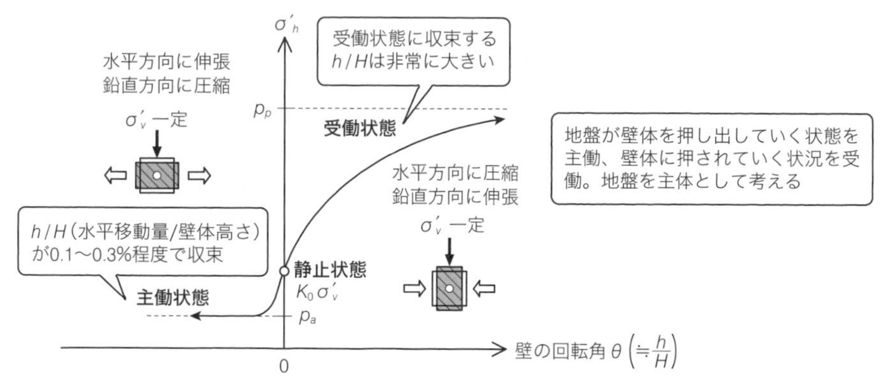

図 16･3　水平方向の圧縮伸張にともなう水平有効応力 σ'_h の大きさの変化

圧縮する場合(受働状態)、伸張する場合と比べると水平有効応力σ'_hが一定値に収束するには、数10倍の回転量θを要します。以上のことから、壁体に作用する水平有効応力の値の取り得る範囲は$p_a \leqq \sigma'_h \leqq p_p$となります。

16・2 ランキンの主働土圧係数と受働土圧係数

ここから代表的な土圧理論である**ランキン(Rankine)の土圧理論**[21]を解説していきます。土圧分布や作用点まで理論的に求められることがランキンの土圧理論が広く利用される理由です。ランキンの土圧理論は、地盤全体が横方向に一様に伸張したり、圧縮したりする状態を考え、土

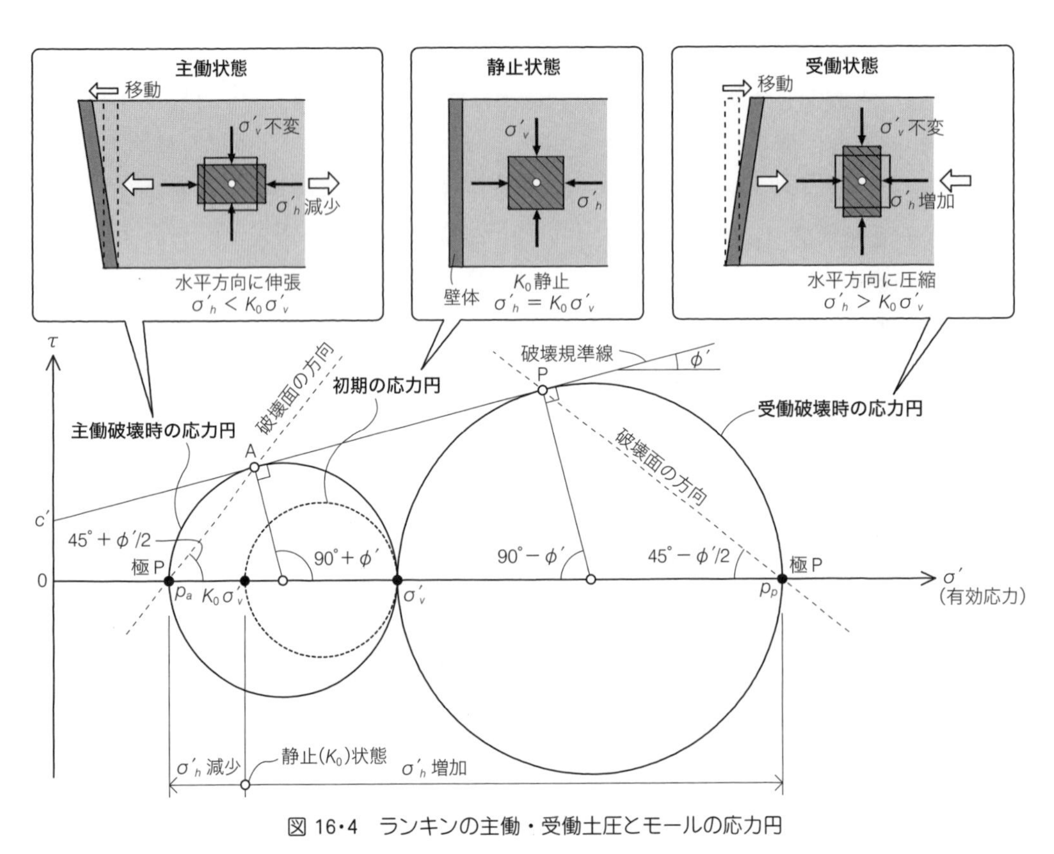

図 16・4　ランキンの主働・受働土圧とモールの応力円

● COLUMN ●　ランキンの主働土圧係数 K_a の算出方法

式(16.1)と式(16.2)は、下図に示すように幾何学的に導くことができます。

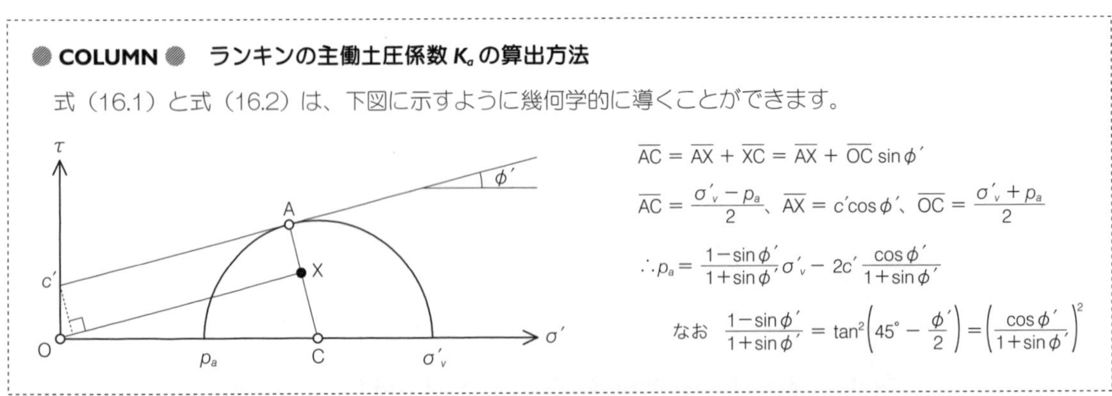

$$\overline{AC} = \overline{AX} + \overline{XC} = \overline{AX} + \overline{OC}\sin\phi'$$

$$\overline{AC} = \frac{\sigma'_v - p_a}{2}、\overline{AX} = c'\cos\phi'、\overline{OC} = \frac{\sigma'_v + p_a}{2}$$

$$\therefore p_a = \frac{1-\sin\phi'}{1+\sin\phi'}\sigma'_v - 2c'\frac{\cos\phi'}{1+\sin\phi'}$$

$$なお\quad \frac{1-\sin\phi'}{1+\sin\phi'} = \tan^2\left(45° - \frac{\phi'}{2}\right) = \left(\frac{\cos\phi'}{1+\sin\phi'}\right)^2$$

の塑性領域の応力状態にもとづいて主働土圧および受働土圧の大きさを求めるものです。ここで塑性領域とは、地盤がせん断破壊状態にある領域をいいます。塑性についてはここでは深く議論しませんが、かけた力を取り除いても元の形に戻らないような、変形が進んだ状態（つまり破壊状態）と考えて構いません。ランキン土圧理論では、壁体に支えられる地盤がこのような状態にあると仮定します。

（1）ランキンの主働土圧係数

まずK_0条件下のモールの応力円を思い出しましょう。図 15・5 で説明したように、K_0条件下の水平地盤には、自重応力として鉛直有効応力σ'_v、水平有効応力σ'_hが作用しており、その比は静止土圧係数K_0により表わされます。地盤は破壊していないので図 16・4 にあるように静止状態の自重応力により表わされる初期の応力円はモール・クーロンの破壊規準線に接していません。

次に、壁体が左側に傾斜する場合を考えます。この場合、壁の右側の地盤が水平方向に伸張します。この地盤の変形後の応力円を考えます。この地盤は壁体に支えられている地盤の個々の点において、上に載っているものの重さは変わらないので変形前の鉛直有効応力σ'_vの大きさを保ちながら水平方向に一様に伸張していくと、水平有効応力σ'_hが徐々に減少しモールの応力円は大きくなります。最終的には破壊規準線に図 16・4 の点 A で接した応力円となり、土は破壊し弾性から塑性状態に移ります。このときが主働状態であり、主働土圧p_aはこの主働破壊時の応力円で表わされる水平有効応力σ'_hと等しく、次のように表わされます。

$$p_a = K_a\,\sigma'_v - 2c'\sqrt{K_a}\quad [\mathrm{kN/m^2}] \tag{16.1}$$

式（16.1）のK_aは**ランキンの主働土圧係数（coefficient of Rankine's active earth pressure）**とよばれ、次式にて表わされます。

$$K_a = \frac{1-\sin\phi'}{1+\sin\phi'}\quad [\text{無次元}] \tag{16.2}$$

（2）ランキンの受働土圧係数

図 16・4 で壁体が右側に傾斜して壁の右側の地盤が水平方向に一様に圧縮される場合には、水平有効応力σ'_hが徐々に増加してモールの応力円は大きくなり、やはり最終的には破壊規準線に点 P で接して土は破壊し、塑性領域に移ります。このとき地盤は受働状態にあり、受働土圧p_pはこの受働破壊時の応力円が表わす水平有効応力σ'_hと等しく、次のように表わされます。

$$p_p = K_p\,\sigma'_v + 2c'\sqrt{K_p}\quad [\mathrm{kN/m^2}] \tag{16.3}$$

式（16.3）のK_pは**ランキンの受働土圧係数（coefficient of Rankine's passive earth pressure）**とよばれ、次式にて表わされます。

$$K_p = \frac{1+\sin\phi'}{1-\sin\phi'}\quad [\text{無次元}] \tag{16.4}$$

これらの式の導き方は、先の主働土圧の場合とほとんど同じです。式（15.6）に示したように静止土圧係数K_0は$K_0 \fallingdotseq 1-\sin\phi'$で表わされますので、$\phi' \neq 0$ならば、

$$\frac{1-\sin\phi'}{1+\sin\phi'} = K_a < K_0 < K_p = \frac{1+\sin\phi'}{1-\sin\phi'}\quad [\text{無次元}] \tag{16.5}$$

が成り立ちます。

(3) 主働状態・受働状態の塑性領域の範囲

図 16・4 で示したように、ランキンの土圧理論では鉛直有効応力 σ'_v の大きさが変わらず、土要素の水平面・鉛直面内のせん断応力もゼロのままです。図 16・4 の主働状態では鉛直有効応力 σ'_v、主働土圧 p_a がそれぞれ最大有効主応力 σ'_1、最小有効主応力 σ'_3 の値と等しくなり、受働状態では鉛直有効応力 σ'_v、受働土圧 p_p がそれぞれ最小有効主応力 σ'_3、最大有効主応力 σ'_1 の値と等しくなり、主応力方向はこれらの二つの状態で 90° 異なります。

主働状態・受働状態にある地盤はいたるところで塑性状態、つまり破壊状態にあり、破壊面が無数に形成されている塑性領域になります。12.3 節で学んだように、図 16・4 で破壊面の方向を考えると、主働状態では鉛直方向が最大主応力方向であり、水平方向から $\pm(45° + \phi'/2)$ 傾いた方向に生じます。受働状態では水平方向が最大主応力方向で、水平方向から $\pm(45° - \phi'/2)$ 傾いた方向に生じます。図 12・10 のように共役な破壊面に留意しましょう。

図 16・5 で、再び地中に剛な鉛直壁を考え、下端を回転中心に壁が徐々に左側に傾斜していくとします。鉛直壁周辺の右側の地盤は水平方向に伸びるので、主働状態の塑性領域になります。このとき鉛直壁より下部の地盤で破壊面は生じず、主働状態では水平方向から $\pm(45° + \phi'/2)$ 傾いた方向に破壊面が生じることから、塑性領域は水平面から $45° + \phi'/2$ 上の角度にある地盤に限定されます。一方、受働状態では水平方向から $\pm(45° - \phi'/2)$ 傾いた方向に破壊面が生じること

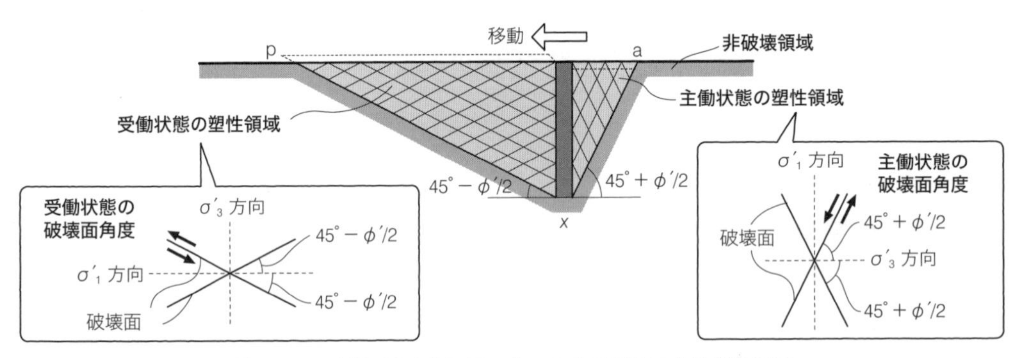

図 16・5　破壊面の方向とランキンの土圧理論による塑性領域

COLUMN　主働破壊のメカニズム ≠ 崩壊後の斜面安定メカニズム

図 16-5 に示したように、主働状態の塑性領域は、水平面から 45° + φ′/2 以上の角度にある地盤に限定されますが、この領域の外だからといって必ずしも安全とは限りません。擁壁が転倒すると、特に何も対策がなされていなければ、擁壁背後の地盤は崩壊して安息角（22.2 節参照）の角度をもつ斜面になります。安息角は、ゆるい状態の砂や礫の有効せん断抵抗角 φ′ に相当します、このように主働状態の破壊と、崩壊後の斜面安定のメカニズムは異なるのです。斜面安定については、第 22 講で詳しく学びます。

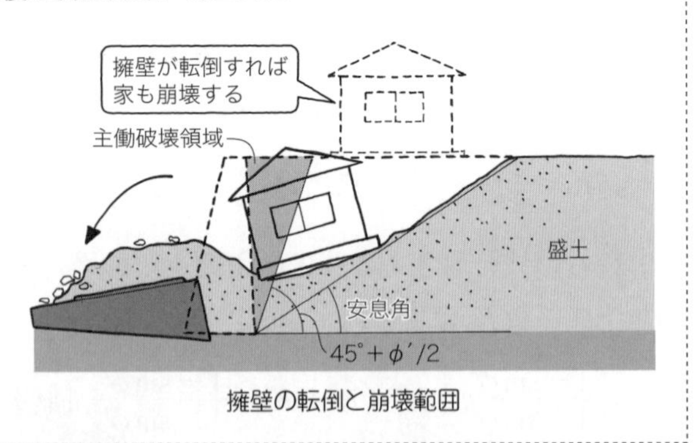

擁壁の転倒と崩壊範囲

から、塑性領域は水平面から 45° $-\phi'/2$ 以上の角度にある地盤に限定されます。どちらもくさびのような形の部分に塑性領域が限定されます。

16･3 ランキンの土圧理論の適用：砂地盤の場合

では次に、実際の地盤にランキンの土圧理論を適用してみましょう。ランキンの土圧理論は鉛直および水平方向が主応力方向となるために、そのまま土留め壁に適用する場合には、地盤が水平と見なせることと、地盤と壁面の摩擦を無視できることが基本原則となります。

地盤が砂質土の場合、地盤が伸び縮みしても間隙水圧 u はすぐに静水圧に戻ることから、土留め壁に作用する側圧は、土圧（土の粒が押す圧力で水圧を除いたもの）と静水圧を足し合わせたものとなります。主働土圧 p_a、受働土圧 p_p の算定に際しては砂質土なので式（16.1)、(16.3）において粘着力 c' をゼロとします。地盤のせん断抵抗角や単位体積重量が深さ方向に一定である必要はなく、深さ z の地点の砂の有効せん断抵抗角を $\phi'(z)$、水中単位体積重量を $\gamma'(z)$ とします。図 16･6 で地表面から地下水位までの深さが D [m] として、地表面から任意の深さ z [m] の地点に働く側圧は、次のように求められます。地盤が主働状態にある場合の側圧 $p_1(z)$ は、

$$p_1 = p_a + u = K_a\,\sigma'_v + u$$

$$= \underbrace{\frac{1-\sin\phi'(z)}{1+\sin\phi'(z)}\int_0^z \gamma'(\alpha)d\alpha}_{\text{主働土圧}} + \underbrace{\gamma_w(z-D)}_{\text{間隙水圧}}\ [\mathrm{kN/m^2}] \tag{16.6}$$

ただし地下水位より上の深さの場合、間隙水圧 u はゼロとし、水中単位体積重量 γ' [kN/m³] は湿潤単位体積重量 γ_t [kN/m³] に置き換えます。受働状態の場合の側圧 $p_2(z)$ は、

$$p_2 = p_p + u = K_p\,\sigma'_v + u$$

$$= \underbrace{\frac{1+\sin\phi'(z)}{1-\sin\phi'(z)}\int_0^z \gamma'(\alpha)d\alpha}_{\text{受働土圧}} + \underbrace{\gamma_w(z-D)}_{\text{間隙水圧}}\ [\mathrm{kN/m^2}] \tag{16.7}$$

として求められます。

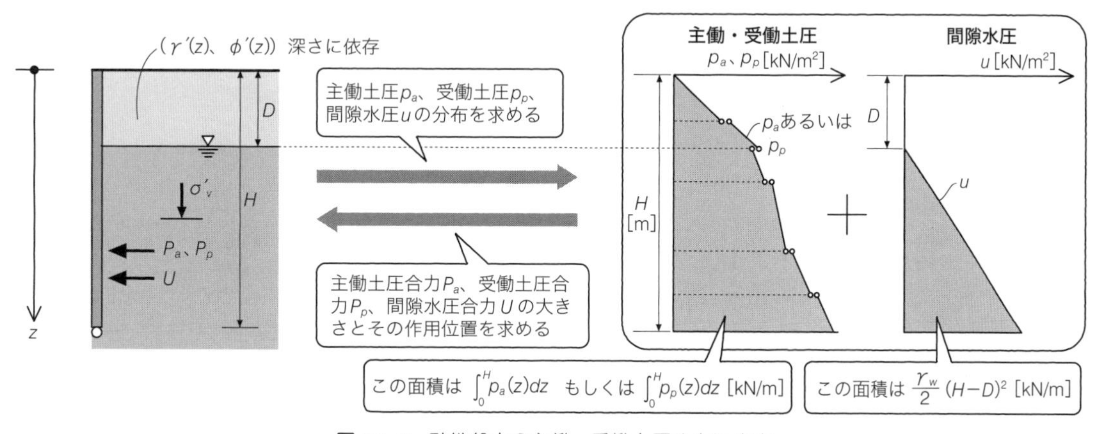

図 16･6　砂地盤中の主働・受働土圧分布と合力

このように任意の深度zにおける砂の有効せん断抵抗角ϕ'、その位置での鉛直有効応力σ'_vがわかれば、その位置において土留め壁に働く土圧がわかり、深度方向の土圧分布が求められます。さらに、各深度の土圧を深度方向H［m］まで積分すればその合力が得られます。また、土圧分布が求められることから土圧を等価な合力に置き換えたときの作用位置Z_G［m］が得られます。

$$Z_G \times \int_0^H p_i(z)dz = \int_0^H z\, p_i(z)dz \quad (i\text{ は }a\text{ か }p) \tag{16.8}$$

また静水圧と合わせて土留め壁に作用する側圧合力は次のように得られます。主働状態にある場合の側圧合力P_1［kN/m］は、主働土圧合力P_a［kN/m］と静水圧合力U［kN/m］を足し合わせて、

$$\begin{aligned} P_1 &= P_a + U = \int_0^H p_1(z)dz \\ &= \underbrace{\int_0^H p_a(z)dz}_{\text{主働土圧合力}} + \underbrace{\frac{\gamma_w}{2}(H-D)^2}_{\text{間隙水圧合力}} \ \text{[kN/m]} \end{aligned} \tag{16.9}$$

として得られます。なお、ここでは奥行き1 mあたりの力を考えています。また受働状態にある場合の側圧合力P_2［kN/m］は、受働土圧合力P_p［kN/m］と静水圧合力Uを足し合わせて、

$$\begin{aligned} P_2 &= P_p + U = \int_0^H p_2(z)dz \\ &= \underbrace{\int_0^H p_p(z)dz}_{\text{受働土圧合力}} + \underbrace{\frac{\gamma_w}{2}(H-D)^2}_{\text{間隙水圧合力}} \ \text{[kN/m]} \end{aligned} \tag{16.10}$$

として得られます。なお、地盤と壁面の摩擦を無視できるとすることから、土圧合力も側圧合力も水平方向に作用します。砂質地盤の有効せん断抵抗角ϕ'と水中単位体積重量γ'が均一の場合には、式（16.9）、式（16.10）の主働土圧合力P_a［kN/m］と受働土圧合力P_p［kN/m］はそれぞれ式（16.11）、式（16.12）によって求められます。

$$P_a = K_a \int_0^H \int_0^z \gamma'(\alpha)d\alpha\, dz = \frac{\gamma' K_a}{2} H^2 \ \text{[kN/m]} \tag{16.11}$$

$$P_p = K_p \int_0^H \int_0^z \gamma'(\alpha)d\alpha\, dz = \frac{\gamma' K_p}{2} H^2 \ \text{[kN/m]} \tag{16.12}$$

演習問題：ランキンの土圧理論

ランキンの土圧理論を利用して、鉛直土留め壁に作用する土圧を計算してみましょう。図16･7に示す擁壁に沿ってかかる主働土圧p_aの分布を図示し、またその合力P_aを、ランキン土圧理論にもとづいて計算してみます。有効せん断抵抗角ϕ'、有効粘着力c'、湿潤単位体積重量γ_tの値は図に示されている通りです。擁壁に支えられる地盤は水で飽和しており、そのγ_tは飽和単位体積重量γ_{sat}として考えてよいです。

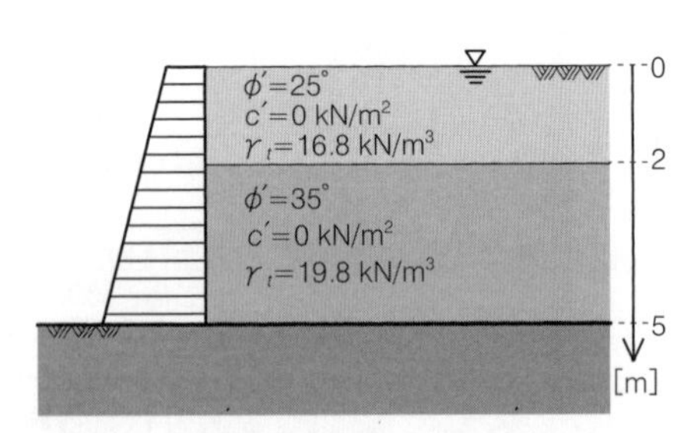

図16･7　擁壁背後の地盤：2層からなる場合の土圧

このような問題は、以下のステップで考えて解きましょう（図 16・8）。

① 鉛直全応力 σ_v の計算

鉛直全応力は、地表面から 1m 深くなるごとにその層の γ_t の値だけ大きくなっていきます。

② 間隙水圧 u の計算

間隙水圧は、地下水位より 1m 深くなるごとに γ_w（水の単位体積重量、9.8 kN/m^3）の値だけ大きくなっていきます。

③ 鉛直有効応力 σ'_v の計算

鉛直有効応力は、鉛直全応力から間隙水圧を差し引くだけなので、①②から計算できます。

④ 水平有効応力 σ'_h（$= p_a$）と土圧合力 P_a の計算

鉛直有効応力と水平有効応力の関係こそ、ランキン土圧理論で求めた土圧係数により記されるものです。ここでは主働状態を考えているので、式（16.2）より

上層では$K_a = \dfrac{1 - \sin 25^\circ}{1 + \sin 25^\circ} = 0.406$、下層では$K_a = \dfrac{1 - \sin 35^\circ}{1 + \sin 35^\circ} = 0.271$です。

ここで式（16.1）を適用すると、

上層：$\sigma'_h (= p_a) = K_a\,\sigma'_v - 2c'\sqrt{K_a} = 0.406\,\sigma'_v$ [kN/m^2]

下層：$\sigma'_h (= p_a) = K_a\,\sigma'_v - 2c'\sqrt{K_a} = 0.271\,\sigma'_v$ [kN/m^2]

なお、上層と下層の境では、σ'_h は不連続となり、

上層：$\sigma'_h = 0.406 \times 14.0 = 5.7$ [kN/m^2]

下層：$\sigma'_h = 0.271 \times 14.0 = 3.8$ [kN/m^2]

となります。

p_a を壁面にそって積分すると P_a になります。これはつまり、図 16・8 で網掛けした部分の面積になります。計算してみると、$P_a = 29.3$ kN/m となります。

⑤ 側圧 p_1 と側圧合力 P_1 の計算

④で求めた p_a は土が擁壁を押す単位面積当たりの力です。これに水が擁壁を押す単位面積

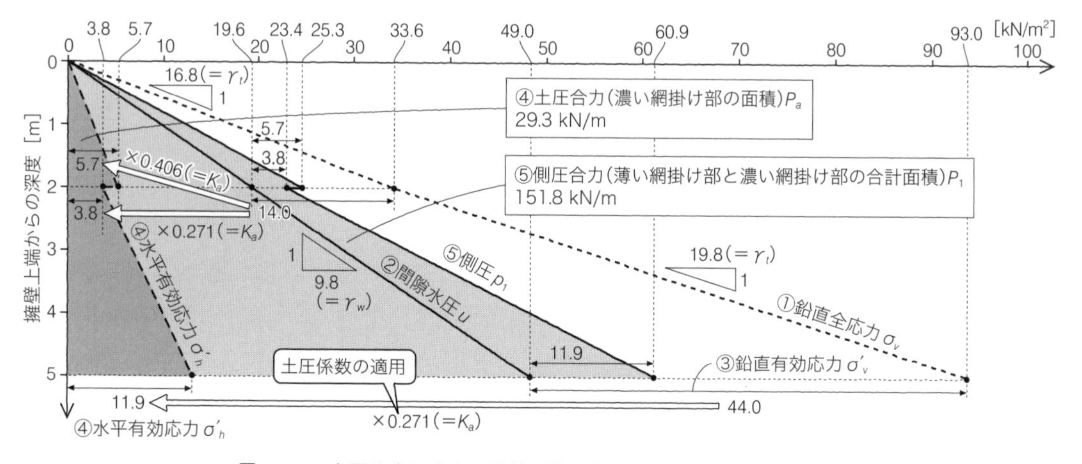

図 16・8　土圧分布と合力の計算（①～⑤の順でたどってください）

当たりの力（つまり間隙水圧 u）を加えて、間隙水まで含めた土全体からの側圧 p_1 を計算します。この側圧 p_1 を壁面にそって積分すると側圧合力 P_1 になり、計算すると、

$$P_1 = \frac{1}{2} \times 25.3 \times 2 + \frac{23.4 + 60.9}{2} \times 3 = 151.8 \ [\mathrm{kN/m}]$$

となります。

16・4 ランキンの土圧理論の適用：飽和粘土地盤の場合

次は、地盤が飽和粘性土の場合を考えましょう。まず、排水条件で地盤が伸び縮みするときは、砂質地盤の場合と同様に土留め壁に作用する側圧を求めます。側圧を土圧と静水圧に分離してそれぞれの値を求め、足し合わせればよいのです。なお、排水条件という概念は第4章で学びましたが、土の体積が変化しようとする場合に、間隙水が排出されたり流入したりする時間が十分に与えられる条件のことで、粘土の場合、通常は数ヶ月や数年を意味することが多いです。一方、非排水条件で地盤が圧縮・伸張するときは複雑です。土粒子骨格と水が分離されず一緒に動き、間隙水圧が静水圧に等しいとは考えられません。しかし、間隙水圧の変化を予測するにはしばしば高度な調査が必要なため、通常、間隙水圧を考慮せずに全応力により土圧を求めて側圧とする簡単な方法を用います。

（1）排水のない粘土地盤の土圧

特に非圧密非排水（UU）条件（例えば急速に粘土地盤を掘削した場合）で地盤が変形するときは、14.3 節で学んだように土の密度変化がないので、応力がどのように変化しようとも土のせん断強さは変わりません（図 14・5 参照）。図 16・9 に示すように、全応力表示のモール・クーロンの破壊規準式 $\tau = c + \sigma \tan \phi$ において全応力に対するせん断抵抗角 $\phi = \phi_u$ はゼロとなり、土の非排水せん断強さは c_u [kN/m^2] となります。

地盤が水平方向に伸張して水平応力 σ_h がしだいに減少し、主働状態で土が塑性状態になると、全応力のモール円はせん断抵抗角 $\phi_u = 0$ の水平な破壊規準線に接します。このときの水平応力 σ_h が主働土圧 p_a となり、次式で求められます。

$$p_a = \sigma_v - 2c_u \ [\mathrm{kN/m^2}] \tag{16.13}$$

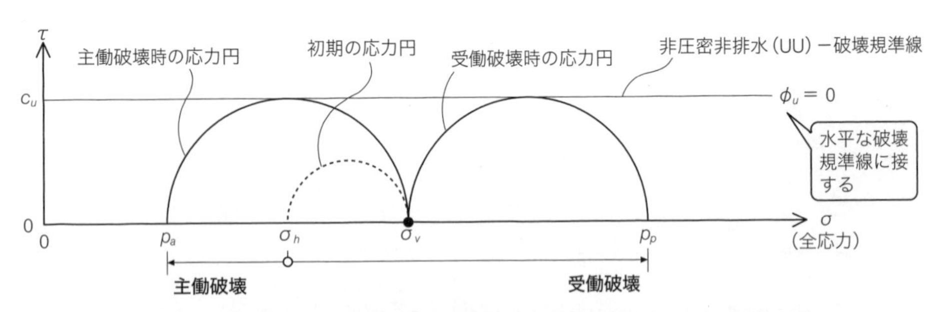

図 16・9　非圧密非排水条件の破壊規準と飽和粘土地盤中の主働・受働土圧

同様に受働土圧についても、

$$p_p = \sigma_v + 2c_u \ \ [\mathrm{kN/m^2}] \qquad (16.14)$$

として得られます。

式（16.2)、式（16.4）で与えられるランキンの主働土圧係数K_a、受働土圧係数K_pにおいてϕ'をϕ_uに置き換えてゼロとするとK_a、K_pともに1となり、これを式（16.1)、式（16.3）に代入する方法でも式（16.12)、式（16.13）が得られます。

（2）粘土地盤の自立高さ

式（16.13）を用いると図 16・10にあるようにσ_vが小さい地表面付近では主働土圧が負の値として計算されるため、粘土地盤はある程度の深さまで自立し、土留め壁を用いなくてもよいと考えられます。粘土地盤の湿潤単位体積重量γ_tと非排水せん断強さc_uが均一の場合、主働土圧がゼロになる地表面からの深さd_c [m] は、式（16.13）で$p_a = 0$、$\sigma_v = \gamma_t d_c$と置くことで

$$d_c = \frac{2c_u}{\gamma_t} \ \ [\mathrm{m}] \qquad (16.15)$$

として求められ、深さd_cまでは主働土圧が負になります。

ここで「自立高さ」なる概念を考えます。式（16.9）に示したように主働土圧p_aを地表面から積分すると、主働土圧の合力P_aがゼロとなる深さは$2d_c$となり、理屈上は$2d_c$まで粘土地盤は土留め壁なしで自立することになります。しかし、実際には土の引張り強さがほとんどないため、地表面付近に亀裂が生じて、式（16.13）で算定されるほどの負の主働土圧は期待できません。土の引張り強さをあてにして主働土圧を過度に小さく見積もることは、工事において危険な行為となります。実質的な自立高さは式（16.15）による深さd_c程度と考えたほうがよいです。

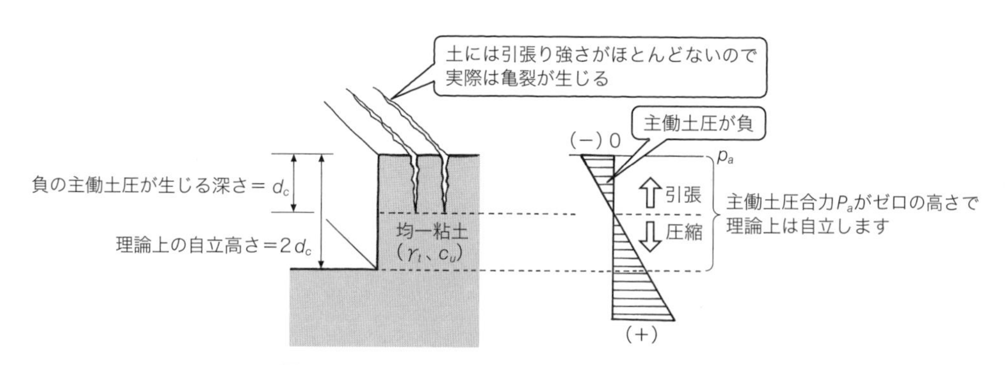

図 16・10　粘土地盤中の主働土圧分布と自立高さ

第 17 講　土からかかる力 (2)：クーロンの土圧理論

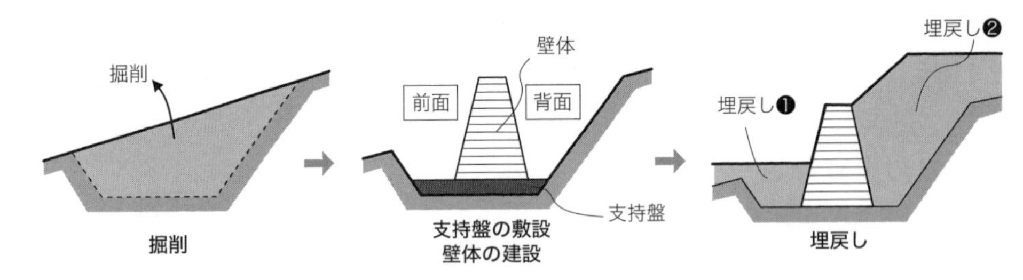

図 17･1　平らな土地の造成：擁壁の施工と前面・背面の埋戻し

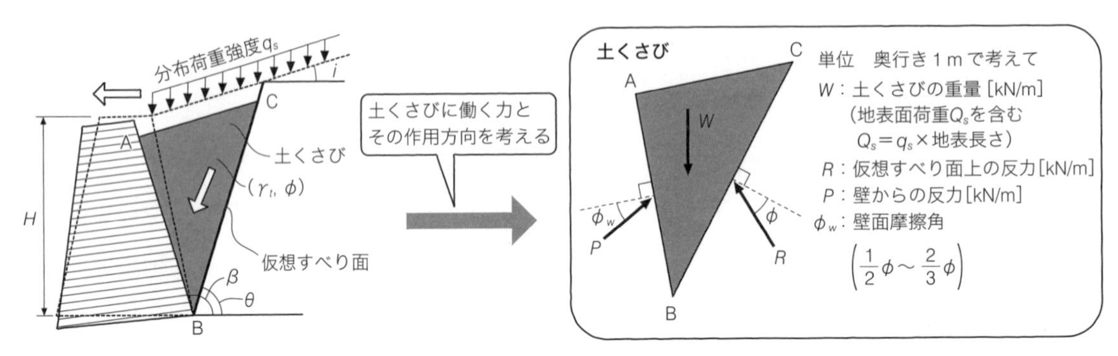

図 17･2　擁壁背面の埋戻し土の主働状態との土くさびに働く力

クーロン（Coulomb）の土圧理論[22] は、擁壁など剛性の高い壁で支えられている土が直線的なすべり面に沿って破壊するときの土圧を、すべり土塊に働く力のつり合いから求めるものです。なお、すべりを起こさせようとする力とすべりに抵抗しようとする力が極限状態でつり合うことを用いて検討する方法を**極限つり合い法**（limit equilibrium method）とよびます。

17･1 クーロンの主働土圧係数

図 17･1 のように擁壁周辺を充填した埋戻し土によって、擁壁の前面・背面には土圧が作用します。背面の埋戻し土❷から作用する土圧のほうが前面の埋戻し土❶から作用する土圧より大きいので、図 17･2 のように、不安定な擁壁は前面側に傾きます。擁壁が前面に傾くと、背面の埋戻し土は空いたスペースを埋めようとして下に移動します。土の移動はさらに背後に拡大して、最終的には背面地盤にすべり面が形成されます。クーロンの土圧理論ではこのすべり面を直線状と仮定します。すべり面より上部の土全体を**土くさび**（soil wedge）とよび、土くさびがすべり落ちる状態を主働状態と考えます。すべり面より下側の地盤は破壊しないものとします。

土くさびは擁壁背面に土圧をおよぼします。この土圧の合力を、土くさびに働く力のつり合いから求めますが、土圧の合力は仮定したすべり面の角度によって変化します。そのため、多くのすべり面を仮定して、すべり面のなかで最大の土圧合力を与えるものが破壊すべり面であるとして、そのときの土圧を主働土圧とします。壁体が地盤と反対側（主働側）に移動すると、壁体に作用する土圧は徐々に減少し、地盤内に破壊する応力状態に達した面が現れたところで、その面がすべり面となって破壊します。つまり、多くのすべり面を仮定して壁体に作用する土圧を計算するとき、その最大値が実際に地盤が破壊するときの主働土圧であり、仮定したすべり面が実際のすべり面と考えることができます。

（1）力の種類

ここでは埋戻し土が不飽和状態あるいは乾燥状態にあるとして、土粒子骨格と水を分離しないで議論します。そのため c'、ϕ' ではなく c、ϕ を土の破壊規準に用います。土くさびに働く力は、図 17•2 に示す、土くさびの自重 W [kN/m]、仮想すべり面にそって生じる下部の地盤からの反力 R [kN/m]、そして土圧合力に対する壁からの反力 P [kN/m] の三つです。

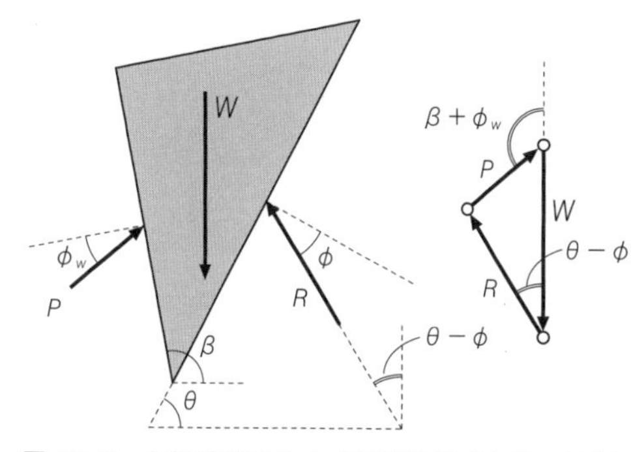

図 17•3　主働状態での土くさびに働く力のつり合い

それぞれの力の向きについて考えてみます。まず自重 W は、重力の向きと同じ鉛直下向きです。次に、すべり面に作用する反力 R は、土くさびのずり落ちに抵抗する向きに働き、すべり面の直交方向から土のせん断抵抗角 ϕ だけ傾いた向きになります（図 11•4 参照）。そして壁からの反力 P は、土くさびのずり落ちに抵抗するように上向きとなり、壁面の法線から土と壁面との間の摩擦角 ϕ_w だけ傾いた向きになります。土と壁面の摩擦角は壁面摩擦角とよばれ、その値 ϕ_w には設計上 $1/2\ \phi \sim 2/3\ \phi$ 程度が一般的に用いられます。

土くさびに働く三つの力 W、R、P はつり合っており、力の多角形を描くと、図 17•3 に示すように閉じた形になります。それぞれの力の大きさは、単位奥行きあたりの値で考えます。土くさびの自重 W の大きさは既知であり、すべり面に作用する反力 R と壁からの反力 P の二つの大きさが未知です。

（2）力のつり合い

埋戻し土が均一な場合、土くさびの自重 W の大きさはくさび面積に土の湿潤単位体積重量 γ_t [kN/m³] を乗じたものに、地表面に作用する載荷荷重 Q_s（＝分布荷重強度 q_s × 地表長さ）[kN/m] を加えたものとして求められます。

$$W = \gamma_t \times \text{土くさびの（単位奥行きあたり）体積} + \text{地表面荷重}\ Q_s\ \text{[kN/m]} \qquad (17.1)$$

すべり面に作用する反力 R、壁からの反力 P は鉛直方向と水平方向の力のつり合い式を解くことで得られます。図 17•3 から鉛直方向の力のつり合い式は、

$$-P\cos(\beta+\phi_w) + R\cos(\theta-\phi) = W \ \text{[kN/m]} \qquad (17.2)$$

水平方向の力のつり合い式は、

$$P\sin(\beta+\phi_w) = R\sin(\theta-\phi) \ \text{[kN/m]} \qquad (17.3)$$

になります。式（17.2）、式（17.3）において、β は水平面からの擁壁背面の角度、θ は水平面からのすべり面の角度です。せん断抵抗角 ϕ と壁面摩擦角 ϕ_w は既知として取り扱います。

土圧合力の大きさに相当するのは壁からの反力Pの大きさなので、Pについて解くと、次式が得られます。

$$P=\frac{\sin(\theta-\phi)}{\sin(\beta+\phi_w-\theta+\phi)}W \ \text{[kN/m]} \tag{17.4}$$

式（17.4）によって得られる反力Pは、すべり面の傾角がθの場合の壁からの反力の大きさであり、図17・4のようにすべり面の傾角θが変化すれば、異なる大きさの反力Pが得られます。最も大きな反力Pを与える土くさびのすべり面の傾角θ_aが存在し、$dP/d\theta=0$を解くことで得られます。式（17.4）に傾角θ_aを用いて得られる反力Pの大きさを主働土圧合力P_a [kN/m] の大きさとします。埋戻し土が均一で埋戻し土の地表面の傾斜角がiであり、また地表面における荷重Q_sがない場合、上に述べた方法（すべり面の傾角θ_aと土くさびの重量Wを式（17.4）に代入すること）により主働土圧合力P_aは、

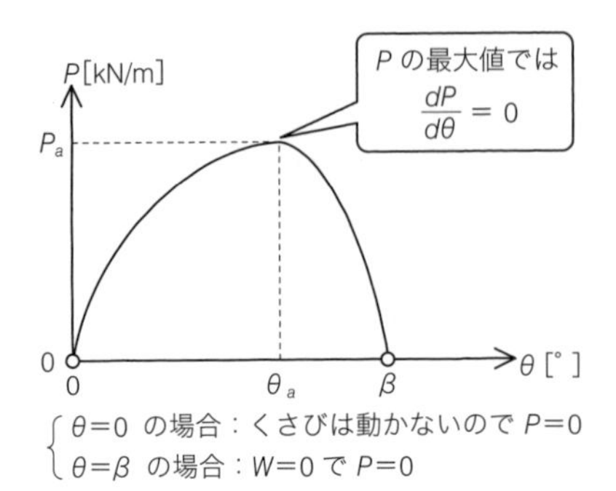

図17・4　すべり面の傾角θと壁からの反力Pの大きさ

$$P_a=\frac{\gamma_t K_{ca}}{2}H^2 \ \text{[kN/m]} \tag{17.5}$$

として表わされ、H^2に比例する大きさとして求められます。式（17.5）のK_{ca}は、

$$K_{ca}=\frac{\sin^2(\beta-\phi)}{\sin^2\beta\sin(\beta+\phi_w)}\left(1+\sqrt{\frac{\sin(\phi_w+\phi)\sin(\phi-i)}{\sin(\beta+\phi_w)\sin(\beta-i)}}\right)^{-2} \ \text{[無次元]} \tag{17.6}$$

となり、**クーロンの主働土圧係数（coefficient of Coulomb's active earth pressure）**とよばれます。先に述べたように式（17.6）はすべり面の傾角θ_aを求め、それを式（17.4）に代入することで求められますが、この計算はかなり大変なのでここでは省略します。なお、壁面摩擦角ϕ_wと地表面傾斜角iがともに0°であり、鉛直な擁壁で擁壁背面角βが90°である場合、これらの値を式（17.6）に代入してϕとϕ'を置き換えると、クーロンの主働土圧係数K_{ca}は式（16.2）のランキンの主働土圧係数K_aと同じになります。

ところでランキンの土圧理論と異なり、クーロンの土圧理論では土圧分布を算定できません。そのため主働土圧合力P_aの作用点の位置は得られず、ランキンの土圧理論から類推されます。一方で、クーロンの土圧理論では壁面と埋戻し土の摩擦を考慮でき、また埋戻し土の地表面形状が複雑な場合でも土圧合力の大きさを求めることができます。このためクーロンの土圧理論もランキンの土圧理論とならんで広く利用されています。

17・2 クーロンの受働土圧係数

今度は図17・1の擁壁の前面の埋戻し土❶について考えてみましょう。図17・5にあるように擁壁が前面に傾くと前面の土は強制的に水平方向に圧縮されるので、鉛直方向に伸びます。そして水平に移動しつつ上方に移動します。土の移動はさらに拡大して、主働状態と同様に最終的には前面地盤にすべり面が生じ、土くさびが形成されます。クーロンの土圧理論では土くさびが押し上げられる状態を受働状態と考えます。受働状態の場合は、すべり面の中で最小の土圧を与える

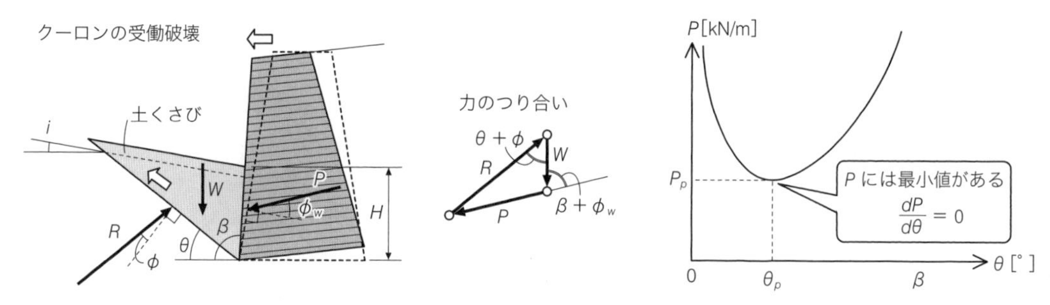

図 17・5　擁壁前面の埋戻し土の受働状態での土くさびに働く力のつり合い、反力 P の大きさ

ものが破壊すべり面であるとして、そのときの土圧を受働土圧とします。壁体が地盤側（受働側）に移動すると、壁体に作用する土圧が徐々に増加し、地盤内に破壊する応力状態に達した面が現れたところで、その面がすべり面となって破壊します。つまり、主働状態とは反対に、多くのすべり面を仮定して壁体に作用する土圧を計算するとき、その最小値は実際に地盤が破壊するときの受働土圧であり、仮定したすべり面が実際のすべり面と考えることができます。

主働状態と同様に土くさびに働く力は、土くさびの自重 W、すべり面にそって生じる下部の地盤からの反力 R、そして土圧合力に対する壁からの反力 P の三つです。ただし、すべり面に作用する反力 R は土くさびのずり上がりに抵抗するように働きます。すべり面の法線方向から土のせん断抵抗角 ϕ だけ傾いた向きになります。壁からの反力 P は、土くさびのずり上がりに抵抗するように働き、壁面の法線から土と壁面との間の摩擦角 ϕ_w だけ傾いた向きになります。

主働状態とまったく同様に、土くさびに働く三つの力 W、R、P に関する鉛直・水平方向のつり合い式から反力 P が得られます。最小の反力 P を与える土くさびのすべり面の傾角 θ_p が存在し、傾角 θ_p を用いて得られる反力 P の大きさを受働土圧合力 P_p [kN/m] の大きさとします。

埋戻し土が均一で埋戻し土の地表面の傾斜角が i であり、また地表面における載荷荷重 q_s がない場合、受働土圧合力 P_p は、

$$P_p = \frac{\gamma_t K_{cp}}{2} H^2 \ \text{[kN/m]} \tag{17.7}$$

として求められます。式（17.7）の K_{cp} は、

$$K_{cp} = \frac{\sin^2(\beta + \phi)}{\sin^2\beta \sin(\beta - \phi_w)} \left(1 - \sqrt{\frac{\sin(\phi_w + \phi)\sin(\phi + i)}{\sin(\beta - \phi_w)\sin(\beta - i)}}\right)^{-2} \ \text{[無次元]} \tag{17.8}$$

となり、**クーロンの受働土圧係数（coefficient of Coulomb's passive earth pressure）**とよばれます。壁面摩擦角 ϕ_w と地表面傾斜角 i がともに 0° であり、鉛直な擁壁で擁壁背面角 β が 90° である場合、これらの値を式（17.8）に代入するとクーロンの受働土圧係数 K_{cp} は式（16.4）のランキンの受働土圧係数 K_a と同じになります。

17・3 地震時土圧を求める：物部・岡部の土圧式

地震力の作用下で発揮される土圧を地震時土圧といいます。これに対して平常時の土圧を常時

土圧とよびます。クーロンの土圧理論において、地震のときに土くさびに作用する慣性力を考慮することにより、地震時主働土圧と地震時受働土圧を定式化したのが**物部・岡部の土圧式** (Mononobe-Okabe's formula for earth pressure)[23)、24)] です。

すべり土塊に水平方向の慣性力を擁壁前面に向けて作用させることにより、地震時主働土圧の算定式を得られます。慣性力は図 17・6 に示すように水平震度 k_h を土くさびの重量 W に乗じた k_hW [kN/m] によって表わします。水平震度 k_h は地震動の水平方向の加速度 α_h [m/s²] と重力加速度 g との比、

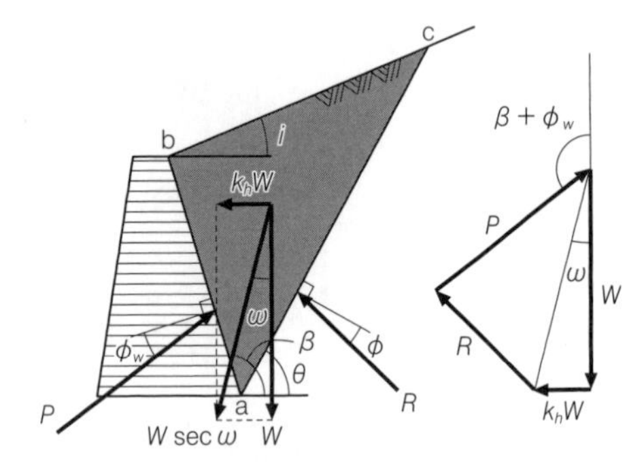

図 17・6　主働状態での水平方向の慣性力と土くさびに働く力のつり合い

$$k_h=\frac{\alpha_h}{g}\ [\text{無次元}] \tag{17.9}$$

です。水平震度の値は通常 0.18 ～ 0.25 が適用され、地盤条件や構造物の重要度に応じて具体的な値が設定されます。

土くさびに作用する力は慣性力を含めてつり合っており、閉じた力の多角形が形成されます (図 17・6)。鉛直・水平方向の力のつり合い式を解くことによって、17.1 節と同じように地震時の主働土圧 P_a が、

$$P_a=\frac{\gamma_t K_{ae}}{2}H^2\ [\text{kN/m}] \tag{17.10}$$

として得られます。このとき地震時の主働土圧係数 K_{ae} は、

$$K_{ae}=\frac{\sin^2(\beta-\phi+\omega)}{\cos\omega\,\sin^2\beta\,\sin(\beta+\phi_w+\omega)}\left(1+\sqrt{\frac{\sin(\phi_w+\phi)\sin(\phi-i-\omega)}{\sin(\beta+\phi_w+\omega)\cos(\beta-i)}}\right)^{-2}[\text{無次元}] \tag{17.11}$$

と表わされます。式 (17.3) の地震合成角 ω は水平震度 k_h を用いて次式によって定義されるものです。

$$\omega=\tan^{-1}k_h \tag{17.12}$$

式 (16.27) において地震合成角 ω はゼロ、つまり、水平震度 k_h をゼロとすると、式 (17.6) のクーロンの主働土圧係数 K_{ca} と等しくなります。

同様の方法で、地震時の受働土圧 P_p は、

$$P_p=\frac{\gamma_t K_{pe}}{2}H^2\ [\text{kN/m}] \tag{17.13}$$

として得られます。地震時の受働土圧係数 K_{pe} は、

$$K_{pe}=\frac{\sin^2(\beta+\phi-\omega)}{\cos\omega\,\sin^2\beta\,\sin(\beta-\phi_w-\omega)}\left(1-\sqrt{\frac{\sin(\phi_w+\phi)\sin(\phi+i-\omega)}{\sin(\beta-\phi_w-\omega)\sin(\beta-i)}}\right)^{-2}[\text{無次元}] \tag{17.14}$$

と表わされます。

第 18 講　土を支える構造物：抗土圧構造物

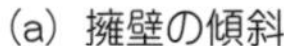

(a) 擁壁の傾斜

(b) 地震による擁壁の転倒（台湾）

図 18・1　擁壁の傾斜と地震時における転倒

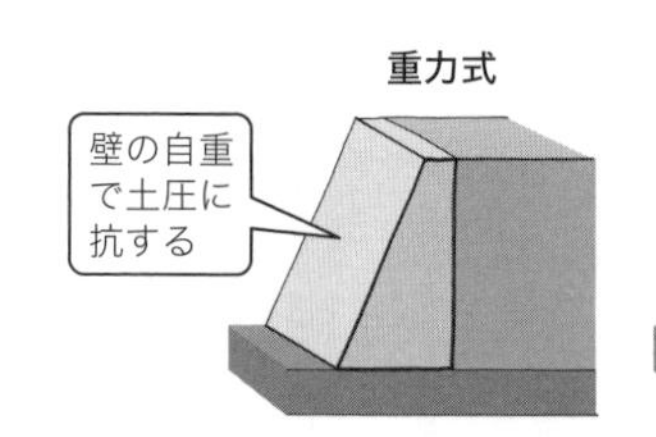

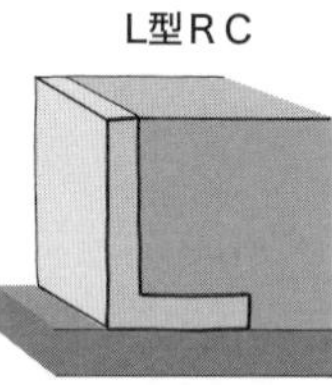

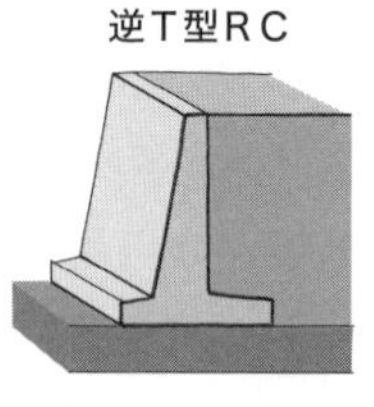

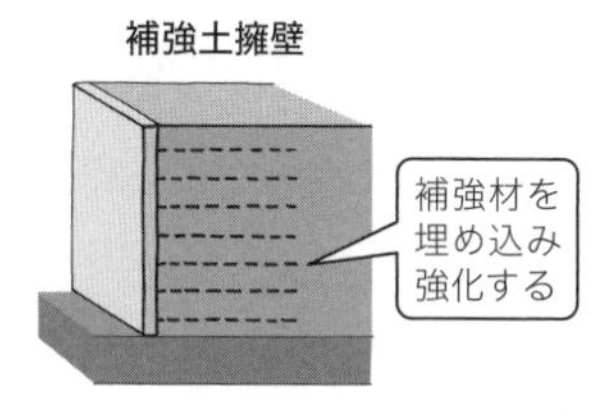

図 18・2　いろいろな構造形式の擁壁

土留め壁や擁壁、護岸・岸壁、橋台やボックスカルバートなどは、土が崩壊しないように設置する構造物で、**抗土圧構造物**（retaining wall structure）とよばれます。抗土圧構造物には、土圧、構造物の自重、地表面荷重、あるいは地震力が作用し、これらの荷重に対して安全に設計されなければなりません。これらに対する設計が不十分だと、擁壁が傾斜してしまったり（図 18・1 (a)）、地震により転倒してしまったり（図 18・1（b)）します。

この講では抗土圧構造物である**擁壁**（retaining wall）と**土留め壁**（earth retaining wall）の安定の検討について学びましょう。

18・1 いろいろな擁壁

擁壁にはいろいろな種類があり、構造形式によって重力式擁壁、半重力式擁壁、もたれ式擁壁、逆T型擁壁、L型擁壁などに分類されます。特殊な擁壁には、土中に補強材を設置した補強土擁壁などがあります。壁体の材料にはコンクリート、鋼、石、ブロックなどが用いられます。図 18・2 にいくつかの種類を示します。

壁の自重によって土圧に抵抗する形式の擁壁を**重力式擁壁**（gravity retaining wall）とよび、基礎地盤が良好で、壁の高さが低い場合によく用いられます。 壁体内に引張り応力が生じないように設計するので無筋コンクリートが一般に用いられますが、石積みやれんが積みのものもあります（第 5 章扉写真参照）。なお、重力式擁壁と同様に、壁の自重によって土圧に抵抗する形式ですが、壁厚がやや薄く、壁体内に鉄筋を使用して引張り応力に耐える形式を、半重力式擁壁といいます。

● COLUMN ●　擁壁の孔は何のために

降雨などによって擁壁背面に水が貯まると、地下水位以下の地盤に浮力が働くので、土圧が減少してより安全になると思われやすいのですが、勘違いしてはいけません。土圧は減少しますが、それ以上に静水圧が増加するので、合計の側圧は大きくなり、擁壁は容易に転倒しやすくなります。そのため図のように擁壁背面には水を貯めないように水抜き孔を多数設けます。しかし雑草や土砂がたまって孔がつまり、水が貯まっていたために地震時に擁壁が転倒してしまうこともしばしばあります。水抜き孔は地味な存在ですが擁壁の安定を保つうえでとても重要な役割を担っています。普段から気にかけて排水状況を確認するなど、住民一人ひとりのちょっとした関心が防災につながります。

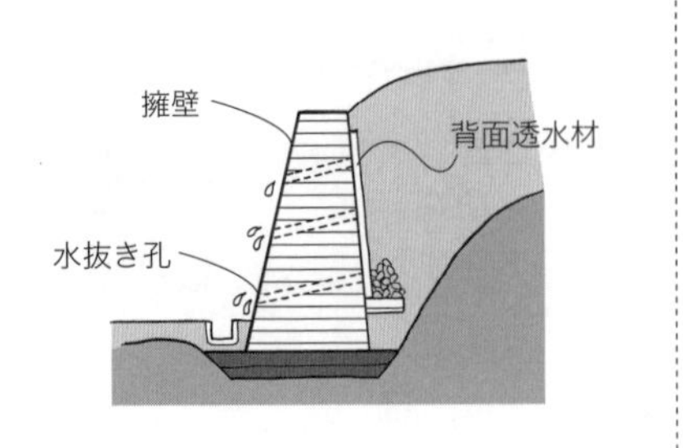

18・2 重力式擁壁の安定性

地震力がない状況で擁壁が前面に倒れる極限状態のとき、重力式擁壁の安定検討では、図 18・3 に示すような力を考慮します。奥行き 1 m 当たりの擁壁の自重 W [kN/m]、擁壁前面（図 17・1 の埋戻し❶側）に働く受働土圧合力 P_p [kN/m]、擁壁背面（図 17・1 の埋戻し❷側）に働く主働土圧合力 P_a [kN/m]、底面下の地盤の鉛直支持力 Q_b [kN/m]、底面で発揮される最大の摩擦抵抗力 T_{max} [kN/m] があります。ここで、支持力とは地盤が耐えられる荷重 Q を意味します。詳しくは第 20 講で学びます。これらをもとに擁壁の安定性をチェックしてみましょう。なお、通常は十分な排水処置を行うことを前提として水圧を考慮しません。

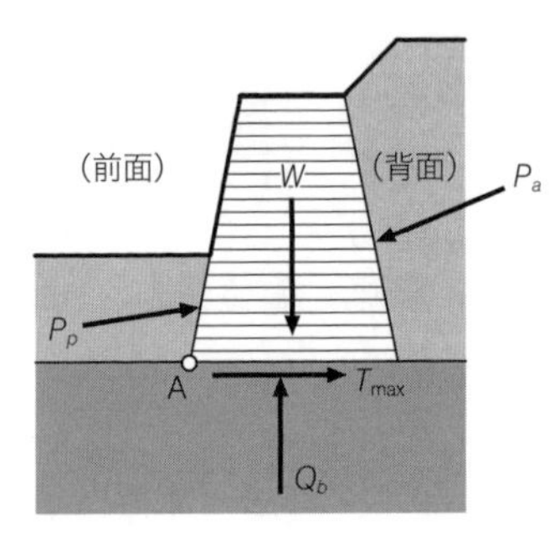

単位　奥行き 1 m で考えて
W：擁壁の自重 [kN/m]
P_a：擁壁前面に働く主働土圧の合力 [kN/m]
P_p：擁壁平面に働く受働土圧の合力 [kN/m]
Q_b：底面下の地盤の鉛直支持力 [kN/m]
T_{max}：底面で発揮される最大の摩擦抵抗力 [kN/m]

図 18・3　重力式擁壁の安定検討で考慮する力

●重力式擁壁の安定性チェック（図 18・3）

①擁壁の滑動防止：P_a と P_p の水平成分の差 ＜ T_{max}

擁壁を滑動させないために、擁壁前面に働く受働土圧合力 P_p と擁壁背面に働く主働土圧合力 P_a の水平成分の大きさは、擁壁底面で発揮される最大の摩擦抵抗力 T_{max} より小さくなければなりません。

②支持地盤の破壊防止：W ＋（P_a と P_p の鉛直成分の和）＜ Q_b

支持地盤を破壊させないために、擁壁の自重 W と受働土圧合力 P_p と主働土圧合力 P_a の鉛直成分の和は、擁壁底面下の地盤の鉛直支持力 Q_b より小さくなければなりません。

③擁壁の転倒防止：A 点に関する W、P_a、P_p の時計まわりのモーメントの和 ＞ 0

擁壁を転倒させないために前面下端点に関する W、P_a、P_p の時計まわりのモーメントの和が正になる必要があります。

上に述べた擁壁の滑動・転倒、支持地盤の破壊を実際に検討するときは、不確実性や変形を考慮して**安全率**（safety factor）を導入します。安全率とは、擁壁の安定性の程度を示す尺度になります。また上記の項目のほかに擁壁を含む地盤全体のすべり破壊に対して安定かどうかのチェックも必要です。安全率の具体的な定義のしかたは考える現象ごとに異なります。下の演習を見て例を学んでください。

L型擁壁の場合は、図18･4に示すように擁壁背面と二辺を共有する三角形部分が擁壁と一体化して動くと考え、その背後の部分が土くさびとして動くとして主働土圧合力P_aを算定します。主働土圧合力P_aは三角形部分に作用させます。L型擁壁の底面の長さを大きくすればするほど三角形の斜辺が寝ることになり、擁壁背面角が大きくなります。また土の自重を擁壁の重量Wとして加算できるので、安定度の高い擁壁とすることができます。ただし、工事のために背面側に余分な土地が必要で、掘削土量も多くなり、擁壁自体の建設費が高くなることがあるので、状況に応じて適切な擁壁形状を検討することが大切です。

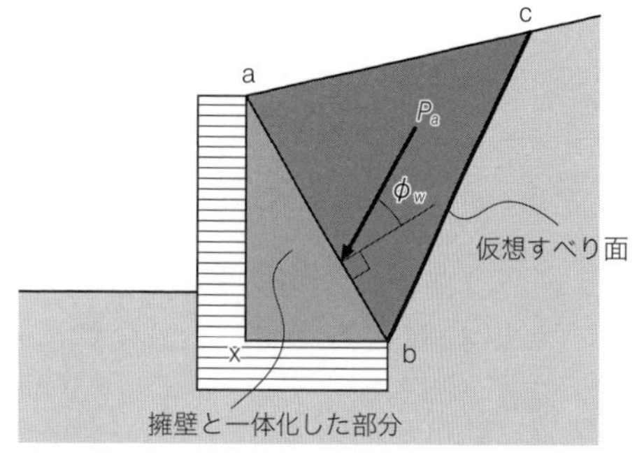

図18･4　L型擁壁の場合の主働土圧合力

演習問題：クーロンの土圧理論

第17講で学習したクーロン土圧を用いて、実際に擁壁の安定検討を行ってみましょう。クーロン土圧の算出には式（17.5）、式（17.6）を利用します。図18･5に示す擁壁と地盤を考えるとき、以下の安全率を計算してみましょう。

① 滑動に対する安全率F_{ss}

② 転倒に対する安全率F_{sr}

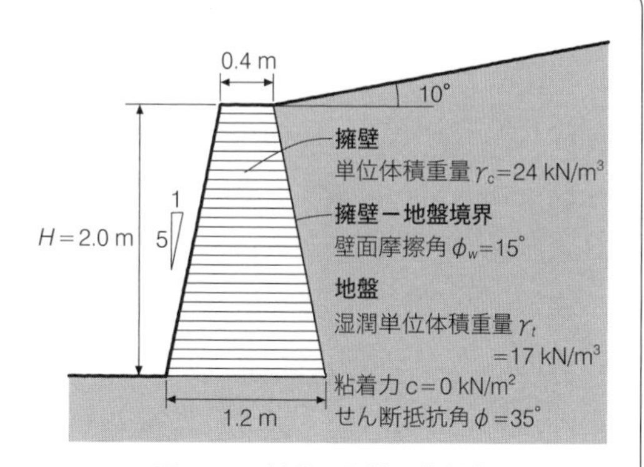

図18･5　擁壁の形状と物性値

① 式（17.5）、式（17.6）に必要な数値を代入し（βは擁壁側面の傾きから計算すると101.3°になります）、主働土圧合力P_a＝12.9 kN/mと計算できます。この水平成分$P_{ah}=P_a\cos(\beta-90°+\phi_w)=$ 11.6 kN/mと鉛直成分$P_{av}=P_a\sin(\beta-90°+\phi_w)=$ 5.7 kN/mを用いて擁壁に関する力のつり合いを考えると、図18･6より、

鉛直方向：$W+P_{av}-R_v=0$

水平方向：$P_{ah}-R_h=0$

ここで、擁壁が滑動を始めるとき、底面で壁面摩擦角ϕ_wが発揮されるので、

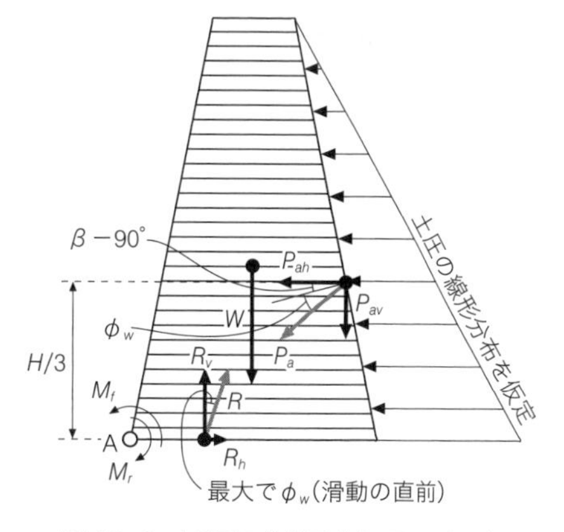

図18･6　擁壁にかかる力とモーメント

$R_h = R_v \tan \phi_w$

となります。これらより、滑動に対する安全率 F_{ss} を（滑動を始めるときの R_h）/(現在のつり合いにある R_h）と考えると、上記より

$F_{ss} = (W + P_{av}) \tan \phi_w / P_{ah}$

となります。擁壁の重量 W は図 18･5 より擁壁断面積（1.6 m^2）× 単位体積重量（24 kN/m^3）＝38.4 kN/m なので、上式に代入して、$F_{ss} = 1.02$ となります。1 を上回ってはいますが、通常は安全率 1.2 ～ 1.3 を見込むべきなので、この擁壁は設計上はアウトとなります。

② ここでは転倒に対する安全率 F_{sr} を A 点に関するモーメントを使って定義します。W による時計まわりのモーメント（抵抗モーメント）M_r と、P_a による反時計まわりのモーメント（転倒モーメント）M_f の比を考え $F_{sr} = M_r / M_f$ とします。クーロン土圧理論では、P_a の作用点位置がわからず M_f は厳密には計算できませんが、ここで主働土圧は、ランキン土圧理論のように地表面から線形分布していると仮定して作用点位置を決めます。土圧が線形分布している場合、作用点は底部から擁壁高さの 1/3 の位置になります。すると、

$M_r = W \times 1/2 \times 1.2\ \mathrm{m} = 38.4\ \mathrm{kN/m} \times 0.6\ \mathrm{m} = 23.0\ \mathrm{kNm/m}$

$M_f = P_{ah} \times 1/3 \times 2.0\ \mathrm{m} - P_{av} \times (1.2\ \mathrm{m} - 1/3 \times 0.4\ \mathrm{m}) = 1.6\ \mathrm{kNm/m}$

よって $F_{sr} = M_r / M_f = 14.3$ となり、転倒に対しては非常に安定性が高いことがわかります。

土圧合力は式（17.5）に見られるように高さ H^2 に比例し、一方でこれに作用点位置を掛けて得られる転倒モーメントは H^3 に比例することになるので、基本的に擁壁は高くなるほど滑動より転倒に対して不安定になります。この演習問題の擁壁は 2 m と比較的低いため、その逆の結果が得られました。検討を間違えると図 18･7 のようになるので気をつけましょう。

図 18･7　計算間違いをすると…ヤバいぞ！

18･3 土留め壁の安定性

地下構造物の建設で地盤を掘削するときは、土留め壁や切梁、腹起しなどの支持構造物（土留め支保工）を設けて周囲の地盤の崩壊を防ぎます（図 18･8）。土留め壁とは土圧や水圧など外力を受ける壁のことで、山留め壁とも呼ばれ、木、鉄、鉄筋コンクリートなどいろいろな材料が用いられますが、多くの場合、鋼製か鉄筋コンクリート製です。切梁や腹起しは山留め壁の転倒を防ぐ構造物です。

これらは掘削期間中の土砂の崩壊を防ぐ構造物であるため、一般的には仮設物です。図 18･9 のように、掘削された地盤表面より下部に設置されている部分の長さを**根入れ深さ**（embedment

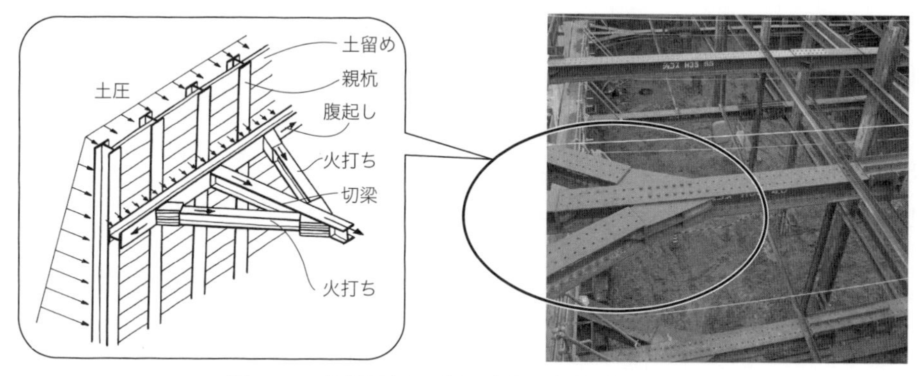

図 18・8　掘削工事における土留め壁や切梁、腹起し

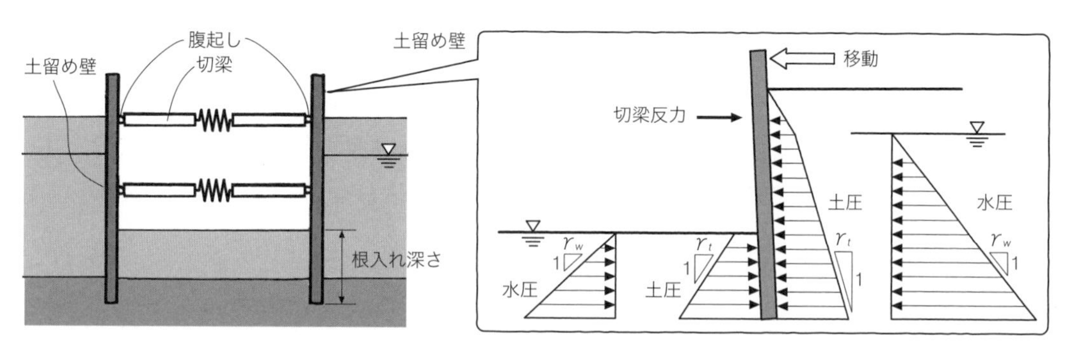

図 18・9　土留め壁の根入れ深さと土圧、水圧、切梁反力

depth）といいます。ヒービング、ボイリング、盤ぶくれ（7.5 節）に対する掘削底部地盤の安定性に加えて、作用する土圧、水圧に対して土留め壁の安全が保たれる根入れ深さが必要です。

地盤が砂質土の場合、16.3 節のランキンの土圧理論の適用に際して考えたのと同様に、土圧と水圧に分離して土留め壁に作用する荷重を考えます。簡略化した方法では背面側の土圧を主働土圧、掘削面側の土圧を受働土圧として算定します。そして各土圧の合力と水圧の合力によって生じるモーメントのつり合いから、必要な根入れ深さを算出します。主働土圧、受働土圧の算定に当たっては、便宜上ランキンまたはクーロンの土圧理論による式が用いられる場合がありますが、実際には、土留め壁の変形にともない土圧分布は複雑に変化するので、注意が必要です。そのため、土留め壁の変位や切梁の応力を施行中に随時モニタリング（動態観測）することもしばしば行われます。これまでの実測データにもとづいて土の強度定数や変形係数などを推定して土圧分布の精度を向上させることもあります。なお水圧については、例えば、土留め壁底端で掘削側と背面側の水圧が等しくなり、土留め壁底端（点 A）でゼロとなるような三角形分布の水圧を考えます[25)]（図 18・10）。

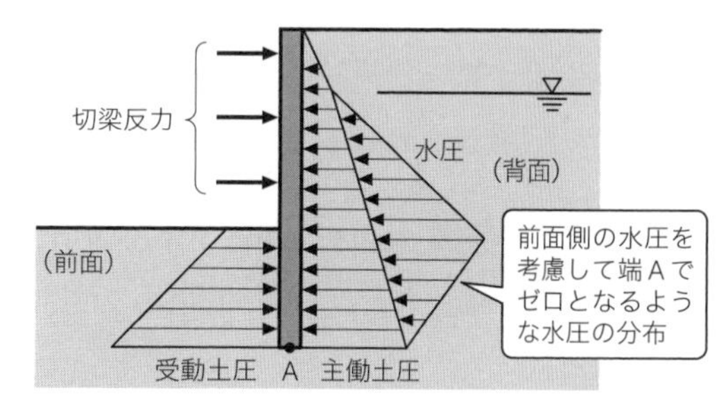

図 18・10　土留め壁安定性の検討（砂質地盤）

計算は、掘削完了時の最下段切梁位置に関するモーメントのつり合いと、最下段切梁より一段上の切梁位置に関するモーメントの最下段切梁設置直前でのつり合いの2ケースについて行い、それらのうちつり合いを満たすために必要な根入れ深さが大きいほうを採用します。本来は、掘削各段階のおけるつり合いについて計算し、そのうち安全側になるケースで根入れ深さを決定しますが、前述の2ケースのどちらかが最も安全側の設計になるため、他の計算は一般に省略します。そしてつり合いから求まる根入れ深さに安全率を乗じて設計根入れ深さとします。ボイリングの可能性がある場合、ボイリング防止の条件で求める根入れ深さと上記の根入れ深さを比較して、長いほうを設計根入れ深さとします（図7・13参照）。

地盤が粘性土の場合は、16.4節で行ったように全応力にもとづいて土圧と水圧を一体とした側圧を計算し、砂質土の場合と同様にモーメントのつり合いから必要な根入れ深さを算出します。盤ぶくれやヒービングが生じるおそれがある場合、その防止のため根入れ深さを長くします。

なお、上に述べた方法は、主働土圧や受働土圧によるモーメントのつり合いを基本として根入れ深さを求めるものですが、土留め壁の剛性を考慮して根入れ深さを求めることもあります。例えば、チャン（Chang）の方法によると、自立式土留めの根入れ深さl_aは、次式で求められます。

$$l_a = \frac{2.5}{\beta} \ [\mathrm{m}] \tag{18.1}$$

$$ここで\ \beta = \sqrt[4]{\frac{k_h \cdot B}{4EI}} \ [1/\mathrm{m}]$$

k_h：水平地盤反力係数［kN/m^3］
B：土留め壁の幅［m］
E：土留め壁のヤング率［kN/m^2］
I：土留め壁の断面二次モーメント［m^4］

水平地盤反力係数（coefficient of horizontal subgrade reaction）は、地盤中の載荷面の任意の位置における地盤反力と変位量の関係における割線勾配です。詳しくは21.6節で学びます。

第 19 講　土に力を伝える構造物：基礎

図 19・1　明石海峡大橋主塔基礎 2P の建設風景（左）（© K プロビジョン）と完成後の明石海峡大橋（右）（© pyzhou[12]）

構造物を建設する際には、それを支える地盤が破壊しないように、また構造物に沈下や傾斜が生じないように、上部構造物の自重や構造物に加わる外力を、地盤に上手に伝える工夫を行います。上手に伝えるとは、例えば荷重を「小さく広く」伝えたり、深くて固い層まで直接伝達したりすることです。この工夫のために、上部構造物を支持して荷重を地盤に伝えるための構造体を設けます。これを**基礎**（foundation）、基礎が支えることのできる荷重を**支持力**（bearing capasity）とよびます。図 19・1 は明石海峡大橋の主塔基礎 2P（直径 80m、高さ 65m）の建設中の状況と完成後の明石海峡大橋であり、大規模な基礎の一例です。この講では、まず基礎の種類を紹介し、そのうち浅い基礎を対象にした地盤のせん断破壊の特徴と**即時沈下**（immediate settlement）の算定方法について説明します。

19・1 浅い基礎と深い基礎

基礎は**浅い基礎**（shallow foundation）と**深い基礎**（deep foundation）の大きく 2 種類に分けられます。基礎は、構造物からの鉛直荷重 Q [kN]、水平荷重 T [kN]、モーメント M [kN·m] を地盤に伝達します。一般に、図 19・2 に示す基礎幅 B [m] に対する基礎の地盤への根入れ深さ D [m] の比（根入れ幅比 D/B）が 1 以下の基礎を浅い基礎、1 よりも大きい基礎を深い基礎と分類することが多いです。ただし、厳密には支持力機構の違いで分類されます。浅い基礎の場合、鉛直支持力の大部分は基礎底面下の地盤から受けます。これに対して深い基礎では、基礎底面下の地盤からの支持力に加えて、地盤中の基礎周面と地盤との周面摩擦抵抗力が全体的な鉛直支持力に寄与すると考えられます。

（1）浅い基礎

浅い基礎には、べた基礎（図 19・3）やフーチング基礎（図 19・4）が含まれます。べた基礎とは上部構造物からの荷重を単一の基礎スラブ（床状の構造体）で支持する基礎です。基礎スラブは一般にコンクリート製で剛体としてふるまいます。一方、フーチング基礎とは、柱や躯体下部など

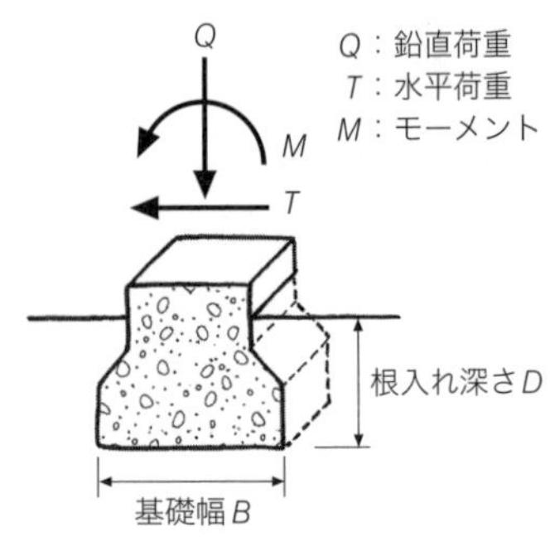

図 19・2　基礎の幅と根入れ

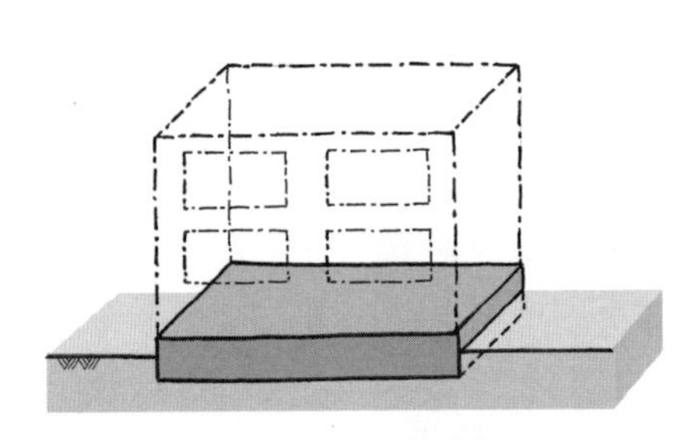

図 19・3　べた基礎

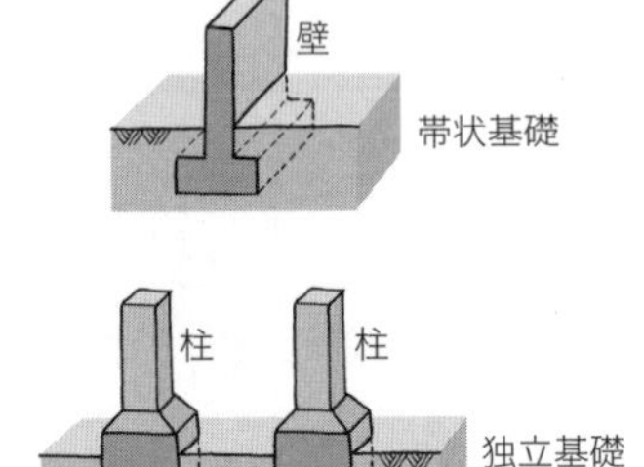

図 19・4　フーチング基礎

建物平面のある限られた面積を占める基礎スラブ（フーチング）で上部構造物を支持する基礎形式をいいます。フーチング基礎には、単一の柱からの荷重を独立したフーチングによって支持する独立基礎、2本あるいはそれ以上の柱からの荷重を単一の基礎で支持する複合基礎、壁または一連の柱からの荷重を帯状のフーチングで支持する帯状基礎があります。

（2）深い基礎

深い基礎には杭基礎やケーソン基礎が含まれます（図 19・5）。杭基礎とは、**杭**（pile）（地中に設ける柱状の部材）を用いた基礎で、構造物からの荷重（鉛直 Q・水平 T・モーメント M）を地盤に伝達し、その抵抗により構造物を支持する形式です。**ケーソン**（caisson）**基礎**は、地上で作製した函体（かんたい）（鋼あるいはコンクリート製の箱）を地中に用いて構造物を支持する形式で、大きな支持力や剛性が必要な場合に用いられます。深い基礎では基礎側面での水平力や回転モーメントに対する抵抗を設計で考慮します。

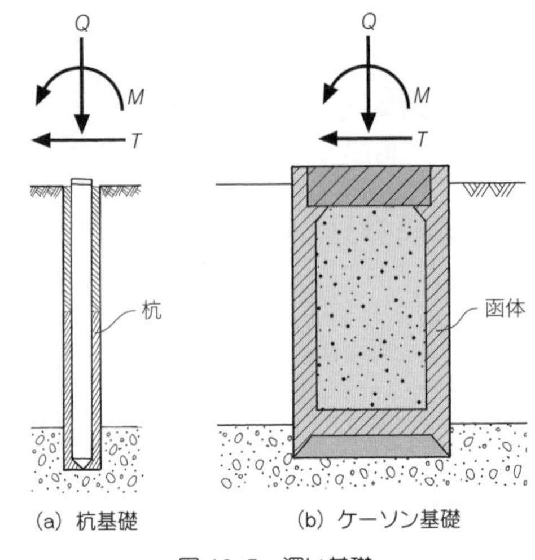

図 19・5　深い基礎

19・2 浅い基礎に対する地盤のせん断破壊

地表面に直接基礎を設置して、基礎の中心に鉛直荷重 Q［kN］を加えることを考えます。この鉛直荷重 Q は上部構造物の自重や構造物に加わる外力を表わしています。鉛直荷重 Q を少しずつ増加させると基礎は徐々に沈下していきます。鉛直荷重 Q を基礎の面積 A［m^2］で割ったものを荷重強度 q［kN/m^2］（図 19・6）とよび、この荷重強度 q と基礎の沈下量 S［m］の関係を連続的に曲線で表わしたものを荷重強度～沈下曲線とよびます。荷重強度～沈下曲線は地盤の種類によって、図 19・6 に示すように二つのタイプに分けられます。

（1）密な砂や硬い粘土地盤の場合

荷重強度～沈下曲線に、❶弾性挙動が卓越する初期の領域、❸ある荷重強度を超えて地盤がせん断破壊を生じ急激な沈下を示す領域、そして❷それらの遷移領域、が見られます。このような荷重強度〜沈下曲線を示す破壊形式を**全般せん断破壊**（general shear failure）といいます。この場合、沈下が急増する点の荷重強度$(q_b)_G$に基礎面積Aをかけたものが**極限支持力**（ultimate bearing capacity）になります。

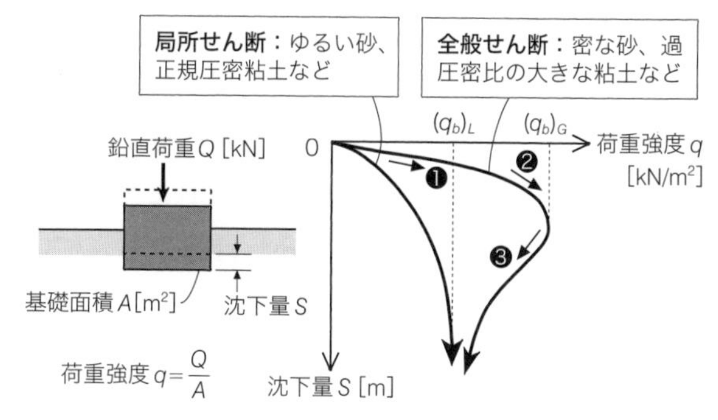

図 19・6　地盤による荷重強度〜沈下曲線の違い

（2）ゆるい砂や軟らかい粘土地盤の場合

明確な破壊点が荷重強度〜沈下曲線に見られません。徐々に沈下量が増大していく破壊形式を**局所せん断破壊**（local shear failure）といいます。この場合、明確な破壊点を示さないので極限支持力を定義しにくいですが、荷重強度〜沈下曲線がそれ以降、直線的となる点、あるいは両対数プロットで曲線に折れ点が認められるときにその点の荷重強度に基礎面積Aをかけたものを極限支持力$(q_b)_L$とすることが多いです。

19・3　浅い基礎の即時沈下

基礎の沈下は、即時沈下と圧密沈下に分けられます（図 19・7）。即時沈下は図 19・7 のように荷重の載荷にともなう全応力変化$\Delta\sigma$とほぼ同時に発生する沈下（A → B）です。土が不飽和状態にある場合は、第 3 章で考えた状況と異なり、間隙水圧がすべての$\Delta\sigma$を受けもちませんから（14.4 節で説明した飽和土の場合とは異なり）、載荷の瞬間にも少しは有効応力σ'が増加し、圧縮が起こります。また、限られた地表面積への載荷は図 15・3 のようなK_0状態にはならないので、図 8・1 (b) のように地盤がせん断変形することも即時沈下の原因の一つです。

一方、圧密沈下は、長期にわたって過剰間隙水圧Δuの消散とともに継続的に発生する沈下（B → C）で、過剰間隙水圧の消散にともなう圧密沈下については第 8 講で、Δuの消散が終了した後に観察される二次圧密沈下（C → D）については 10.6 節で学んでいますので、ここでは即時沈下の算定方法について紹介します。なお、8.2 節のK_0条件では、載荷にともなう全応力変化$\Delta\sigma$は、最初はΔuによりすべて負担されるため、即時沈下は生じません。

$$S = S_i + S_c + S_s \ \text{[m]}$$

S_i：即時沈下　A→B

S_c：圧密沈下　B→C

S_s：二次圧密沈下　C→D

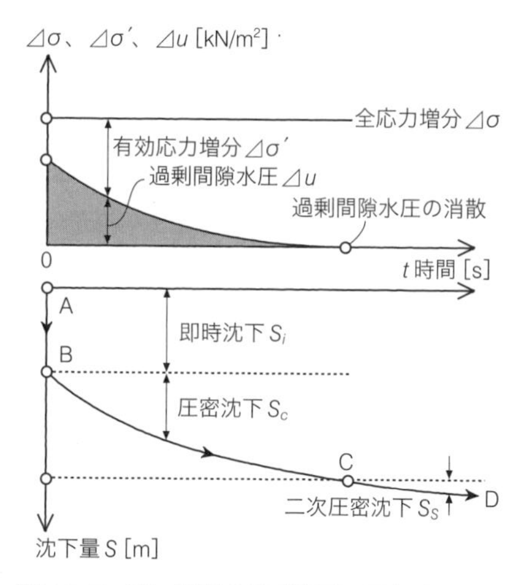

図 19・7　浅い基礎の即時沈下と圧密沈下、二次圧密沈下

● **半無限水平地盤に対する弾性解**

基礎の荷重強度と沈下の関係は、図 19・6 に示したような曲線になりますが、通常、即時沈下の算定を行うときは、地盤を弾性体と見なします。つまり、15.3 節で地

盤内の付加応力を求めた時と同様に、等方等質の半無限の弾性体として地盤を仮定して、地盤表面に載荷された荷重によって発生する荷重点の沈下量を求めます。

図 19･8 に示すように、地盤表面に働く鉛直集中荷重 Q により、地盤内の任意の位置（z, r）に生じる鉛直変位 w [m] は式（19.1）にて得られます。これはブーシネスク（式 15.7）の応力解に対応する弾性変位です。z [m] は対象としている位置の深さ、r [m] は鉛直集中荷重 Q の作用点 (0, 0) と地盤内の変位を求めている位置（z, r）との距離になります。

$$w(z,\ r)=\frac{Q}{\pi E}\left[\frac{(1+\nu)z^2}{2r^3}+\frac{1-\nu^2}{r}\right]\ [\mathrm{m}] \tag{19.1}$$

ここで E：地盤のヤング率 [kN/m²]、ν：地盤のポアソン比です。

式（19.1）から地表面（$z=0$、$r=R$）での変位は、

$$w(0,\ R)=\frac{1-\nu^2}{\pi E}\frac{Q}{R}\ [\mathrm{m}] \tag{19.2}$$

になります。

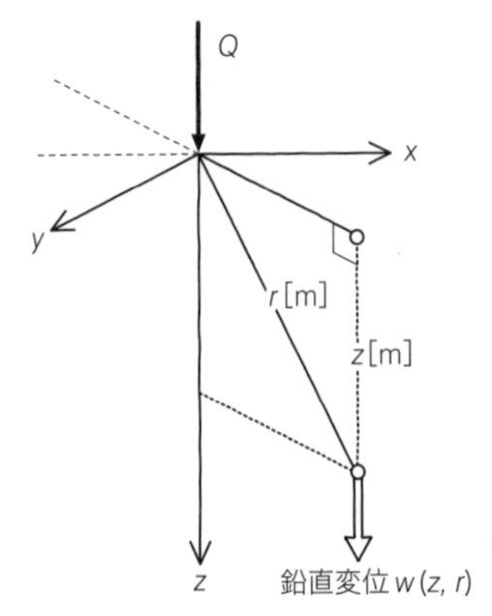

図 19･8　鉛直集中荷重 Q による地盤内の鉛直変位 w

矩形等分布荷重による地表面の沈下量については、式（19.2）を $w(x,\ y,\ z)$ に置き換えた後で基礎の幅 B [m]、長さ L [m] にわたって積分することにより得られ、図 19･9 に示す基礎の隅角部の沈下量 w_s [m] は次式で求められます。

$$w_s=\frac{q_sB(1-\nu^2)}{E}\frac{1}{\pi}\left\{l\cdot\ln\frac{1+\sqrt{l^2+1}}{l}+\ln\left(l+\sqrt{l^2+1}\right)\right\}\ [\mathrm{m}] \tag{19.3}$$

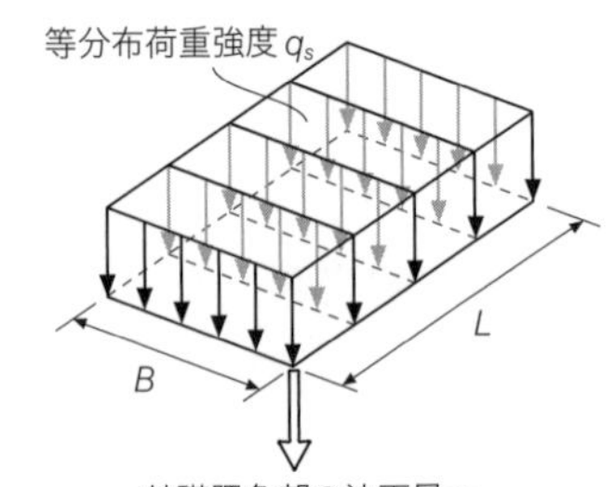

図 19･9　等分布荷重による地表面沈下量

ここで q_s：荷重強度 [kN/m²]、l：L/B です。式（19.3）において

$$I_s=\frac{1}{\pi}\left\{l\cdot\ln\frac{1+\sqrt{l^2+1}}{l}+\ln\left(l+\sqrt{l^2+1}\right)\right\}\ [無次元] \tag{19.4}$$

は沈下係数とよばれ、I_s を用いると、式（19.3）は、

$$w_s=\frac{q_sB(1-\nu^2)}{E}I_s\ [\mathrm{m}] \tag{19.5}$$

と表わされます。式（19.5）は基礎隅角部の沈下量を算定するものですが、隅角部以外の場所の沈下量を求めるときは、重ね合わせの原理を用います。例えば、正方形基礎（幅 $B\times B$）の中央における沈下量を求めたいときは基礎を四等分に区分けして、一つの正方形基礎（幅 $B/2\times B/2$）の隅角部の沈下量をまず求めて、それを 4 倍します（四つ分を重ね合わせます）。図 19･10 に円形基礎（直径：B）の中央、円周上の I_s と、正方形基礎（幅 $B\times B$）の中央、隅角、辺の中央における I_s を示します[26]。

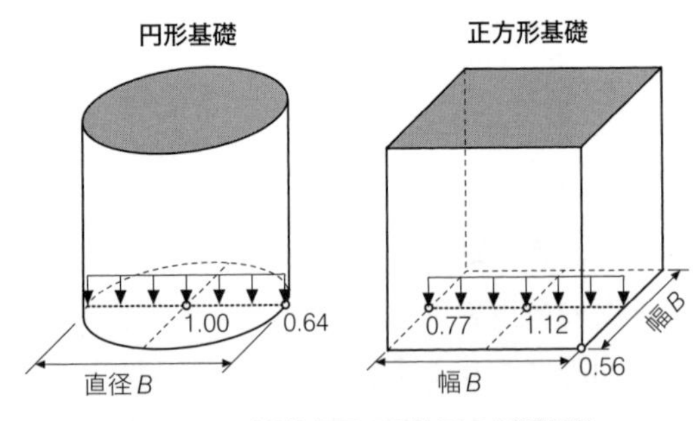

図 19･10　基礎底面での沈下の影響係数

第 20 講　浅い基礎を土が支える力：支持力理論

地盤に荷重を加えると地盤は変形し、最終的に破壊にいたります。地盤が構造物の荷重を支える能力を支持力といいます。破壊時の荷重強度に基礎の面積を乗じたものを極限支持力とよぶことは第 19 講で説明しましたが、これを単に支持力とよぶこともあります。極限支持力を適切な安全率で割ったものが**許容支持力**（allowable bearing capacity）です。

上部構造物の安全性・使用性を確保するためには、地盤の支持力をあらかじめ求めていく必要があります。この講では、浅い基礎に対する地盤の極限支持力を求めるための**支持力理論**（bearing capacity theory）および**テルツァーギ**（Terzaghi）**の支持力公式**（bearing capacity formula）を紹介します。

20・1 浅い基礎に対する地盤の支持機構

密な砂地盤上に図 20・1 のような帯状基礎（一定の幅をもち奥行きが無限大と見なせる基礎）を設置した状態を考えます。実際には奥行きが無限大の基礎はありませんが、基礎の幅に比べて奥行き方向の長さが十分に長ければ、帯状基礎と見なすことができます。19.2 節で述べたように、基礎に鉛直荷重 Q [kN] を加えていくと基礎の沈下量 S [m] が増加し、ここで想定しているような密な砂地盤では最終的に全般せん断破壊にいたります。

このときの地中の様子を観察すると、基礎に作用する荷重の増加とともに基礎の直下あたりの砂は拘束され、剛体のくさびのようにふるまいはじめます。くさびとなった領域 I は基礎と一体化して、基礎とともに沈下していこうとします。このくさび I に押されて、基礎直下部分の横にある領域Ⅲの砂はどんどん横に押し広げられるようになります。くさびの侵入とともに横に押し広げられる部分は、水平方向に縮むように変形することになり、16.1 節で紹介した、受働破壊が生じます。受働破壊した領域では、直線的なすべり面が発生し、そしてこの受働破壊領域とくさびとの間の遷移領域では扇形のすべり面が認められます。

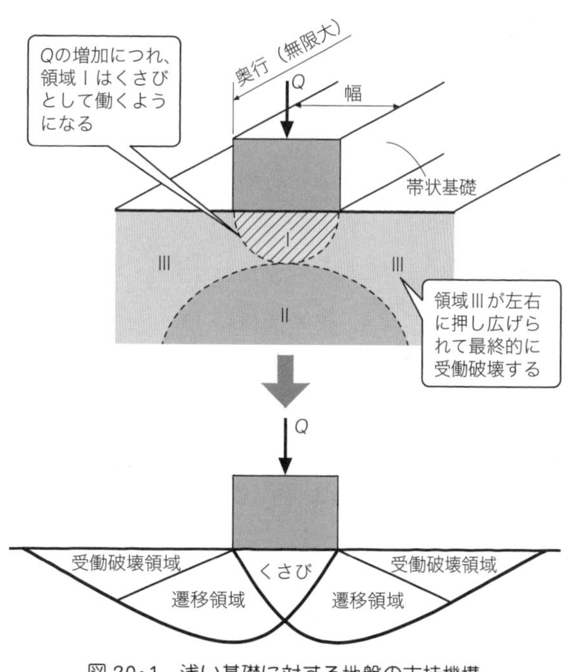

図 20・1　浅い基礎に対する地盤の支持機構

図 20・2 は実際に帯状基礎を砂地盤に押し込んだときの地中の様子を観察したものです。よく見ると地盤中の黒い線（黒く染色した砂が水平に堆積した箇所）がところどころずれていますが、すべり面が横切っ

図 20・2　密な砂地盤に生じたすべり面（全般せん断破壊）（提供：谷和夫博士）

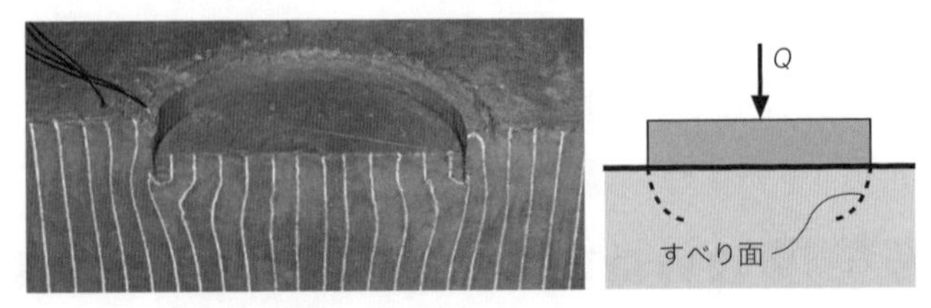

図 20・3　正規圧密粘土地盤内の局所せん断破壊（提供：谷和夫博士）

ためです。ずれている所をつないでいくと、基礎底端の隅角部から斜め下方に直線状に伸び、扇形に遷移して方向を変え、再び直線的に地表面に到達するすべり面が認められます。

このようにやや複雑な機構（メカニズム）で地盤は最終的に支持力を発揮しますが、上に述べたものはあくまで全般せん断破壊をする場合です。ゆるい砂地盤や正規圧密粘土地盤などに見られる局所せん断破壊の場合には、すべり面はほとんど発達せず、ひずみの集中が基礎の両端部付近に局所的に見られることが多いです。図 20・3 は正規圧密粘土地盤上に円形基礎を押し込んだあとの地中の様子です。円形基礎を取り除いて、すべり面を観察するために地盤を半分にして観察していますが、あらかじめ描かれた直線状の白い線がずれてすべり面が形成されているところは基礎両端部付近のみにあります。図 20・1 のような受働破壊領域が明確には認められません。

20・2　極限支持力を求めるためのモデル化：支持力理論

支持力理論は地盤の極限支持力を求めるための理論です。ここでは地盤の支持力機構をどのように単純な力学モデルに置き換え、また土の特性をどのように理想化するかを説明します。帯状基礎を密な砂地盤内に浅く根入れした図 20・4 で地盤の支持機構を考えます。地下水位は地表面と同じとします。基礎の根入れ長さを D [m] とし、帯状基礎の底面は滑らかな（摩擦のない）状態と仮定します。土の材料特性は水中単位体積重量 γ' [kN/m^3] の他に、強度特性を土の有効粘着力 c' [kN/m^2]、有効せん断抵抗角 ϕ' で表わします。帯状基礎の中心に鉛直荷重 Q [kN/m] を作用させて徐々に増加させると、地盤は全般せん断破壊にいたります。なお、帯状基礎という条件から二次元で考え、荷重を単位奥行きあたりの荷重 [kN/m] で考えます。

（1）支持機構の力学モデル化

地盤の極限支持力 Q_b [kN/m] を求めるために、地盤の支持機構を力学モデルに置き換えます。まず、根入れ部分の土の役割を単なる抑え荷重強度 q' [kN/m^2] として置き換えます。抑え荷重強度 q' は基礎底面より上の土の水中単位体積重量 γ' に、根入れ深さ D を掛けたものになります。なお、根入れ部分の土のせん断抵抗を無視することになりますが、根入れが浅い基礎の場合、無視しても影響は小さいと考えられます。

次に、基礎直下の破壊領域 I を二等辺三角形 abc のくさびと見なし、破壊領域 III は bcd の遷移領域と bde のランキンの受働領域から構成されるとします。くさびの部分では、鉛直方向が最大

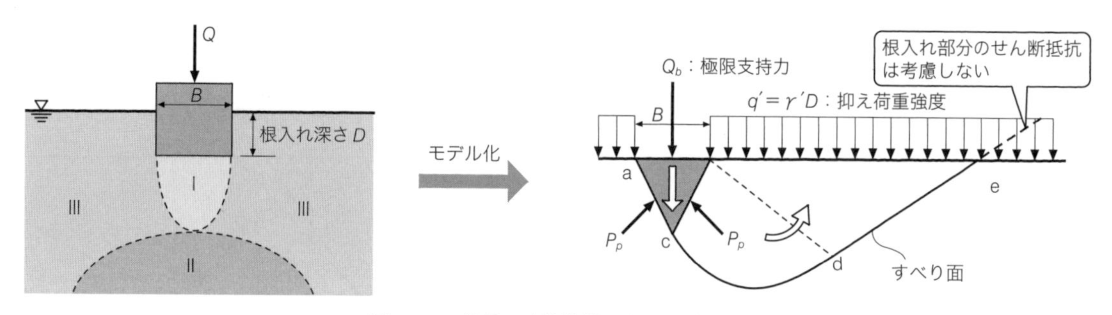

図 20･4　地盤の支持機構の力学モデル化

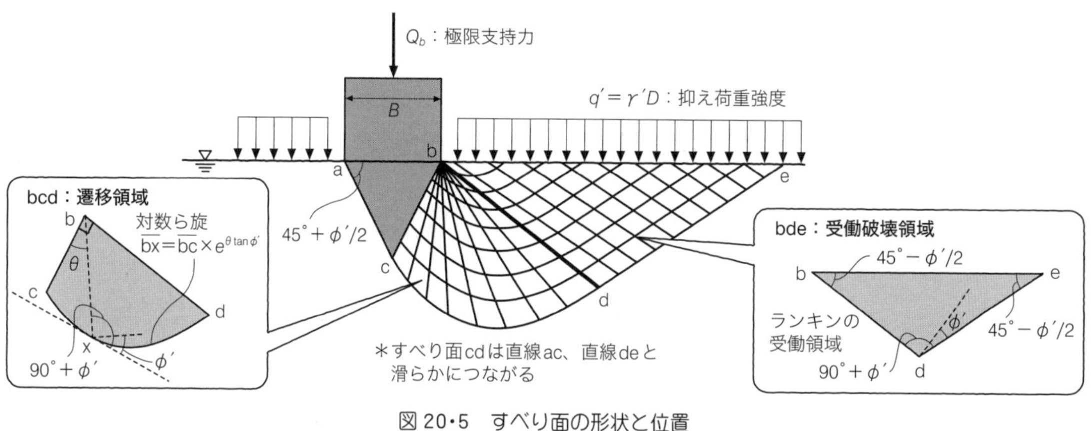

図 20･5　すべり面の形状と位置

主応力方向になり 16.2 節で述べた主働状態になっていると考えます。このような状態のくさびを主働くさびとよびます。領域IIは非破壊領域とします。

このように地盤の支持機構をモデル化すると、くさび abc の土の重量を無視すれば、基礎直下のくさびのbc面（およびac面）が強制的に斜め下方に押し下げられる場合の受働抵抗力 P_p [kN/m] の鉛直成分が、地盤に加え得る極限支持力 Q_b の半分 $Q_b/2$ に等しいと考えられます。つまり、支持力理論は本質的に受働土圧の問題、つまり「土が外部から押されて壊れる」問題となります。

（2）すべり面を明らかにする

モデル化により図 20･5 に示すようにすべり面の形状と位置が具体的に決まります。基礎底面と一体化した土くさび abc は主働くさびなので、底面と $45°+\phi'/2$ の角をなす二等辺三角形となります（図 16･5 参照）。このとき c 点の位置が決まります。なお、基礎底面が粗い（摩擦のある）場合は、摩擦の状態に応じて主働くさびの形状や角度を別の形や値に仮定します。

次に bde に着目すると、これはランキンの受働領域なので、水平方向が最大主応力方向となり、水平方向から $\pm(45°-\phi'/2)$ 傾いた方向にすべり面（破壊面）が生じることになります（図 16･5 参照）。

遷移領域 bcd のすべり面 cd は対数ら旋曲線という特殊な形状になります。対数ら旋曲線は、中心 b（破壊時の土くさびの回転の中心）から、ら旋上の点への直線とら旋のなす角が常に一定になる性質がありますが、この角度を ϕ' とすることで、土のダイレイタンシー特性（すべり面に沿ったせん断変形によって体積変化が生じる性質）を考慮できます。すなわち、ダイレイタンシー特性によって、すべり面からϕ'の角度で体積変化しながら破壊するとき、bを中心とする円弧に対してϕ'の角度で拡がることになります。このとき、bを中心として回転するように破壊しています（図20・6）。なお、非排水条件でのせん断の場合、体積変化がありませんので対数ら旋曲線は、円弧曲線になります。

主働土くさびのc点につづいて、対数ら旋曲線が直線deに滑らかにつながることからd点の位置が決まり、つづいてランキンの受働破壊領域のe点の位置が決まり、すべり面の形状と位置がすべて確定します。

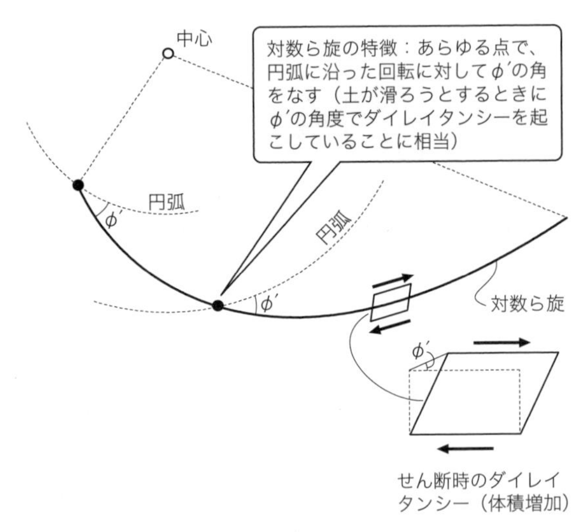

図20・6　対数ら旋とダイレイタンシー

20・3 極限支持力を計算するテルツァーギの支持力公式

地盤の極限支持力を計算するための公式を支持力公式といいます。ここでは帯状基礎の支持力を対象にした**テルツァーギ（Terzaghi）の支持力公式**[27)]を説明します。

20.2節で説明したように、すべり面の形状が決まると、基礎直下の主働くさびのbc面（およびac面）に作用する受働抵抗P_p [kN/m] を計算することで、極限支持力Q_bが得られます。このとき、地盤の材料特性や基礎形状の条件を表わすものとして、土の粘着力c'、土のせん断抵抗角ϕ'、土の水中単位体積重量γ' [kN/m^3]、基礎底面の幅B [m]、抑え荷重強度q'（$=\gamma' D$）[kN/m^2]があります。c'、ϕ'、γ'の大きさは地盤内のどこでも同じと仮定します。

ところが、これらのすべてを同時に考慮して受働抵抗P_p [kN/m] を求めるのは難しく、厳密に支持力公式を得ることはできません。しかし実際には、c'、ϕ'、γ'、q'のすべてがゼロでない状況は現実にもよく遭遇するので、以下のようにして支持力公式を得ます。

土の自重γ'、抑え荷重強度q'、土の粘着力c'それぞれの極限支持力Q_bへの寄与分に着目します。図20・7に示すように互いの影響を分離して、各項目で条件を単純化して、土の自重による支持力Q_γ [kN/m]、抑え荷重強度による支持力Q_q [kN/m]、粘着力による支持力Q_c [kN/m] をそれぞれ求めます。具体的には、自重項Q_γの場合は$c'=0$、$q'=0$としてQ_γを求めます、同様に抑え荷重強度項Q_qの場合は$c'=0$、$\gamma'=0$、粘着力項Q_cの場合は$\gamma'=0$、$q'=0$としてそれぞれQ_q、

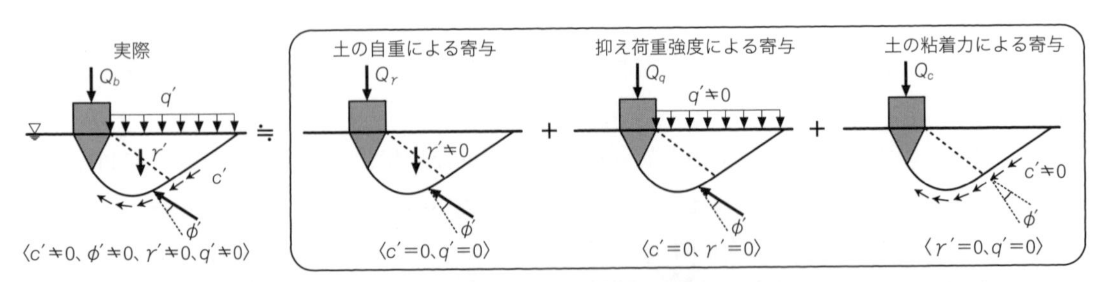

図20・7　支持力評価における実際と単純化した条件

Q_cを求めます。なお、Q_γ、Q_q、Q_cを求める際にはいずれもϕ'を考慮します。その後、次式のように重ね合わせをして、極限支持力Q_bを求めます。

極限支持力Q_b＝自重項Q_γ＋抑え荷重強度項Q_q＋粘着力項Q_c　(20.1)

単純化した条件から得られる各項目の支持力は次式によって求められます。

$$\frac{Q_r}{B}=\frac{\gamma' B}{2}N_\gamma、\frac{Q_q}{B}=q' N_q、\frac{Q_c}{B}=c' N_c \ [\mathrm{kN/m^2}] \quad (20.2)$$

ここでN_γ、N_q、N_cはそれぞれ土の自重、抑え荷重強度、粘着力に関する**支持力係数（coefficient of bearing capacity）**とよばれます。支持力係数は、支持力破壊のモデル化や数式化の違いによって異なります。一例としてここでは次式によって表わします。

$$N_\gamma=2(N_q+1)\tan\phi'、N_q=K_p\exp(\pi\tan\phi')、N_c=(N_q-1)\cot\phi' \ [無次元] \quad (20.3)$$

ここでK_pは式（16.4）で表わされるランキンの受働土圧係数です。なお、$\cot\phi'$は$\tan\phi'$の逆数です。

式(20.2)を式(20.1)に代入すると、テルツァーギの支持力公式が次式で得られます。

$$\frac{Q_b}{B}=\frac{\gamma' B}{2}N_\gamma+q' N_q+c' N_c \ [\mathrm{kN/m^2}] \quad (20.4)$$

式（20.2）あるいは式（20.4）は単位面積あたりの荷重強度（図19・6参照）を表わしています。これらの式において、自重項Q_γに基礎の幅Bの依存性（寸法効果）があることに注意を要します。つまり基礎底面の単位面積あたりの力である支持力Q/Bが、土の強さや重さといった条件に対して一定なのではなく、基礎の大きさに比例するということです。基礎の底面幅Bが大きくなると、すべり面の位置は深くなり、土の有効単位体積重量γ'に比例してすべり面上の垂直応力σ'がより大きくなり、すべり面沿いの単位面積あたりの摩擦抵抗力も大きくなります。したがって基礎の底面幅Bが大きくなると自重項Q_γは大きくなります。一方、抑え荷重強度項Q_qや粘着力項Q_cの場合、すべり面の位置が深くても$\gamma'=0$としているので、すべり面沿いの単位長さあたりの摩擦抵抗力は基礎の底面幅Bの大小に依存しません。

式（20.3）の支持力係数N_γ、N_q、N_cはすべて無次元量で、土のせん断抵抗角ϕ'の関数です。言いかえればN_γ、N_q、N_cはいずれもϕ'の値だけで決まります。表20・1に示すように支持力係数N_qはϕ'に関してほぼ指数関数的に増加し、N_γ、N_cも同じ傾向を示します。せん断抵抗角ϕ'のほんの少しの違いが、極限支持力Q_bに大きな違いをもたらします。

表20・1　せん断抵抗角ϕ'の増加にともなう支持力係数N_γ、N_q、N_cの変化

ϕ'	0°	20°	25°	30°	32°	34°	36°	38°	40°	42°	46°	50°
N_γ	0	5.37	10.9	22.4	30.2	41.1	56.3	78.0	109	155	330	763
N_q	1.00	6.40	10.7	18.4	23.2	29.4	37.7	48.9	64.2	85.4	159	319
N_c	5.14*	14.8	20.7	30.1	35.5	42.2	50.6	61.3	75.3	93.7	152	267

＊分子・分母がともにゼロになり不定形なので、ロピタルの定理を用いて求めます。

第5章　土と構造物

演習問題：浅い基礎の支持力理論

20.2 節とは少し異なるモデル化をして、図 20・8 に示すようなよりシンプルなすべり面を仮定することで、ランキンの土圧理論を利用して極限支持力Q_bを求めてみましょう。図 16・5 も参考にしてください。①～④の手順で誘導し、最後に⑤で支持力係数N_γ、N_q、N_cを求めてみましょう。地盤の水中単位体積重量をγ'、ランキンの主働土圧係数をK_A、受働土圧係数をK_P、地盤のせん断抵抗角をϕ'、粘着力をc'とします。

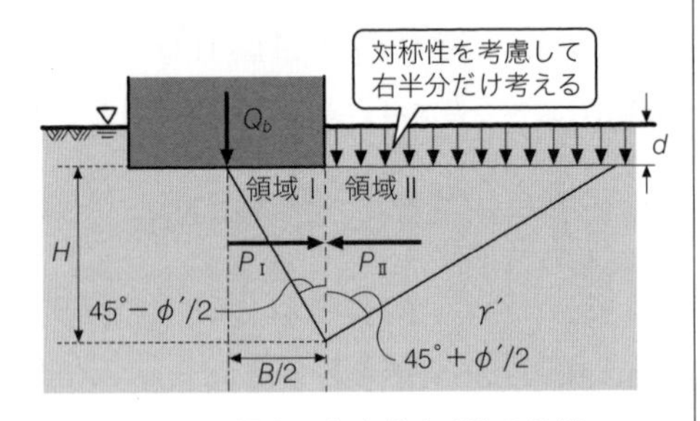

図 20・8　仮定した支持力破壊の状態

① 図中のHを、K_p、Bを用いて表わしなさい。

② 主働塑性域（領域 I）から受働塑性域（領域 II）との境界に作用する力P_{I}を、γ'、K_a、B、Q_b、c'、Hで表わしなさい。

③ 受働塑性域（領域 II）から主働塑性域（領域 I）との境界に作用する力P_{II}を、γ'、K_p、B、d、c'、Hで表わしなさい。

④ 極限支持力Q_b/Bを、γ'、K_p、B、d、c'、Hで表しなさい。

⑤ $\dfrac{Q_b}{B}=\dfrac{\gamma' B}{2}N_\gamma+\gamma' d\,N_q+c' N_c$とした場合、$N_\gamma$、$N_q$、$N_c$を求めなさい。

①～⑤の解答を順番に進めます。

① 式（16.4）のランキンの受働土圧係数K_pは、

$$K_p=\frac{1+\sin\phi'}{1-\sin\phi'}=\tan^2\left(45^\circ+\frac{\phi'}{2}\right)\ [無次元]$$

なので、これを利用して領域 I のくさびの高さHは、

$$H=\frac{B}{2}\tan\left(45^\circ+\frac{\phi'}{2}\right)=\frac{B}{2}\sqrt{K_p}\ \ [\mathrm{m}]\ \cdots ❶$$

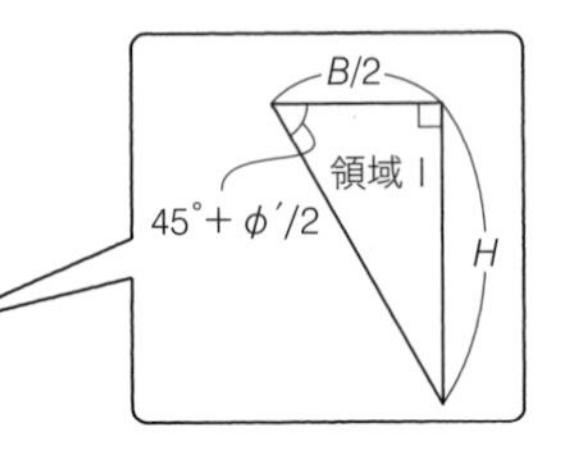

として表わされます。

② 領域 I の主働土圧合力P_aを求めていきます、まず、領域 I の基礎底面から深さzにある土に作用する鉛直有効応力σ'_vは、

$$\sigma'_v=\gamma' z+\frac{Q_b}{B}\ \ [\mathrm{kN/m^2}]$$

なので、主働土圧$p_a(z)$は、式（16.1）より、

$$p_a(z)=K_a\left(\gamma' z+\frac{Q_b}{B}\right)-2\,c'\sqrt{K_a}\ \ [\mathrm{kN/m^2}]$$

として得られます。主働土圧合力P_aは、式（16.8）の右辺第一項を参照して、

$$P_a=\int_0^H p_a(z)dz=\int_0^H\left\{K_a\left(\gamma' z+\frac{Q_b}{B}\right)-2c'\sqrt{K_a}\right\}dz=K_a\left(\frac{\gamma'}{2}H^2+\frac{Q_b}{B}H\right)-2c'\sqrt{K_a}\,H\,[\mathrm{kN/m}]$$

となり、$P_{\mathrm{I}}=P_a$ より、

$$P_{\mathrm{I}}=P_a=K_a\left(\frac{\gamma'}{2}H^2+\frac{Q_b}{B}H\right)-2c'\sqrt{K_a}\,H\ \ [\mathrm{kN/m}]\ \cdots❷$$

として表わせます。

③　②と同様に、領域Ⅱの受働土圧合力 P_p を求めます。

領域Ⅱの基礎底面から深さ z にある土に作用する鉛直有効応力 σ'_v は、

$$\sigma'_v=\gamma'(z+d)\ \ [\mathrm{kN/m^2}]$$

になり、受働土圧 $p_p(z)$ は式（16.3）より、

$$p_p(z)=K_p\,\gamma'(z+d)+2c'\sqrt{K_p}\ \ [\mathrm{kN/m^2}]$$

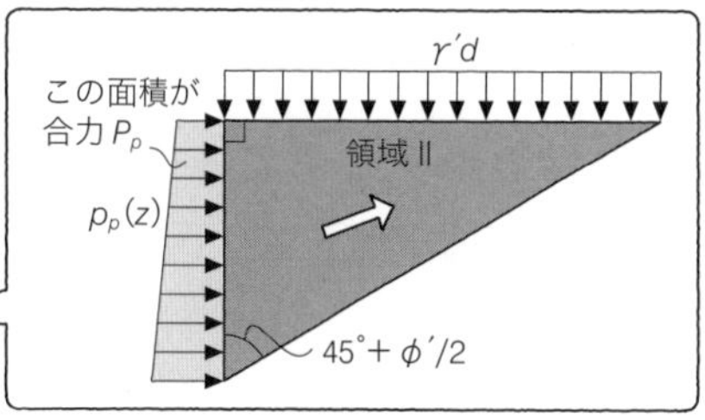

として得られます。受働土圧合力 P_p は、式（16.9）の右辺第一項を参照して、

$$P_p=\int_0^H p_p(z)dz=\int_0^H\{K_p\,\gamma'(z+d)+2c'\sqrt{K_p}\}dz=K_p\left(\frac{\gamma'}{2}H^2+\gamma' d\,H\right)+2c'\sqrt{K_p}\,H\ \ [\mathrm{kN/m}]$$

となり、$P_{\mathrm{II}}=P_p$ より、

$$P_{\mathrm{II}}=P_p=K_p\left(\frac{\gamma'}{2}H^2+\gamma' d\,H\right)+2c'\sqrt{K_p}\,H\ \ [\mathrm{kN/m}]\ \cdots❸$$

として表せます。

④　式❶を式❷に代入し、さらに $K_a\times K_p=1$ を利用すると、

$$P_{\mathrm{I}}=K_a\left(\frac{\gamma'}{2}H^2+\frac{Q_b}{B}H\right)-2c'\sqrt{K_a}\,H=\frac{\gamma'}{8}B^2+\frac{Q_b}{2}\frac{1}{\sqrt{K_p}}-c'B\ \ [\mathrm{kN/m}]$$

また式❶を式❸に代入すると、

$$P_{\mathrm{II}}=P_p=K_p\left(\frac{\gamma'}{2}H^2+\gamma' d\,H\right)+2c'\sqrt{K_p}\,H=\frac{\gamma'}{8}B^2K_p{}^2+\frac{\gamma' d}{2}B\,K_p{}^{\frac{3}{2}}+c'B\,K_p\ \ [\mathrm{kN/m}]$$

作用・反作用の法則より $P_{\mathrm{I}}=P_{\mathrm{II}}$ なので、

$$\frac{\gamma'}{8}B^2+\frac{Q_b}{2}\frac{1}{\sqrt{K_p}}-c'B=\frac{\gamma'}{8}B^2K_p{}^2+\frac{\gamma' d}{2}B\,K_p{}^{\frac{3}{2}}+c'B\,K_p\ \ [\mathrm{kN/m}]$$

となり、上の式を Q_b/B について整理すると、

$$\frac{Q_b}{B}=\frac{\gamma'}{4}B\left(K_p{}^{\frac{5}{2}}-K_p{}^{\frac{1}{2}}\right)+\gamma' d\,K_p{}^2+2c'\left(K_p{}^{\frac{3}{2}}+K_p{}^{\frac{1}{2}}\right)\ \ [\mathrm{kN/m^2}]\ \cdots❹$$

が得られます。

⑤　$\dfrac{Q_b}{B}=\dfrac{\gamma' B}{2}N_\gamma+\gamma' d\,N_q+c' N_c$ として表した場合、式❹より、

$$N_\gamma=\frac{1}{2}\left(K_p{}^{\frac{5}{2}}-K_p{}^{\frac{1}{2}}\right)、N_q=K_p{}^2、N_c=2\left(K_p{}^{\frac{3}{2}}+K_p{}^{\frac{1}{2}}\right)\ [無次元]\ \cdots❺$$

が求められます。仮定している支持力破壊の状態や数式化が異なるため、式❺の支持力係数は式（20.3）とはいくらか異なりますが、どちらもN_γ、N_q、N_cは無次元量で、いずれもランキンの受働土圧係数K_pの関数です。支持力理論の本質は、受働土圧にもとづいていることがわかります。

20・4 さまざまな条件下での支持力公式の利用

（1）地盤の条件による違い

●砂地盤で底面が地下水位下にある基礎の極限支持力

図20・9のように砂地盤における基礎底面が地下水位の下にある場合、地盤の極限支持力Q_bを有効応力で算定しているので、全荷重としての支持力$(Q+W)/B$ [kN/m²]を算定する場合には、次式に示すように浮力分に相当する水圧u [kN/m²]（基礎の底面にかかる水圧）を加えることになります。Wは基礎自身の重量です。なお、q'の計算には、図20.4のように根入れ深さDについて一律γ'をかけるのではなく、15.2節で式（15.1）に関して述べたように、地下水位上の層厚のぶんについては湿潤単位体積重量γ_tを用いる必要があることに留意してください。

$$\frac{Q+W}{B}=u+\left[\frac{\gamma' B}{2}N_\gamma+q'N_q+c'N_c\right]\ (u\text{ は基礎底面での値})\ [\mathrm{kN/m^2}] \qquad (20.5)$$

●地下水位が基礎底面より下側にある基礎の支持力

図20・10のように地下水位が基礎底面より下側にある場合には、すべり面の底面深さがだいたい基礎幅Bと一致することを考慮し、支持力の計算に用いる土の水中単位体積重量γ'の代わりに、「見かけの単位体積重量」を地下水面より上と下の地盤から比例配分して決めます。具体的にはγ'を$\{(B-d_w)/B\}\gamma'+(d_w/B)\gamma_t$で置き換えて、式（20.4）により極限支持力$Q_b$を求めます。

●排水のない粘土地盤における支持力

テルツァーギの支持力公式を粘土地盤に適用する場合、非圧密非排水（UU）条件でせん断破壊する時は、16.4節（1）と同じように土と水を分離せずに全応力で考えます。具体的には抑え荷重強度を$q=\gamma_t D$ [kN/m²]（γ_tは土の湿潤単位体積重量）、粘着力c'を粘土の非排水せん断強さc_u [kN/m²]、土のせん断抵抗角ϕ'を$\phi_u=0$として式（20.3）に代入すると、表20・1に示すよう

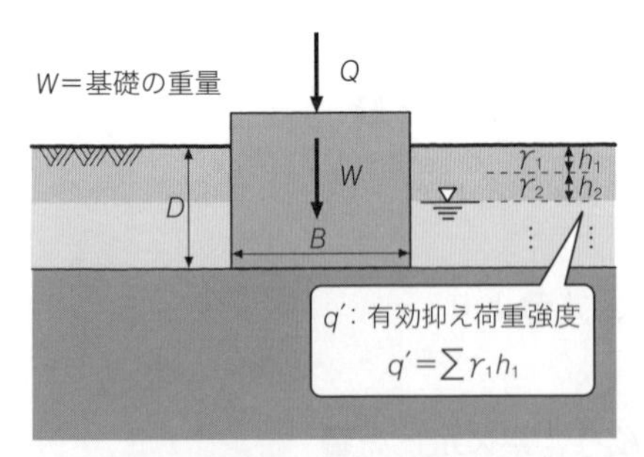

図20・9　基礎底面が地下水位の下にある場合

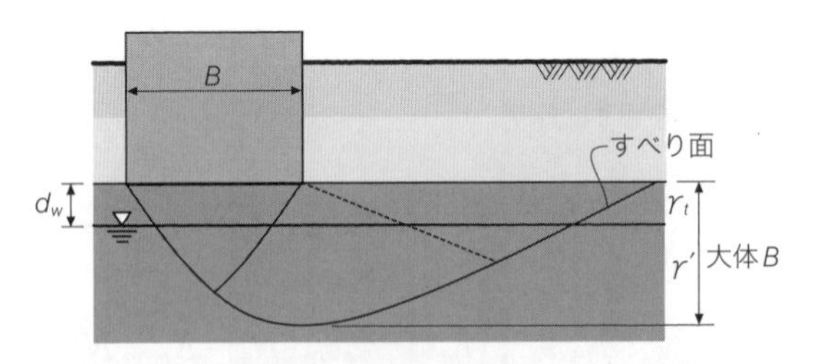

図20・10　地下水位が基礎底面より下にある場合

に支持力係数 N_γ、N_q、N_c がそれぞれ $N_\gamma = 0$、$N_q = 1.00$、$N_c = 5.14$ として求まります。これらの値を式（20.4）に代入すると、

$$\frac{Q_b}{B} = 5.14\,c_u + q \quad [\mathrm{kN/m^2}] \tag{20.6}$$

となり、この式から極限支持力 Q_b が得られます。$\phi = \phi_u = 0$ なので、すべり面での抵抗は見かけ上、非排水せん断強さ c_u のみとなりますが、c_u には自重応力にもとづくせん断強さが反映されていると考えます（詳しくは第 14 講を復習）。

（2）支持力公式の拡張

●矩形基礎の支持力

基礎の形状が帯状基礎でなく、図 20・11 のように矩形基礎（$B \leq L$）の場合には、すべり機構の 3 次元効果が利いてきます。つまり、この教本の紙面に直交する方向にもすべり線の形状変化が現れるということです。そのため、**形状係数（shape factor）** とよばれる s_γ、s_q、s_c を代入して、次式により極限支持力 Q_b が得られます[28)]。

$$\frac{Q_b}{B} = \left(\frac{\gamma' B}{2} N_\gamma\right) s_\gamma + (q' N_q) s_q + (c' N_c) s_c \quad [\mathrm{kN/m^2}] \tag{20.7}$$

ここで、形状係数 s_γ、s_q、s_c はいくつか提案されていますが、一例を次に示します。

$$s_\gamma \cong 1 - \alpha \frac{B}{L}, \quad s_q \cong 1 + (\tan\phi') \frac{B}{L}, \quad s_c \cong 1 + 0.2\frac{B}{L} \quad [無次元] \tag{20.8}$$

上式の α の値として 0.3 ～ 0.4 程度がよく用いられます。円形基礎の場合は $L = B$ として取り扱います。

●傾斜・偏心荷重を受ける基礎の支持力

図 20・12 のように荷重が鉛直に作用せずに斜めに作用する場合、あるいは中心に作用せず偏心する場合、いずれも支持力値は大きく減少します。本書では説明しませんが、それぞれ補正方法が提案されています[28)]。

●局所せん断破壊を考慮する場合の基礎の支持力

図 20・2 の密な砂地盤のように、今まで全般せん断破壊する場合の極限支持力 Q_b を対象としてきました。図 20・3 の正規圧密粘土地盤のように、すべり面があまり発達しない局所せん断破壊の場合、テルツァーギは、実際の土の粘着力 c' とせん断抵抗角 ϕ' に対して、

$$\overline{c'} = \frac{2}{3} c', \quad \tan\overline{\phi'} = \frac{2}{3}\tan\phi' \tag{20.9}$$

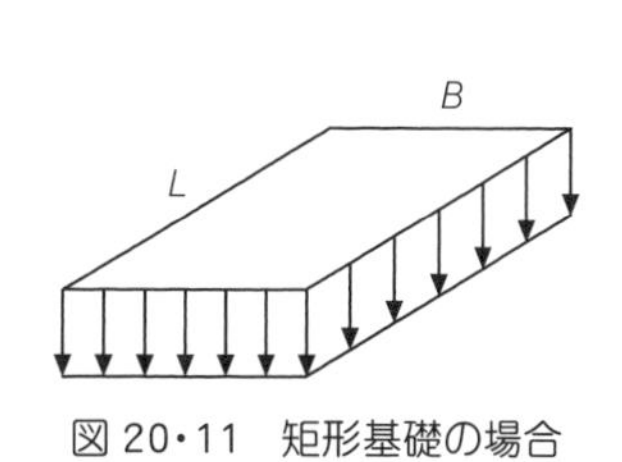

図 20・11　矩形基礎の場合

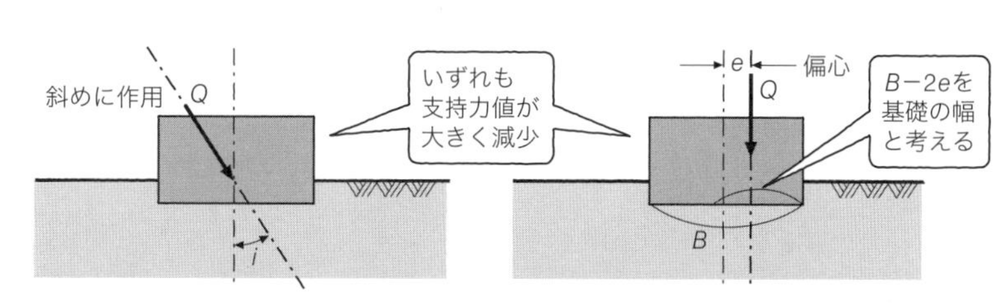

図 20・12　傾斜荷重や偏心荷重

第5章　土と構造物

と置き換えた$\overline{c'}$、$\tan\overline{\phi'}$を式（20.2）～式（20.4）に代入して、極限支持力Q_bを求めることを提案しています。ただし、理論的根拠はありませんので注意してください。

● COLUMN ●　支持力公式によらない地盤の支持力の評価

式（20.4）や式（20.7）の支持力公式を用いる方法以外に、**平板載荷試験**（plate loading test）や**スクリューウェイト貫入試験**など現場で実施する原位置試験を利用した支持力の評価方法があります。ここでは戸建住宅の地盤の支持力評価によく用いられるスクリューウェイト貫入試験を紹介します。

スクリューウェイト貫入試験では、図に示すように、ロッド（直径 19 mm）の先端にスクリューポイント（最大直径 33 mm）を取り付け、0.05、0.15、0.25、0.5、0.75、1 kN の荷重W_{sw}を順次載荷したときの貫入量、および 1 kN で貫入量が止まった後に原則 25 cm ごとに回転貫入させたときの半回転数N_aを測定します。そしてN_aは貫入量 1 m あたりの半回転数N_{sw}に換算します。

スクリューウェイト貫入試験が完了したらその結果を利用して、地盤の許容応力度q_a［kN/m²］を求めます。ここで許容応力度q_aとは、地盤が破壊する荷重強度q_b［kN/m²］（図 19・6）に対して、上部構造物や建築物の安定性の尺度を示す安全率F_sを考慮したものです。q_aを求める式の一例を次に示します。

$$q_a = 30 + 0.6\,\overline{N_{sw}}\ \ [\mathrm{kN/m^2}]$$

式中の$\overline{N_{sw}}$は、基礎の底部から深度 2 m 以内のN_{sw}（150 を超える場合は 150 とします）の平均値です。建物の荷重強度qが許容応力度q_aを越えなければ、建物は安定すると考えられますが、地盤の条件によっては圧密沈下（第 3 章）などにより建物に有害な変形や沈下が生じることがあります。そのためスクリューウェイト貫入試験の結果、例えば基礎の底部から深度 2～5 m 以内に 0.5 kN 以下の荷重W_{sw}で自沈する層がある場合には、有害な変形や沈下が生じないことをより詳細な方法で確かめる必要があります。

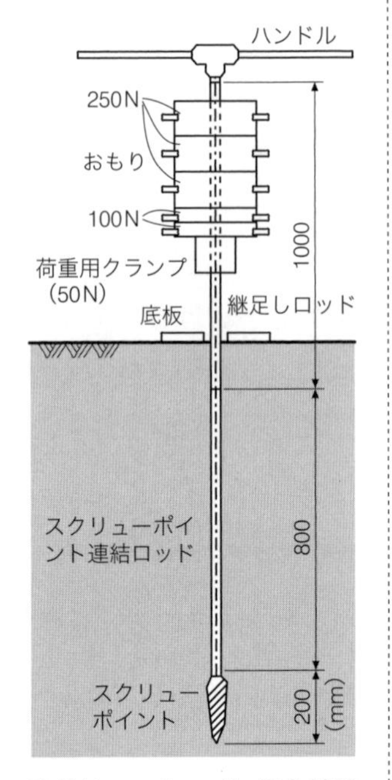

スクリューウェイト貫入試験装置

第21講　深い基礎を土が支える力：杭基礎

構造物直下の地層の支持力が不足する場合や沈下が過大になる場合に、**杭基礎**（pile foundation）がよく用いられます。杭とは上部構造物の荷重を地盤に伝えるために、地中に設ける柱状の部材のことをいい、杭基礎は深い基礎に分類されます。1本の杭あるいは複数の杭と基礎スラブを組み合わせて杭基礎を構成します。

第20講では浅い基礎に対する土の支持力理論を学びましたが、実は深い基礎の場合、支持力理論の適用が容易ではありません。その要因の一つは、施工方法によって杭の支持力が大きく左右されることが挙げられます。この講では、まず杭基礎の施工方法や支持形式を紹介し、次に杭の極限鉛直支持力の算定方法を説明します。また、しばしば杭の安定性を損なうネガティブ・フリクションとよばれる現象についても紹介します。最後に杭の水平支持力の算定方法を学習します。

21・1 杭基礎の施工方法と支持形式

（1）杭の施工方法

杭基礎の施工方法は、支持力に影響をおよぼします。図21・1は杭基礎の施工方法を分類したものです。代表的工法は、打ち込み杭工法、埋め込み杭工法、場所打ち杭工法の三つです。以下にそれぞれの工法の概要を紹介します。

打ち込み杭工法（driven pile method）とは、既製杭を所定の深さまで打ち込む工法です。既製杭とは、あらかじめ工場などで製造された杭で、木杭、コンクリート杭（図21・2(a)）や鋼杭（図21・2(b)）、複合杭などがあります。打ち込みにはハンマーによる打撃やバイブロハンマーによる振動が一般的に用いられます。既製の杭を用いるので品質が一定で、工期がかからないなどの長所があります。一方で、打ち込みの際に生じる騒音や振動がしばしば問題になります。

埋め込み杭工法（bored piling method）とは、既製杭を地盤中に埋め込む工法です。あらかじめ掘削した孔に既製杭を建て込むプレボーリング工法と、既製杭の内部を掘削しながら同時に杭を設置する中堀り工法があります。既製の杭を用いるので杭の品質が一定していること、また掘

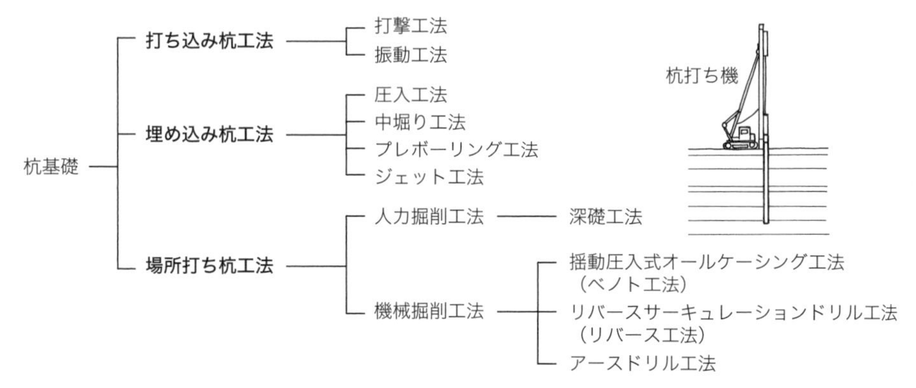

図21・1　杭の施工方法

(a) コンクリート杭

(b) 鋼杭（長さ 17m、径 800mm の鋼管）

図 21・2　既製杭の例

削して杭を埋め込むので騒音・振動を抑制できるなどの長所があります。一方で、掘削時に地盤が乱されたり、杭と地盤の接触が不十分だと支持力の確保が問題になります。そのため、セメントミルク（基本的にセメントと水を混合したもので、時間が経つと硬化する）とよばれる根固め液を掘削孔の先端部分に充填することが多く行われます。

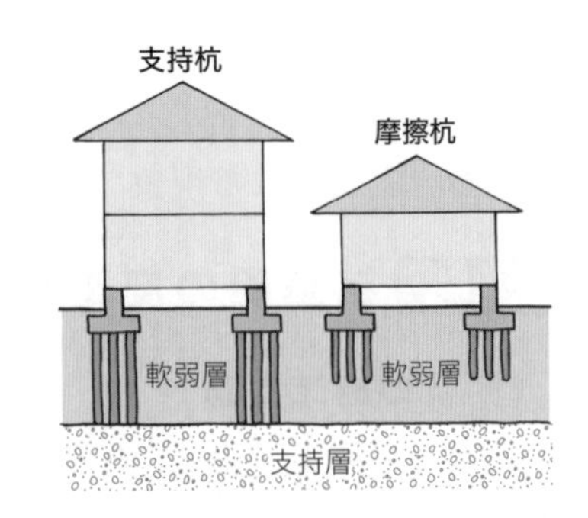

図 21・3　杭の支持形式

場所打ち杭工法（cast in place piling method）とは、現場で機械あるいは人力によって掘削した孔の中に、鉄筋コンクリートの躯体をつくる工法です。軟弱な地盤では掘削した孔壁を安定させるためにケーシング（鉄管）や泥水などを用います。長所としては、振動、騒音が小さいこと、大きな径の杭が施工可能であること、杭の長さの調整が比較的容易であることなどが挙げられます。一方、掘削により地盤が乱れることに加えて、既製杭に比べて杭の品質が安定しないことや工期がかかることなどが問題になる場合があります。

（2）杭の支持形式

杭基礎の支持形式は、大きく分けて**支持杭**（end-bearing pile）および**摩擦杭**（friction pile）の二つに分かれます（図 21・3）。支持杭とは、一般には、杭の先端が支持層に達している杭をいいます。支持層とは、杭先端で大きな支持力が得られる十分な強さや層厚をもつ N 値（COLUMN 参照）の大きい岩盤や砂礫層を指します。支持杭で支えられた構造物は、一般に沈下の懸念は少ないです。ただし、後に述べるネガティブ・フリクションが生じる恐れがあるため、十分に配慮する必要があります。一方、摩擦杭とは、杭の先端が支持層に達していない杭をいいます。摩擦杭は支持層が深く、支持杭の施工が困難な場合や不経済である場合に用いられます。

21・2 単杭の極限鉛直支持力の算定方法

1本の杭を単独で用いる場合を単杭といいます。単杭の極限鉛直支持力 Q_d [kN] は、図 21・4 に示すように支持杭も摩擦杭も一般に杭先端の極限抵抗力 Q_p [kN] と杭周辺の極限周面摩擦力 Q_f [kN] の和として表わされます。

$$Q_d = Q_p + Q_f \text{ [kN]} \tag{21.1}$$

杭先端の極限抵抗力 Q_p と杭周辺の極限周面摩擦力 Q_f はそれぞれ次のように表わされます。

$$Q_p = q_d A_p \ [\mathrm{kN}] \tag{21.2}$$

$$Q_f = U \sum l_i f_i \ [\mathrm{kN}] \tag{21.3}$$

ここで、q_d［kN/m²］は杭先端地盤が破壊する荷重強度、A_p［m²］は杭の先端面積、U［m］は杭の周長、l_i［m］は杭周面の各層の層厚、f_i［kN/m²］は各層の摩擦力度（杭側面の単位表面積あたりの力）です。極限鉛直支持力 Q_d から安全率を考慮して許容鉛直支持力 Q_a［kN］が得られます。

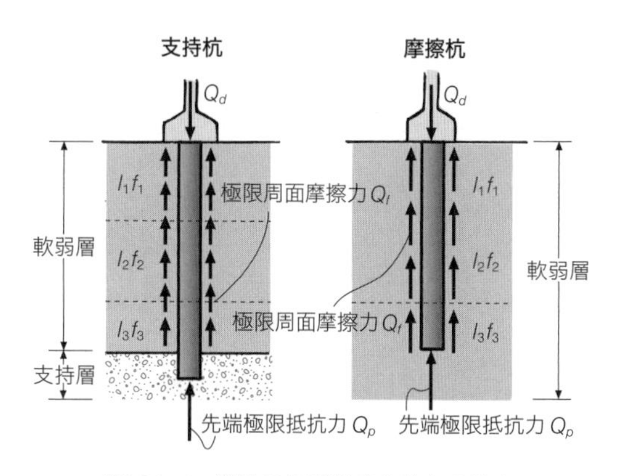

図 21・4　単杭の極限鉛直支持力の算定

まず式（21.2）に示した、杭先端の極限抵抗力 Q_p を算定する必要があります。算定のために 20.2 節で述べた支持力理論の基礎を適用したくなりますが、浅い基礎に比べて杭基礎の根入れ深さは大きく、図 20・4 のように、杭先端部より上にある土を荷重をおよぼすだけの単なるおもりと見なす支持機構のモデル化は適切ではありません。さらに 21.1 節で述べたように同じ設計断面の杭基礎でも施工法によって支持力が変わります。そのため、現状では理論的な算定の適用が困難であり、実務では経験的な方法が用いられています。

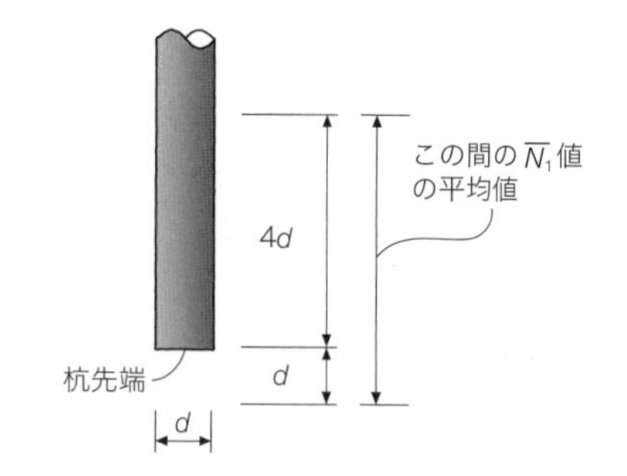

図 21・5　杭先端付近の平均 $\overline{N}_1$ 値

例えば、図 21・5 に示すように、杭先端付近に

COLUMN　原位置の土の硬軟、締まり具合を知る指標、N 値

N 値とは、原位置における土の硬軟、締まり程度を知る指標で、土質力学・地盤工学分野で、世界的にもっともポピュラーな指標の一つです。標準貫入試験（standard penetration test）とよばれる原位置試験から得ることができます。ボーリング孔を利用した試験で、先端にサンプラーを取り付けたロッドを 30cm 貫入させるのに要した打撃回数（図のように、ハンマー重量や落下高さは決まっています）が N 値になります。サンプラーは土を採取するもので、N 値を測定するとともに、その測定深度の土を観察できたり、物理試験で粒度などを調べたりできるメリットがあります。N 値が 50 回を超えても打撃をつづける場合もありますが、$N = 50$ はだいたいの設計において十分な強さに相当するので、図のようにグラフでは最大値としてプロットします。一方、$N < 10$ となるような地盤は、粘土なら地盤沈下、砂なら地震時の液状化が懸念されます。非常に軟弱な場所では、打撃を必要とせずにハンマーの自重だけで貫入していく、$N = 0$ という場合もよくあります。

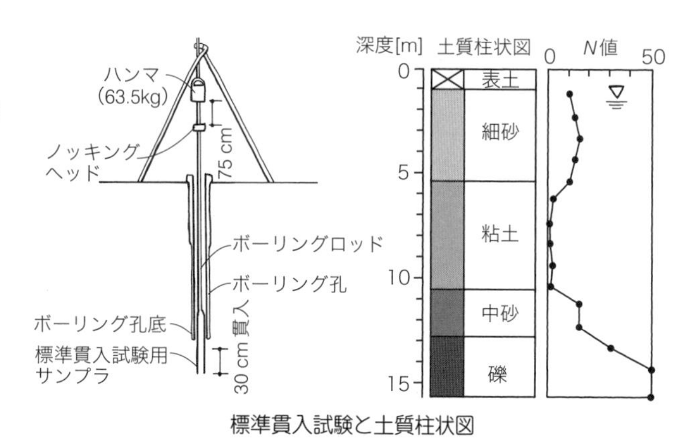

標準貫入試験と土質柱状図

おけるある範囲の深度のN値の平均値$\overline{N_1}$を用いて、打ち込み杭工法、埋め込み杭工法、場所打ち杭工法ごとに分けて式（21.2）の杭先端地盤の荷重強度q_d［kN/m^2］を算定します[26]。

打ち込み杭の場合：$q_d = 300\,\overline{N_1}$［kN/m^2］　(21.4)

埋め込み杭の場合：$q_d = 200\,\overline{N_1}$［kN/m^2］　(21.5)

場所打ち杭の場合：$q_d = 150\,\overline{N_1}$［kN/m^2］　(21.6)

式（21.4）〜式（21.6）は主に建築物の基礎として杭基礎を用いる場合の算定方法ですが、道路橋など土木構造物の基礎として杭基礎を用いる場合も、施工方法ごとに分けてN値を利用して算定しています。なお、杭先端付近の地層が粘性土層の場合は、N値の代わりに一軸圧縮強さq_uを利用して杭先端地盤の荷重強度q_dを算定する場合があります。粘性土の場合、q_uは測定が容易ですし、N値は0~5など非常に小さい値であることが多く、設計には直接使いづらいからです。

同様に式（21.3）の地盤の摩擦力度f［kN/m^2］についても経験的な方法が用いられています。例えば、建築物の基礎として場所打ち杭による杭基礎を用いる場合、

砂質地盤の場合：$f = 3.3\,\overline{N_2}$［kN/m^2］　(21.7)

粘土地盤の場合：$f = 0.5\,\overline{q_u}$［kN/m^2］　(21.8)

として算定されます[26]。ここで$\overline{N_2}$は杭周面における砂質地盤の地層ごとのN値の平均値です（ただし、N値が50を超える部分は50として平均値を求めます）。また$\overline{q_u}$は粘土地盤の一軸圧縮強さq_u［kN/m^2］の地層ごとの平均値（ただし、q_uが200kN/m^{2}を超える部分は200として平均値を求めます）。道路橋など土木構造物の基礎として杭基礎を用いる場合も同様にN値や一軸圧縮強さq_uを用い、さらに施工方法ごとに分けて地盤の摩擦力度fを算定します。

演習問題：深い基礎（杭）

実際に、図21･6に示す単杭の極限鉛直支持力および許容鉛直支持力を以下の①〜③の手順で求めてみましょう。同図は、多層地盤（3層）中に場所打ち杭工法で施工された直径1mのコンクリート杭を示しています。

① 杭先端の極限抵抗力Q_pを求めなさい。

② 杭の極限周面摩擦力Q_fを求めなさい。

③ 杭の極限鉛直支持力を求め、安全率を$F_s = 3$とした場合の杭の許容鉛直支持力Q_aを求めなさい。

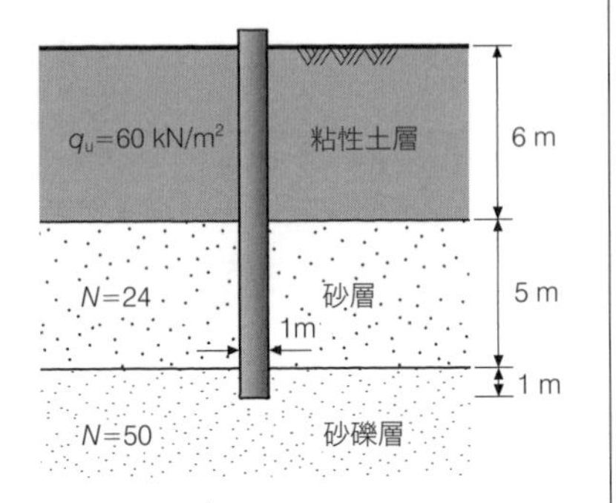

図21･6　場所打ち工法で施工されたコンクリート杭

以下の①〜③の手順で求めていきます。

① 図21･5に示すように、杭先端付近の所定範囲の深度の平均値$\overline{N_1}$を求めると次のようになります。

$$\overline{N_1} = \frac{(1\times50)+\{(1\times50)+(3\times24)\}}{1+4} = 34.4$$

式（21.6）より、杭先端の荷重強度 q_d は

$$q_d = 150\,\overline{N_1} = 150 \times 34.4 = 5160 \ [\text{kN/m}^2]$$

になります。よって、杭先端の極限抵抗力 Q_p は、式（21.2）より、

$$Q_p = q_d A_p = 5160 \times \frac{\pi \times 1^2}{4} = 4052 \ [\text{kN}] = 4.05 \ [\text{MN}]$$

として求まります。

② 式（21.7）および式（21.8）より、

砂層および砂礫層の摩擦力度：$f_{s1} = 3.3\,\overline{N_2} = 3.3 \times 24 = 79 \ [\text{kN/m}^2]$

$f_{s2} = 3.3\,\overline{N_2} = 3.3 \times 50 = 165 \ [\text{kN/m}^2]$

粘性土層の摩擦力度：$f_s = 0.5\,\overline{q_u} = 30 \ [\text{kN/m}^2]$

が得られます。式（21.3）より、極限周面摩擦力 Q_f は、

$$Q_f = U \sum l_i f_i = \pi \times 1 \times \{(5 \times 79) + (1 \times 165) + (6 \times 30)\} = 2324 \ [\text{kN}] = 2.32 \ [\text{MN}]$$

として求まります。

③ 式（21.1）より、杭の極限鉛直支持力 Q_d は、

$$Q_d = Q_p + Q_f = 4.05 + 2.32 = 6.37 \ [\text{MN}]$$

として得られます。安全率を $F_s = 3$ とした場合、許容鉛直支持力 Q_a（設計上、許容できる支持力）は、

$$Q_a = \frac{Q_d}{3} = 2.12 \ [\text{MN/本}]$$

になります。

21・3 群杭効果とネガティブ・フリクション

（1）群杭効果

前節では杭単独を杭基礎として用いる単杭の場合でしたが、多くの場合、杭基礎を採用する場合、複数本の杭を用います。このように複数本からなる杭を**群杭**（ぐんぐい）（pile group）といいます。

群杭の場合、図21・7に示すように杭間隔がある程度より密になると、各杭の相互干渉により鉛直支持力に対する互いの影響が無視できなくなります。その結果、群杭の支持力は単杭の支持力を単純に杭の本数分だけ重ね合わせた場合と異なります。このような現象を**群杭効果**（effect of pile group）とよんでいます。

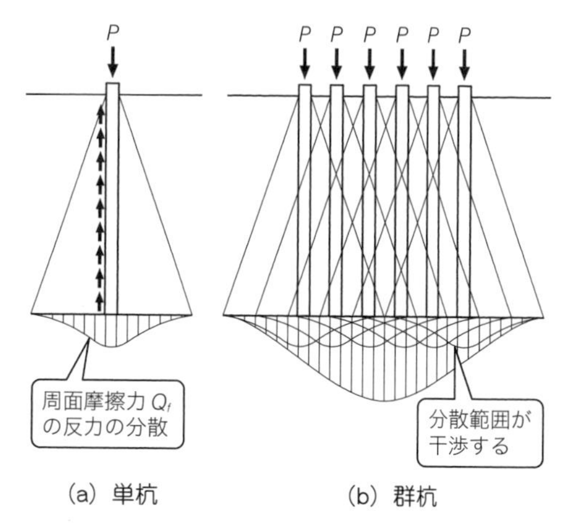

図21・7　杭の相互干渉

単杭の支持力に対する群杭全体としての支持力を杭本数で除した割合を群杭効率といいます。砂地盤に打ち込まれた群杭は、締固め効果による密度増加のため群杭効率は1以上（言いかえれば、10本の杭を使うと、支持力が1本の場合の10倍より大きくなる）になりますが、粘土地盤では群杭効率は1より小さいのが一般的です。

（2）ネガティブ・フリクション（負の摩擦力）

軟弱地盤など地盤沈下が進行中の地域で支持杭が施工された場合、支持層より上の地盤の沈下にともない杭周面に図21•8のような下向きの摩擦力が働きます。つまり、杭は支持層に載っているので沈んでいくことはできませんが、周りの地盤が（10.1節に示したように、例えば地表面での載荷や地下水くみ上げにより）どんどん圧密沈下していく場合、摩擦で杭をつかんで下に一緒に沈めようとする作用が起きます。これを**ネガティブ・フリクション**（negative friction）とよびます。

ネガティブ・フリクションは負の摩擦力を意味し、これが働くと杭先端の地盤に大きな荷重が作用するとともに、図21•9に示すように杭体自身にも大きな軸力が働くようになります。周りの地盤が杭に横からぶら下がっているようなものと考えればイメージがわきやすいでしょう。その結果、ネガティブ・フリクションの値が大きいと、杭の沈下や杭体自身の圧縮破壊につながり、構造物に被害をおよぼすことになります。ネガティブ・フリクションの対策としては、摩擦力を低下させる塗装によって杭周面の摩擦力の発生を抑えたり、あるいは支持杭を摩擦杭に変更したりするなどの方法があります。

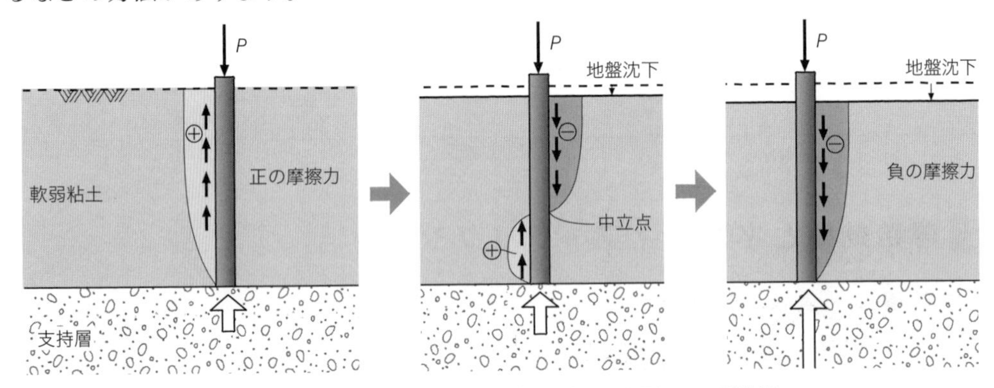

図21•8　地盤沈下によるネガティブ・フリクションの進行

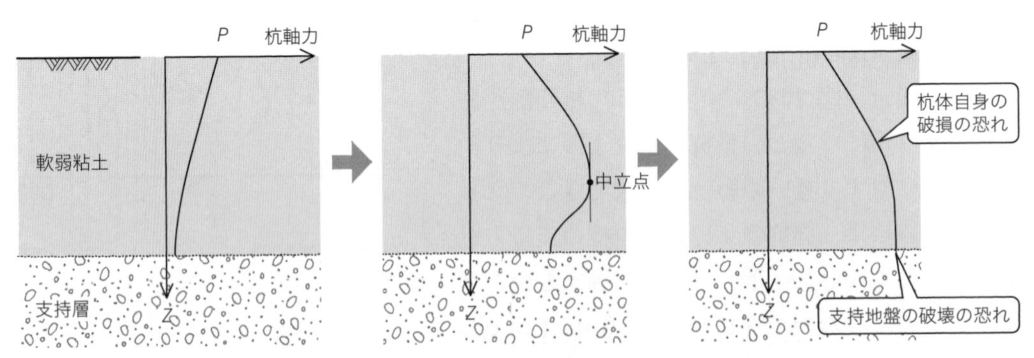

図21•9　ネガティブ・フリクションの進行にともなう杭軸力の増加

21・4 杭の水平支持力：バネによるモデル化

杭の水平支持力とは、水平方向荷重に対する杭の抵抗力のことをいいます。水平方向荷重が発生する原因として、地震や土圧、水圧、波浪、潮流、風などの作用が考えられます。杭の水平支持力は、杭底面と地盤との摩擦抵抗や杭側面の地盤の受働土圧抵抗から発揮され、一般に地盤の剛性、杭の根入れ深さや杭材の曲げ剛性、杭頭部の固定条件などに依存します。

杭の水平支持力を求める方法には、水平載荷試験による方法や解析的な方法があります。水平載荷試験による方法では、試験から得られる水平荷重〜水平変位の関係から水平支持力を実測します。解析的に求める方法はいくつも提案されていますが、簡易なものがチャン（Chang）による弾性地盤反力法です[29)]。

チャンは、図 21・10 に示すように地盤からの反力を複数のバネからなるモデル（弾性支承（ししょう））として表わしました。そして、**地盤反力（subgrade reaction）**p［kN/m²］と地表面からの深さ z［m］における杭の水平変位量 y［m］と、水平地盤反力係数 k_h［kN/m³］の間に次式が成り立つものと仮定しました。ここで p は杭が地盤から受ける単位面積あたりの抵抗力で、k_h は地盤のバネ定数に相当するものです。

$$p = k_h y \quad [\mathrm{kN/m^2}] \tag{21.9}$$

構造力学で学ぶ梁の微小曲げ理論によると、地盤反力 p とそれによって生じる曲げモーメント M の関係は次式によって表わされます。

$$\frac{d^2 M}{dz^2} = pD \quad [\mathrm{kN/m}] \tag{21.10}$$

ここで D は杭の直径です。また曲げモーメント M［kN・m］と杭の水平変位量 y の関係は次式になります。

$$\frac{d^2 y}{dz^2} = -\frac{M}{EI} \quad [1/\mathrm{m}] \tag{21.11}$$

ここで E は杭のヤング率［kN/m²］、I は杭の断面 2 次モーメント［m⁴］です。式(21.11)を式(21.10)に代入し、さらに式（21.9）を用いると、杭の弾性方程式として

$$EI\frac{d^4 y}{dz^4} = -k_h y D \quad [1/\mathrm{m}] \tag{21.12}$$

が得られます。式（21.12）の両辺を杭の曲げ剛性 EI で割って整理すると、

$$\frac{d^4 y}{dz^4} + 4\beta^4 y = 0 \quad [1/\mathrm{m^3}] \tag{21.13}$$

が得られます。ここで

$$\beta = \sqrt[4]{\frac{k_h D}{4EI}} \quad [1/\mathrm{m}] \tag{21.14}$$

となり、杭の特性値とよばれ、式（18.1）の β

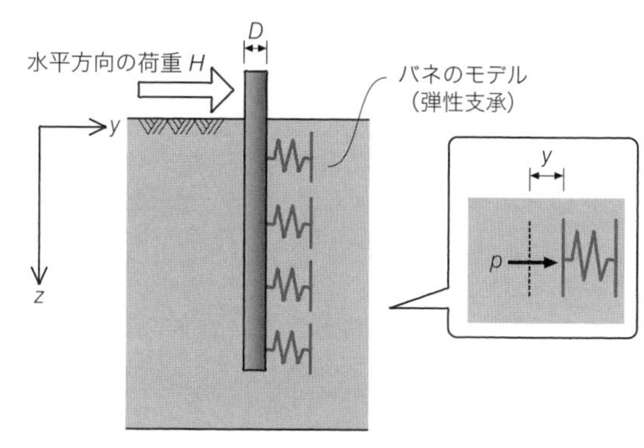

図 21・10　杭の水平支持力算定方法におけるモデル

第5章　土と構造物

表 21･1　地表から上への突出部のない場合の杭の曲げ変形

杭頭条件	自由（ピン）	回転拘束（固定）
$\beta=\sqrt[4]{\dfrac{k_hD}{4EI}}$ [1/m] k_h：水平地盤反力係数 D：杭の直径 EI：杭の曲げ剛性		
杭頭の曲げモーメント M_0 [kN･m]	0	$\dfrac{H}{2\beta}$
地中部の最大曲げモーメント M_{max} [kN･m]	$-0.3224\dfrac{H}{\beta}$	$-0.104\dfrac{H}{\beta}$
M_{max}の発生深さ L_m [m]	$\dfrac{\pi}{4\beta}=\dfrac{0.785}{\beta}$	$\dfrac{\pi}{2\beta}=\dfrac{1.571}{\beta}$
杭頭の変位 y_0 [m]	$\dfrac{H}{2EI\beta^3}=\dfrac{2H\beta}{k_hD}$	$\dfrac{H}{4EI\beta^3}=\dfrac{H\beta}{k_hD}$

と同じものです。

杭が無限に長いと仮定できるとき、式（21.13）の一般解は次のようになります。

$$y=(A\cos\beta z+B\sin\beta z)\cdot\exp(-\beta z)\ [\mathrm{m}] \qquad (21.15)$$

式（21.15）の積分定数A、Bを決めるのに必要な境界条件は、杭頭に加わる水平荷重Hおよび杭頭の固定条件で与えられます。杭頭の固定条件とは具体的には、杭の頭部が基礎スラブやフーチング基礎（19.1 節参照）に剛結されているとするか、あるいは剛結されておらず回転自由とするかというものです。実際の杭基礎の固定条件は厳密にはどちらかというわけではなく、中間的な領域となります。

境界条件により積分定数A、Bが定まると、杭の許容水平変位量δ [m] を設定し、許容水平支持力H_aを求めることができます。地表面から杭の突出部のない場合、表 21･1 に示した杭頭の変位$y_0=\delta$ [m] から許容支持力H_aは次のように与えられます。

$$杭頭部が剛結されておらず回転自由の場合：H_a=\frac{\delta k_h D}{2\beta}\ [\mathrm{kN}] \qquad (21.16)$$

$$杭頭部が剛結されている場合：H_a=\frac{\delta k_h D}{\beta}\ [\mathrm{kN}] \qquad (21.17)$$

● COLUMN ●　パイルド・ラフト基礎

直接基礎と杭を併用した基礎をパイルド・ラフトとよびます。杭に支持された（＝パイルド）いかだ（＝ラフト）という意味です。両者の支持機構を利用して沈下の抑制や支持力の増加を狙った基礎形式です。支持機構が複雑でそれぞれの荷重分担率を求めるのが難しいですが、近年は適用例も増えてきました。

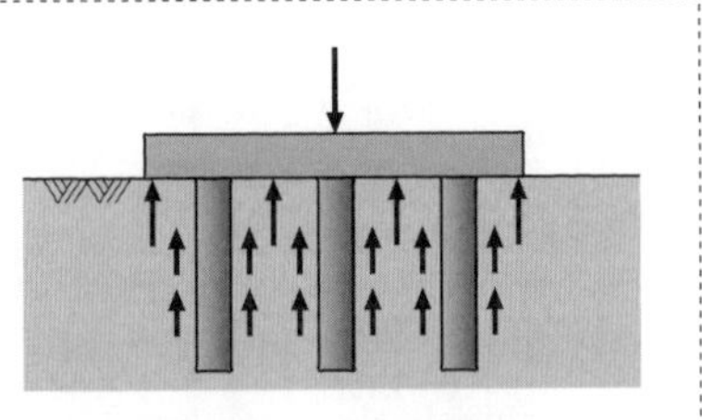
パイルド・ラフト基礎

第6章
土と災害

豪雨による斜面崩壊（沖縄県名護市）：深さ1～2mの面に沿って直線的に滑っている

第22講　斜面崩壊と無限斜面の安定解析

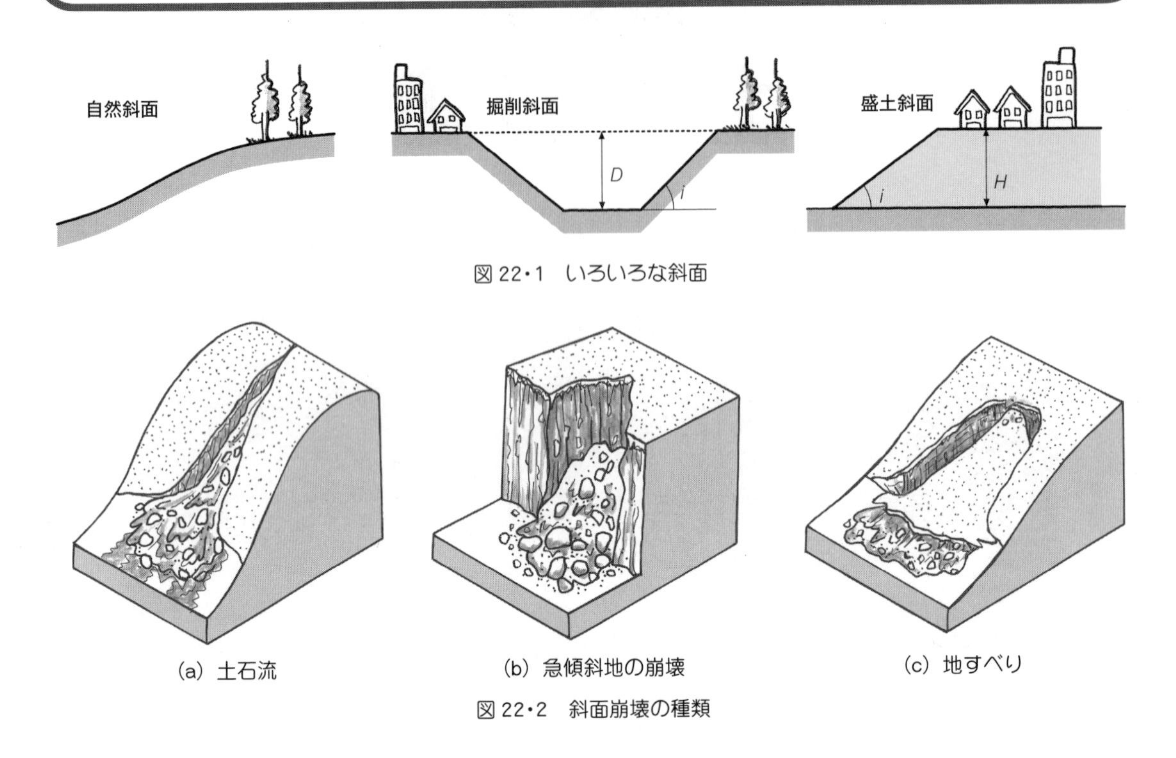

図22・1　いろいろな斜面

図22・2　斜面崩壊の種類

自然にあるいは人工的に形成された傾斜地形を**斜面（slope）**といいます（図22・1）。自然斜面は造山運動によって形成された自然地形が侵食、崩壊、地すべりなどの自然作用により変化したものです。また人工斜面は掘削、盛土などの工事によって形成されるもので、法面（のりめん）ともよばれます。工事では斜面の安定性を保てる掘削深さD、盛土高さHや斜面の角度iなどの設定が問題になります。

土により構成される斜面は、さまざまな原因で不安定化し、地滑り・土砂崩れといった災害を引き起こします。その直接の起因には豪雨による水の浸透・間隙水圧上昇や、地震による慣性力の付加などがありますが、最も支配的な外力は重力です。つまりもともと重力の一部が土を滑らせるように作用しているところを、間隙水圧や慣性力は「もう一押し」するともいえます。本講と、続く第23講では**斜面崩壊（slope failure）**に対する安定性・安全性の検討方法について学びます。まず本講では、斜面崩壊の種類と、地すべりに代表される“長い斜面”の安定性を検討するための**無限斜面（infinite slope）**の**安定解析（stability analysis）**を説明します。

22・1 斜面崩壊の種類

1999年に広島県南西部を襲った土砂災害を契機に、土砂災害防止法（正式名称：土砂災害警戒区域などにおける土砂災害防止対策の推進に関する法律）が制定されました。同法で分類している斜面崩壊の種類三つを紹介します。

● COLUMN ●　都市型斜面災害

1995年兵庫県南部地震、2004年新潟県中越地震などのときに、谷や沢を埋めた造成宅地または傾斜地盤上に腹付けした造成宅地の斜面崩壊が発生しました。盛土と地山（自然のままの地盤）との境界面で盛土全体の地すべり的変動が生じたのに加え、造成宅地におけるがけ崩れや土砂の流出による災害が生じ、社会的問題となりました。

2011年東日本大震災でも同様の斜面災害が生じました。こうした宅地の多くは1970年代以前に造成されていて、既存の造成宅地について大規模盛土造成地の有無とそれらの安全性の確認、危険性が高い区域の対策などが喫急に必要とされています。

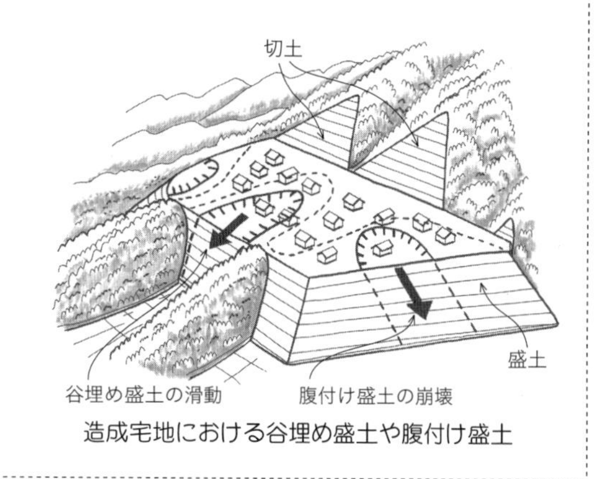

造成宅地における谷埋め盛土や腹付け盛土

① 土石流（図22･2（a））：山腹が崩壊して生じた土砂や礫の一部または渓流の河床堆積物などが一体となって、大量の水と混合しながら高速に流下する現象です。いったん土石流が発生すると、速度が極めて大きいので、遠く離れた下流の町や村を瞬時に襲って大災害を引き起こすことがあり、山津波ともよばれます

② 急傾斜地の崩壊（図22･2（b））：傾斜度が30°以上である地盤が崩壊する自然現象で、がけ崩れともよばれます。降雨中や地震時に突発的に発生することが多く、がけ下の家屋が破壊され、死傷者がたびたび出ます

③ 地すべり（図22･2（c））：地盤の一部が地下水などに起因して滑るまたはこれにともなって移動する自然現象です。ゆっくりとした滑動が数ヶ月から数十年にわたって継続的に続き、雨期や融雪期に比較的大きな移動量を示します

22･2 斜面安定解析の概要

斜面の安定解析では、一般にすべり面をいくつか仮定して、すべり土塊に働く力のつり合いを考えて安全率を計算し、その最小安全率を求めて斜面の安全率とします。例として、12.1節で説明したような平面ひずみ条件を満たす斜面が、図22･3に示すように法先（のりさき）から上方に角度θで傾いた直線状のすべり面に沿って、三角形の土塊が滑り落ちるメカニズムを想定しましょう。

ここでは、この土塊が滑り落ちる瞬間の力のつり合いを考えます。17･1節のクーロン土圧理論のときにも使った極限つり合い法です。その力のつり合いは、図22･3に示す通りで、土塊の奥行き1m当たりの重量W［kN/m］の斜面垂直成分$W\cos\theta$が、すべり面下部からの垂直反力N（＝垂直応力σ［kN/m^2］×長さl［m］）［kN/m］とつり合っています。すべり面平行方向には、土塊重量のうち$W\sin\theta$が、すべり面下部からのせん断抵抗力T（＝せん断応力τ［kN/m^2］×長さl［m］）［kN/m］とつり合っています。一方で、モール・クーロンの破壊規準を考えると、せん断応力τは$c+\sigma\tan\phi$まで増加すると極限（破壊）状態にいたります。よって安定性の程度を示す尺度である安全率F_sは、（極限状態のせん断抵抗力S_f）/（現在のせん断力S）＝$(c+\sigma\tan\phi)\,l/W\sin\theta$より、次式にて計算されます。

第6章　土と災害

$$F_s = \frac{S_f}{S} = \frac{cl + W\cos\theta\tan\phi}{W\sin\theta} \quad [無次元]$$

(22.1)

式（22.1）から粘着力 c [kN/m²] やせん断抵抗角 ϕ が小さいほど安全率が小さくなることがわかります。

問題はここで終わりではありません。すべり面の角度 θ を決めていないからです。この θ の値は、安全率 F_s が最も小さくなる値を選ぶことで決められます。なぜなら、斜面は一番壊れやすい断面で（つまり一番 F_s が小さいすべり面の角度を選んで）壊れると考えるのが自然だからです。このような θ は、$dF_s/d\theta = 0$（つまり F_s が極小）を満たす θ を数学的に求めてもよいですし、表計算ソフトを使って、θ を少しずつ変えて、F_s が最小になる値を見つけてもよいです。図 22・3 の下図は、具体的な数値例を用いて安全率 F_s を計算したものです。鉄道・道路・堤防など、その種類・用途にもよりますが、多くの盛土の設計基準では、F_s は 1.2~1.3 程度を見込むことになっています。ですから、この例の盛土（高さ 10 m、傾斜角 40°）を安定して築造するには、せん断抵抗角 $\phi = 25°$ ならば最低でも、見かけの粘着力 $c = 6$ kN/m² 以上の強度をもった土が必要となることがわかります。

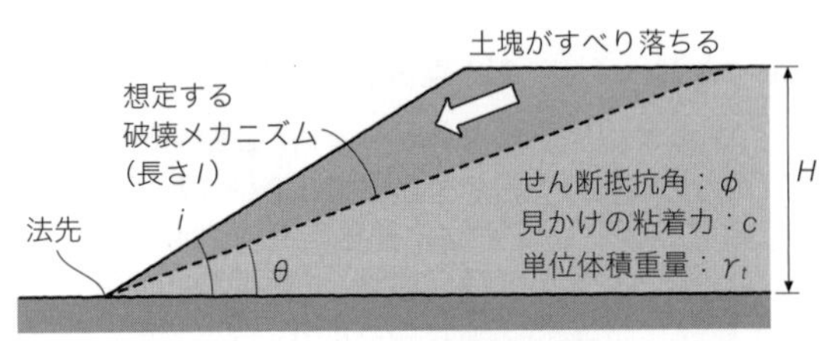

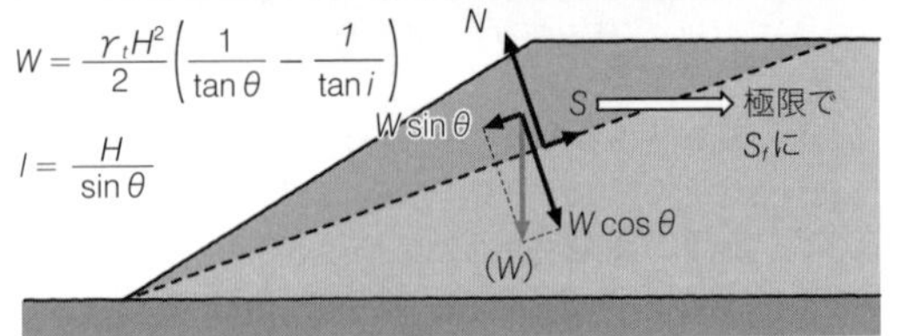

斜面垂直方向の力のつり合い　$N - W\cos\theta = 0$
斜面平行方向の力のつり合い　$S - W\sin\theta = 0$
モール・クーロンの破壊規準　$S_f/l = c + (N/l)\tan\phi$
（力を長さ l × 奥行き1で割って、応力に）

安全率 $F_s = \frac{S_f}{S} = \frac{cl + W\cos\theta\tan\phi}{W\sin\theta}$
（W、l の式は上記のとおり）

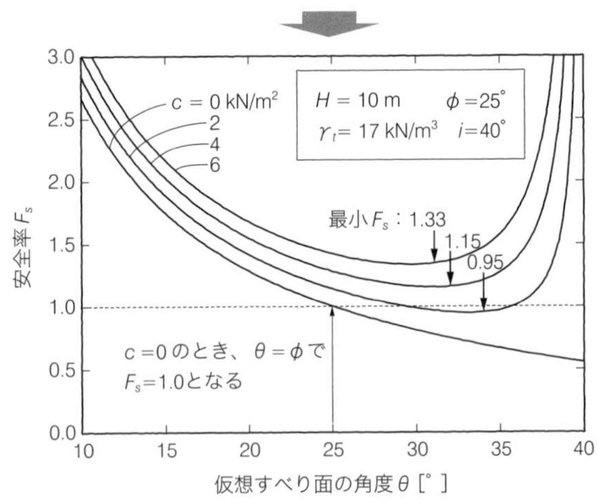

図 22・3　盛土斜面の安全率の算定の例

図 22・4　安息角にある豊浦砂

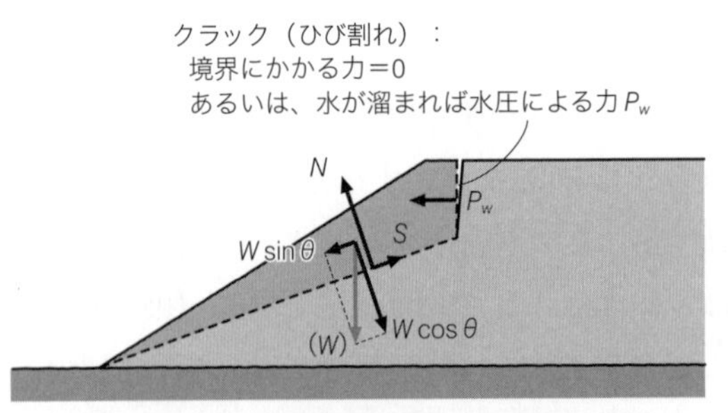

図 22・5　クラックを含む斜面の安定解析の考え方

式（22.1）で、見かけの粘着力cが0である場合、$\theta = \phi$のとき安全率$F_s = 1$となることに注意してください。これは、乾いた砂のようにcが0の土では、ϕより大きな傾斜角をもつ斜面をつくれないことを示しています。このような角度を**安息角**（angle of repose）とよび（図22・4）、上記の理由から低拘束下でのせん断抵抗角ϕと一致します（第16講COLUMN主働破壊のメカニズム≠崩壊後の斜面安定メカニズムも参照してください）。

以上では、せん断破壊メカニズムのみを考えてきましたが、図22・5のように、斜面頂部にクラックが生じるような場合もあります。このようなメカニズムに対しても、同様の解析方法によって安全率を計算します。

22・3 無限斜面の安定解析

実際に無限に続いているような斜面はありませんが、図22・6に示す地すべりのように斜面の滑動長さLがすべり面の深さH_fに対して十分大きい場合には無限斜面の仮定をすることができます。

（1）大気中の場合

無限斜面の安定性は、図22・7のような破壊メカニズムを仮定した極限つり合い解析により検討できます。今度は、斜面に平行なすべり面を仮定しますので、その傾斜角はiで固定し、すべり面の深さH_f［m］の値を変えて安全率F_sの変化を見ます。図22・7に示したように安全率F_s［無次元］は次式のように整理できます。

$$F_s = \frac{c}{\gamma_t H_f \cos i \sin i} + \frac{\tan\phi}{\tan i} \text{［無次元］} \quad (22.2)$$

式（22.2）で粘着力cやせん断抵抗角ϕが小さいほど、そして斜面の角度iが大きいほど安全率が小さくなります。また図22・7に

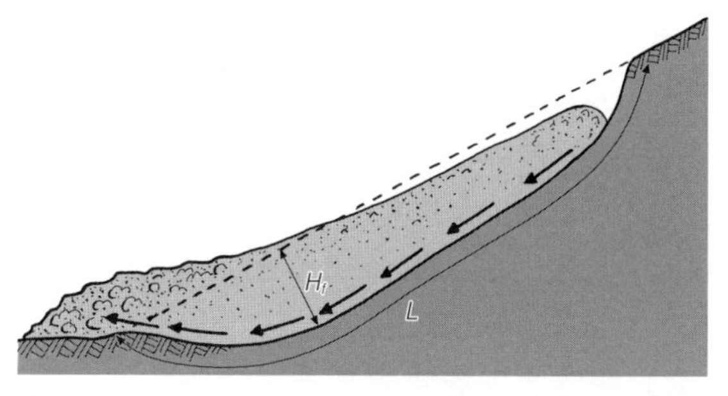

図22・6　滑動長さLがすべり深さH_fに対して十分大きい斜面

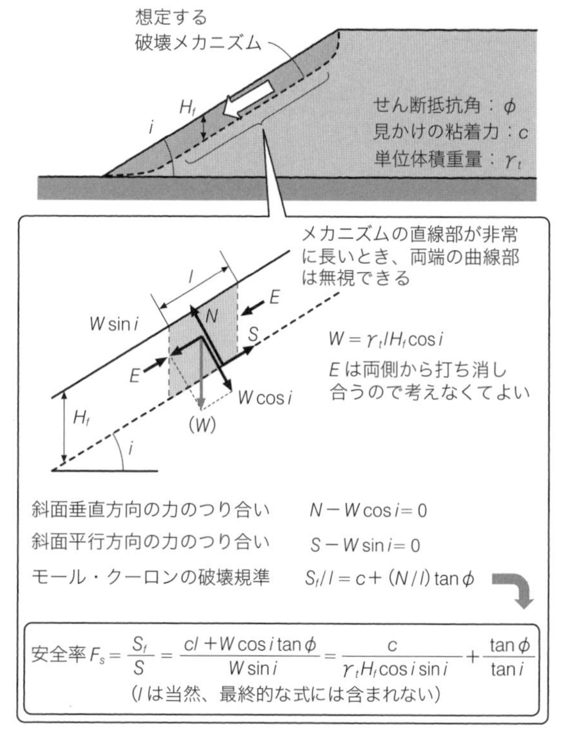

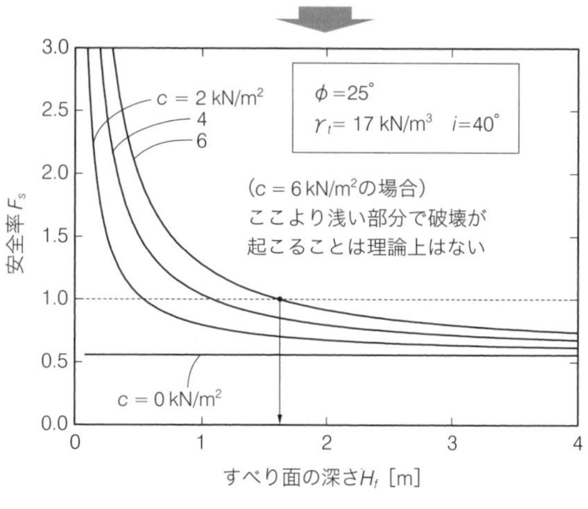

図22・7　大気中の無限斜面の安全率の算定

第6章　土と災害

あるように、すべり面が深いほど安全率F_sは小さくなります。すべり面がどんなに深くても安定、いわゆる絶対安定を保つ長い斜面とは、式（22.2）で$H_f \to \infty$とした場合の$F_s > 1$になる条件から、

$$\tan i < \tan \phi \tag{22.3}$$

を満たす斜面になります。しかしあまり大きなH_fに対しては、「無限長」斜面の近似が成り立たなくなります。この解析はあくまで、斜面長に対して小さなH_fについて安定性をチェックすることにのみ意味があります。

（2）間隙水圧を考慮する場合

図22･8に示すように、斜面中に間隙水圧が存在する場合、その値の分布を原位置調査や浸透流解析などにより推定し、間隙水圧による奥行き1 m当たりの合力U [kN/m] を、すべり面に沿っての垂直反力N [kN/m] から差し引き、有効合力N' [kN/m] として考える必要があります。

$$N' = N - U \quad [\text{kN/m}] \tag{22.4}$$

ここでは図22･9のように斜面に地下水位が存在し、斜面に平行な定常な浸透流が存在する場合の無限斜面の安定を検討することにし、図に示すようなすべり土塊ab－a′b′を考えます。この土塊重量をW [kN/m]、土塊に働く間隙水圧の合力をU、土塊がすべり面から受ける有効垂直反力をN'、土塊がすべり面から受けるせん断反力をS [kN/m] とします。土塊が滑り落ちる瞬間の力のつり合いを考えると、同図に示した力の多角形が得られます。なおab面、a′b′面から土塊に働く力は互いに相殺されるので、すべり土塊ab－a′b′の側面に働く力を考慮する必要はありません。力の多角形から、

$$N' + U = W\cos i、S = W\sin i \quad [\text{kN/m}] \tag{22.5}$$

が得られます。

一方、図22･10に示すように土塊のすべり面の点pに働く間隙水圧u [kN/m^2] を求めます。p

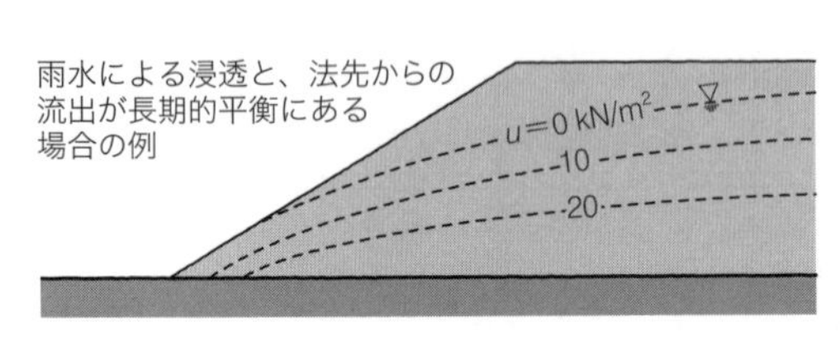

図22･8　浸透流のある斜面

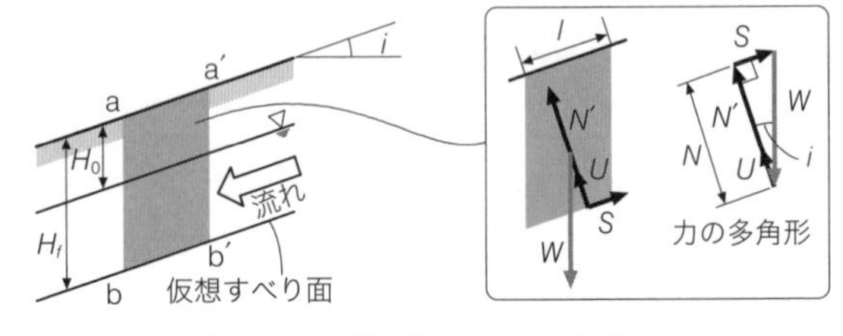

図22･9　浸透流のある無限斜面

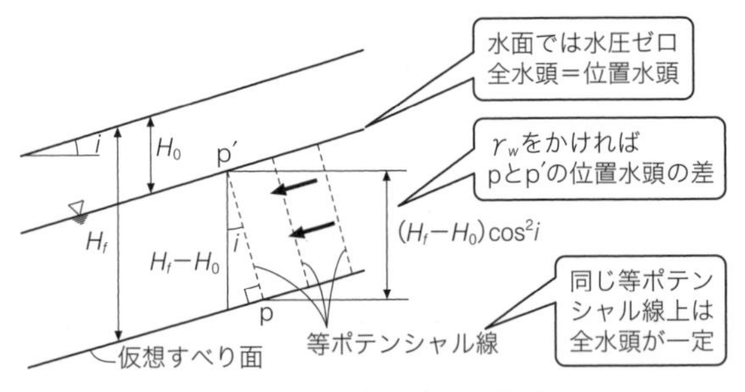

図22･10　すべり面に働く間隙水圧u

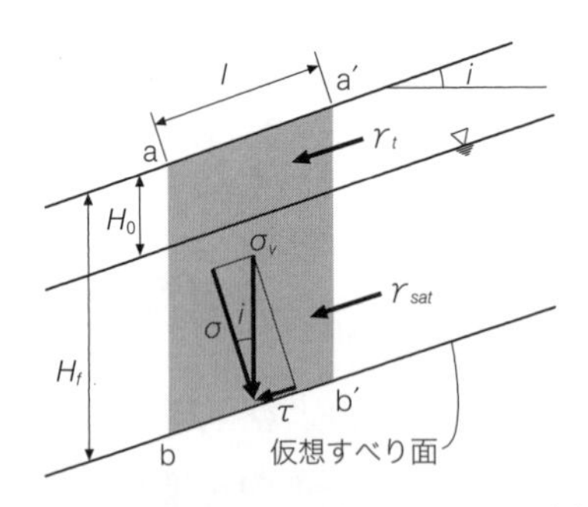

図22･11　すべり面に働く鉛直応力σ_vとその垂直成分σ、せん断成分τ

の位置を基準とするとp′の位置水頭は$(H_f-H_0)\cos^2 i$ [m] であり、かつ圧力水頭がゼロなので これは全水頭に等しくなります。一方直線pp′ は等ポテンシャル線になりpとp′で全水頭が等しいことに注意すると、pの位置水頭はゼロなので圧力水頭は $(H_f-H_0)\cos^2 i$ [m] になります。したがってp点に代表されるすべり面に働く間隙水圧uは$\gamma_w(H_f-H_0)\cos^2 i$ [kN/m²] として求められます。これを用いると式（22.5）の間隙水圧による合力Uは、

$$U=\gamma_w(H_f-H_0)\cos^2 i\times l \quad [\mathrm{kN/m}] \tag{22.6}$$

になります。

また、図22・11に示すようにすべり面に働く鉛直応力をσ_vとすると、$\sigma_v=W/l$ （l×奥行き1 m）であり、さらに$W=\{\gamma_t H_0+\gamma_{sat}(H_f-H_0)\}\times l\cos i$より、

$$\sigma_v=\{\gamma_t H_0+\gamma_{sat}(H_f-H_0)\}\cos i \quad [\mathrm{kN/m^2}] \tag{22.7}$$

となります。式（22.5）、式（22.6）、式（22.7）から

$$\begin{aligned} N' &= W\cos i-U \\ &=\{\sigma_v\cos i-\gamma_w(H_f-H_0)\cos^2 i\}l \\ &=\{\gamma_t H_0+\gamma_{sat}(H_f-H_0)-\gamma_w(H_f-H_0)\}\cos^2 i\times l \\ &=\{\gamma_t H_0+\gamma'(H_f-H_0)\}\cos^2 i\times l \quad [\mathrm{kN/m}] \end{aligned} \tag{22.8}$$

が導かれます。土塊がすべり面から受ける有効垂直反力N'が求まったので、あとは図22・7の場合と同様です。NのかわりにN'を用いて斜面の安全率F_sは、

$$F_s=\frac{S_f}{S}=\frac{c'l+N'\tan\phi'}{W\sin i}=\frac{c'+\{\gamma_t H_0+\gamma'(H_f-H_0)\}\cos^2 i\tan\phi'}{\{\gamma_t H_0+\gamma_{sat}(H_f-H_0)\}\cos i\sin i} \tag{22.9}$$

として得られます。なおここでは有効応力にもとづくモール・クーロンの破壊規準を考えているので、cとϕには、長期安定問題なら排水条件で得たc'とϕ'、短期安定問題なら非排水条件で得たc_{cu}とϕ_{cu}を用います（表14・1参照）。浸透流のない場合と同様に、式（22.9）では粘着力c'やせん断抵抗角ϕ'が小さいほど、安全率F_sが小さくなります。また、地下水位までの深さH_0が小さいほど（すなわち地下水位が高いほど）、安全率F_sが小さくなることがわかります。地下水位が斜面表面に一致する最悪の場合でも安定を保つことを考えるために、式（22.9）で$H_0=0$とすると、安全率は、

$$F_s=\frac{c'+\gamma' H_f\cos^2 i\tan\phi'}{\gamma_{sat}H_f\cos i\sin i} \quad [無次元] \tag{22.10}$$

になります。さらに粘着力c'がゼロとすると、安全率は次のようになります。

$$F_s=\frac{\gamma'\tan\phi'}{\gamma_{sat}\tan i} \quad [無次元] \tag{22.11}$$

それではすべり面の深さH_fはどのように安全率F_sに影響するでしょうか？　これも浸透流のない場合と同様に、すべり面深さH_fが大きくなるほど、安全率F_sが小さくなります。すべり面がどんなに深くても安定、いわゆる絶対安定を保つ無限斜面は、式（22.10）で$H_f\to\infty$として、

$$F_s=\frac{\gamma'}{\gamma_{sat}}\cdot\frac{\tan\phi'}{\tan i}>1 \quad [無次元] \tag{22.12}$$

から次式を満たす必要があります。

$$\tan i < \left(\frac{\gamma'}{\gamma_{sat}}\right)\tan\phi' \tag{22.13}$$

式（22.13）が満たされれば、地下水位や粘着力の有無によらず斜面は安定を保ちます。

図22・12のように斜面が静水中にある場合、すべり面に作用するせん断応力は土塊の水中重量 W' ［kN/m］を用いて表わされます。安全率 F_s は、式（22.10）で $\gamma_{sat}=\gamma'$ とすることにより、

$$F_s = \frac{c' + \gamma' H_f \cos^2 i \tan\phi'}{\gamma' H_f \cos i \sin i}\ [\text{無次元}] \tag{22.14}$$

として得られます。粘着力 c' がない場合、式（22.14）は

$$F_s = \frac{\tan\phi'}{\tan i}\ [\text{無次元}] \tag{22.15}$$

となります。ここで例えば粘着力 $c'=0$、せん断抵抗角 $\phi'=30°$ とするとぎりぎり安定を保つ斜面角度は式（22.15）より $i=\phi=30°$ です。一方、斜面に平行に定常な浸透流のある斜面の場合、安全率は式（22.11）で表わされます。このとき $\gamma_{sat}=20\ \text{kN/m}^3$ とするとおおよそ $\gamma'=10\ \text{kN/m}^3$ で $\tan i = 0.5\tan\phi'$ より、ぎりぎり安定を保つ斜面角度は $i \fallingdotseq 16°$ になり、静水中の斜面角度に比較して約半分になります。

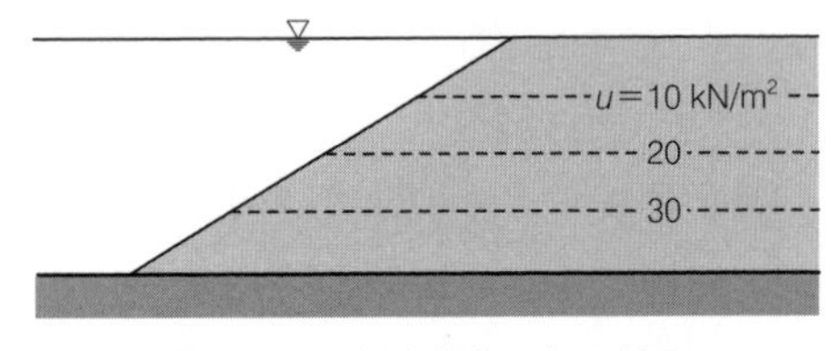

図 22・12　静水状態にある斜面

第 23 講　有限斜面の安定解析と斜面防災

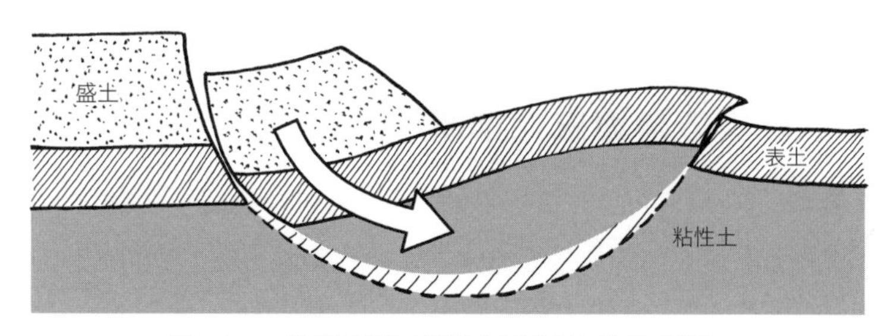

図 23・1　軟弱な粘性土地盤上の盛土とすべり破壊

第22講では、図22・6のように斜面の滑動長さがすべり面の深さに対して十分に大きい無限斜面の安定解析方法を学習しました。しかし実際の斜面は、いつも無限斜面と見なせるわけではありません。例えば軟弱な粘性土地盤上に盛土を構築する場合に人工斜面（法面）が形成されますが、このような斜面の不安定化現象はしばしば基礎地盤部分まで含んだ形で現れます。その場合、すべり面は滑動長さに対して深くなり、一般には無限斜面とは見なせず、**有限斜面**（finite slope）の状況になります（図 23・1）。

また、前講では粘着力 c やせん断抵抗角 ϕ が均一な土質で形成される斜面を対象にしましたが、いつも均一とは限りません。さらに斜面の勾配についても斜面全長にわたって一定の角度とは限りません。斜面を構成する土が不均質だったり、斜面形状が複雑だったりする場合でも安定性を検討できる解析方法が必要です。

そこで本講では有限斜面を対象に、最初に有限斜面の破壊形態をまとめ、そしてすべり面の形状を円弧と仮定する**円弧滑り**（circular slip）による斜面安定解析を学習します。続いて円弧すべり面によるすべり土塊を細かい鉛直帯片（スライス）にして安全率を計算する**分割法**（slice method）について説明します。最後に斜面災害の対策について紹介します。

23・1 有限斜面の破壊形態

無限斜面のすべり面は地表面とほぼ平行に生じますが、有限斜面に生じるすべり面の形状は、斜面の土質や地層構成によって異なります。比較的均一な土質で斜面が形成される場合には、円弧に近いすべり面になり、すべり面の位置によって図 23・2 のように分類されます。底部破壊は、

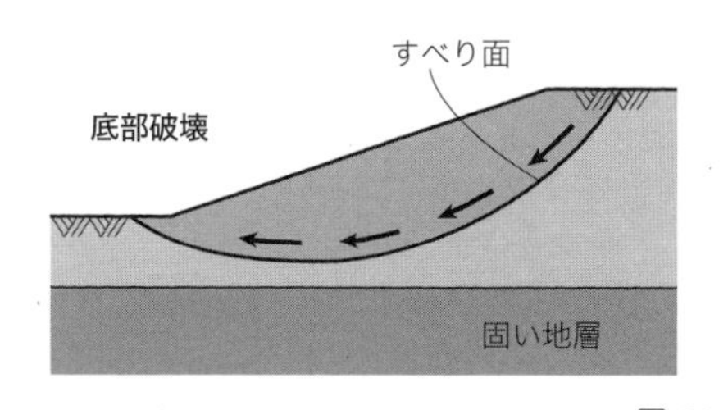

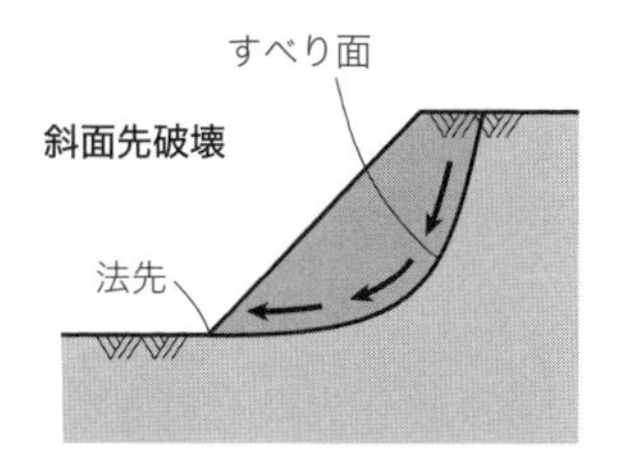

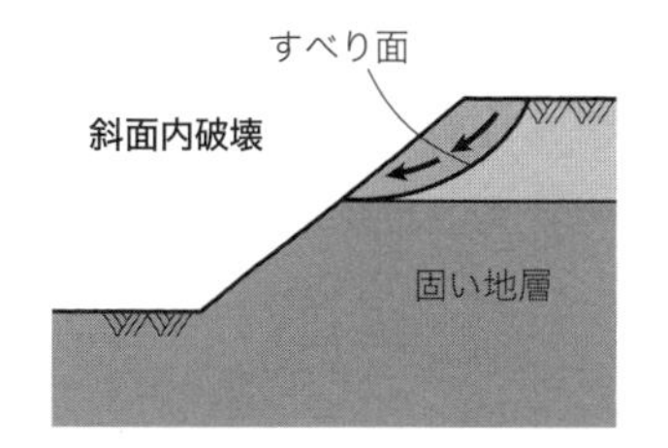

図 23・2　有限斜面のすべり破壊形態

比較的ゆるい傾斜の斜面に生じる場合が多く、すべり先端におけるふくれ上がりは、しばしば斜面から離れたところに生じます。斜面先破壊は急斜面に生じることが多く、すべり面が斜面の法先を通るのが特徴です。斜面内破壊は斜面先破壊の特殊なもので、斜面の下部に固い地盤が存在する場合に発生し、斜面を切る形になります。

23・2 円弧滑りによる斜面安定解析

(1) 円弧すべり解析

斜面は最も弱い断面でずべり破壊を生じます。このため図 23・1 や図 23・2 に示したようなすべり破壊形態をいくつも考えて、その中から最も「クリティカル（臨界的）」なすべり面を探す必要があり、そのためにすべり面として円弧を想定する**円弧すべり解析法**（circular slip surface method）が発展してきました。図 23・3 の写真は、粘土で作製した模型斜面を遠心載荷装置に搭載し、遠心加速度による見かけの自重を大きくして破壊させたものを示しています。実際に、円弧のようなすべり面に沿って回転破壊しているのが確認できます。

円弧滑り解析では、図 23・3 に示すように中心（x_0, y_0）と半径 R を仮定したある円弧に沿って、上の土塊が回転する破壊モードを想定します。この問題は、土のせん断抵抗角 ϕ が 0 であれば簡単に考えることができます。同図に示すように、破壊メカニズムに沿って極限状態で発揮される非排水せん断強さ c_u に由来する「抵抗モーメント」と、土塊の自重 W に由来する「不安定化モーメント」の比が安全率 F_s となります。そして、F_s を最小にする中心（x_0, y_0）と半径 R を、繰り返し計算によって求めればよいのです。

しかし、せん断抵抗角 ϕ が 0 でない場合は簡単にはいきません。円弧に沿ってのせん断力はそれぞれの位置での垂直応力に依存することになりますが、その垂直応力分布がわからないからです。この問題を解く（最小 F_s と、それを与える円弧を決定する）には、何らかの仮定が必要になるのですが、その仮定の設け方によって、さまざまな名のついた方法が存在します。それらのうちスウェーデン法とビショップ（簡易）法を次の 23.3 節で学びます。

ところで、円弧滑り解析では上記の通り、円弧状のすべり面の中心（x_0, y_0）と半径 R を

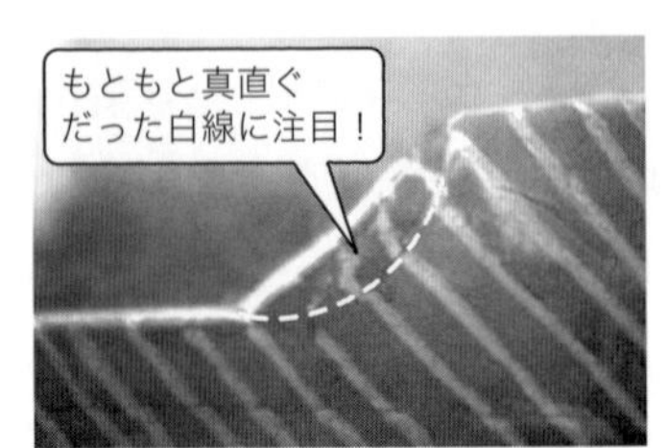

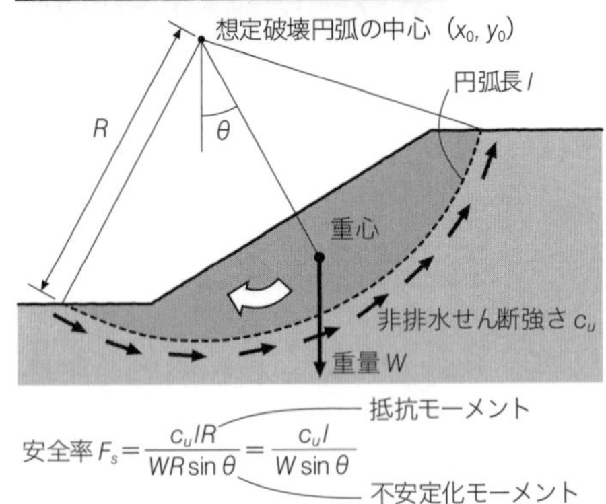

図 23・3　円弧滑り解析法（$\phi = 0$ の場合）

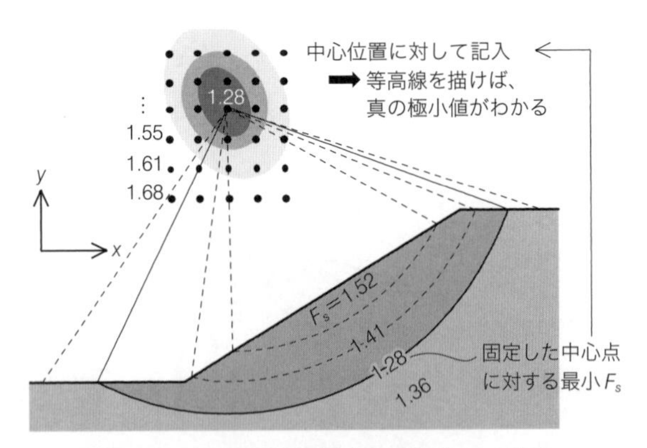

図 23・4　円弧滑り解析法での最小 F_s の決定

変化させて最小となるF_sを求める過程が必要なのですが、変数がx_0、y_0、Rと三つもあると、あてずっぽうではなかなか難しいです。体系的にF_sの最小値を求めるには、まず円の中心（x_0, y_0）を固定したうえで半径Rを変えていき、その範囲でのF_sの最小値を中心（x_0, y_0）に記します。そして中心（x_0, y_0）を少しずらし、同様の作業を行っていきます。十分な（x_0, y_0）の範囲に対してこの作業を完成させると、すべてのx_0、y_0、Rの組に対するF_sの極小値（最小値）が明確になります（図 23･4）。

（2）テイラーの安定図の利用

均質な土で構成される単純斜面で間隙水圧を考慮しないとき、図23･5に示すテイラー(Taylor)の安定図を用いて斜面の安全率F_sを求める方法があります。テイラーは1948年の著書[30)]の中で、摩擦円法とよばれる解析法によりこの図を求めています。コンピュータ計算ができなかった時代のやや古風な解析法なので、ここではその方法自体は具体的に解説しませんが、図23･5は安定係数N_s［無次元］とよばれるものを与えます。このN_sを用いて、斜面の限界高さ（安定していられるギリギリの高さ）H_c［m］は次式で表わされます。

$$H_c = N_s \frac{c_u}{\gamma_t} \ [\mathrm{m}] \tag{23.1}$$

ここで、c_u：土の非排水せん断強さ［kN/m^2］、γ_t：土の単位体積重量［kN/m^3］です。16.4節で学んだ粘土地盤の限界自立高さに関する式（16.15）と同じ形になります。式（23.1）により斜面の限界高さH_cが得られると、高さH［m］の斜面のすべりに対する安全率F_sは、

$$F_s = \frac{H_c}{H} \ [無次元] \tag{23.2}$$

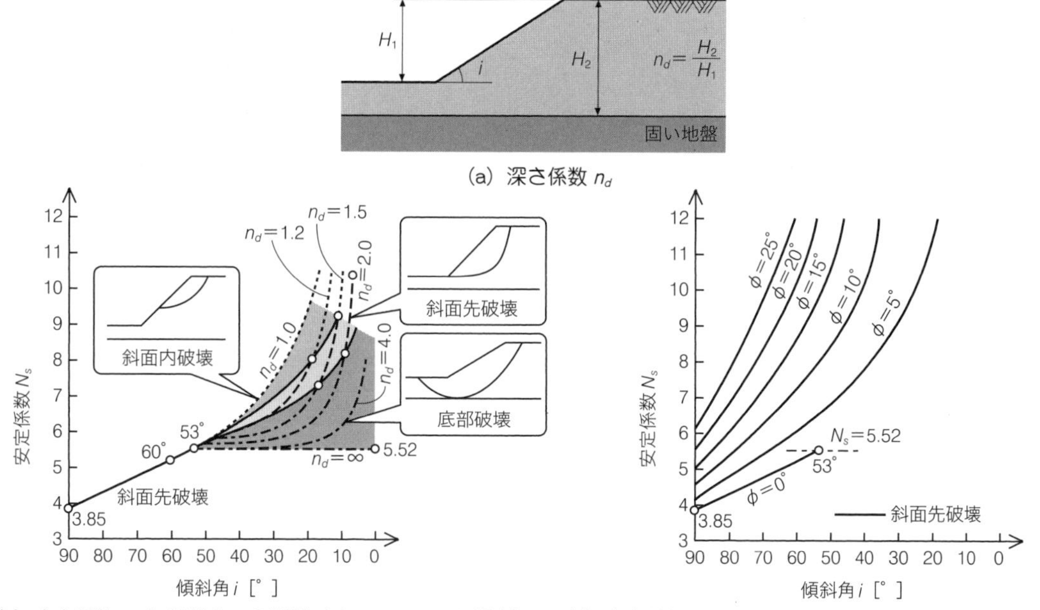

図 23･5　テイラーの安定図

により求められます。

式（23.1）の安定係数N_sは、非圧密非排水条件によりせん断抵抗角$\phi_u = 0°$の場合、斜面の勾配iと深さ係数n_d（斜面肩から硬い地層までの深さH_2［m］と斜面の高さH_1［m］の比（図23･5(a)））だけに関係します（図23･5（b））。斜面勾配が53°より大きいときは斜面先破壊を生じ、53°より小さいときは底部破壊を生じることが多くなります。一方、せん断抵抗角$\phi \neq 0$である土については、図23･5（b）は利用できません。この場合、安定係数N_sは斜面勾配iだけでなく、せん断抵抗角ϕの影響も受けるため、図23･5（c）を用います。

23･3 分割法による斜面安定解析

23.2節で紹介した円弧滑り解析を、より複雑な条件に対しても一般的に実施できるように工夫したものが分割法です。分割法では、図23･6のようにすべり土塊を縦のスライスに分割します。それぞれのスライスについて力のつり合いを考え、またそれぞれのスライス底面で破壊条件（多くの場合、モール･クーロンの規準を想定します）を満たすとして、全体のモーメントのつり合いから安全率を計算します。

図23･6に示すように、n個のスライスに対し、それぞれ任意の2方向（例えば鉛直と水平、あるいは底面に垂直および平行な方向など）の力のつり合い式と底面での破壊条件式があります。また、円弧内の土塊全体としてのモーメントのつり合い式が一つあるので、全部で$3n+1$個の式があります。一方、未知数はn個のスライスのそれぞれに対し奥行き1m当たり底面垂直力N_i［kN/m］・底面せん断力S_i［kN/m］があり、また$n-1$個存在するスライス間の境界それぞれに対し、スライス間力の鉛直成分V_i［kN/m］・スライス間力水平成分H_i［kN/m］が存在します。これ

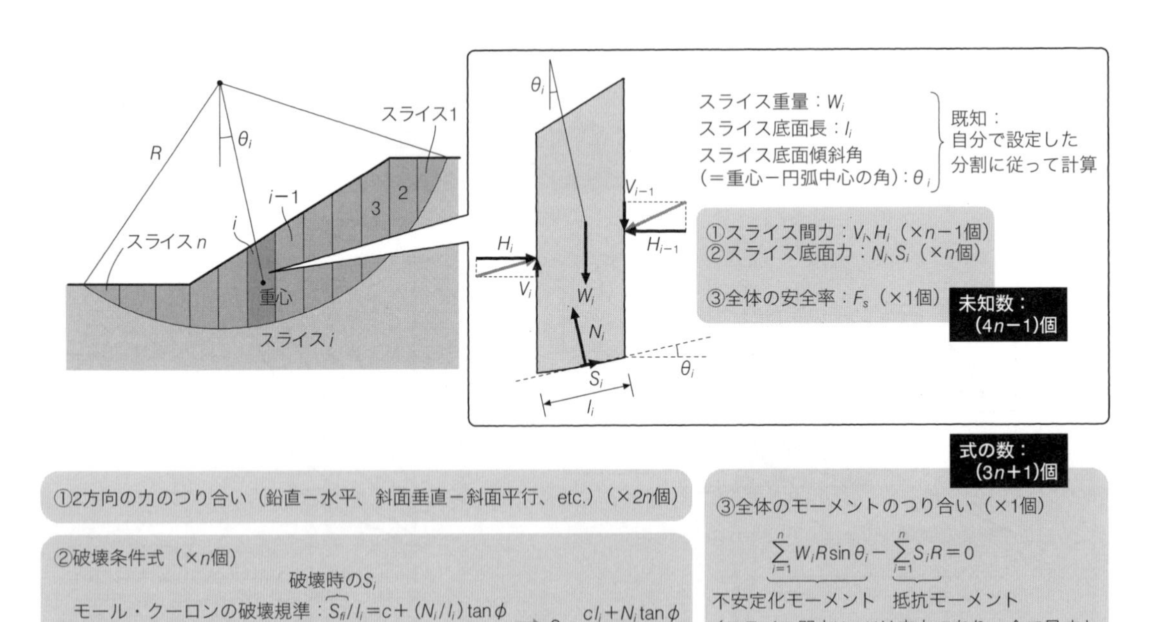

図23･6　分割法による斜面安定解析（未知数と式の数が合致せず、そのままでは解けない）

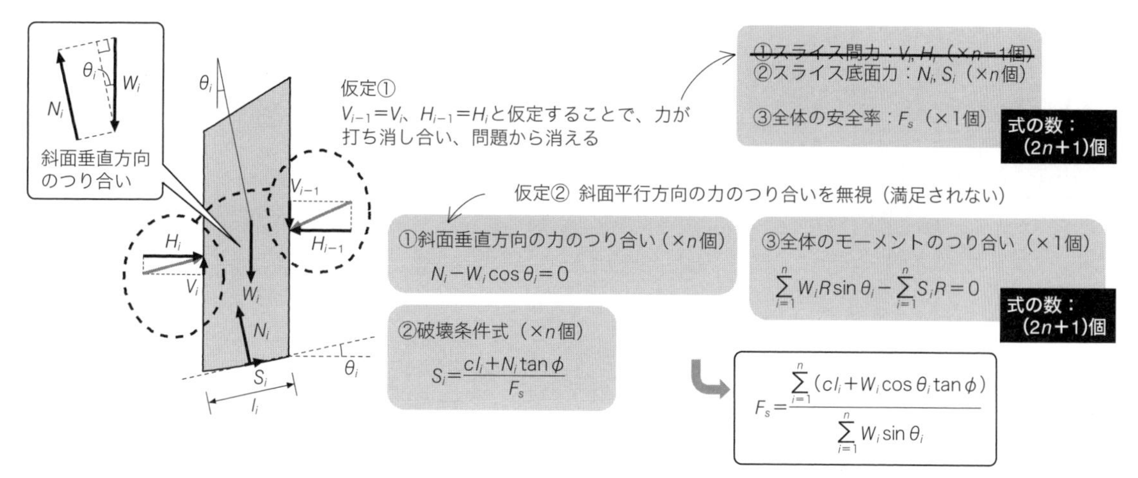

図 23・7　スウェーデン法による安全率の計算

に安全率 F_s を加えた $4n-1$ 個の未知数があることになります。よって、$n>2$ では式の数（$3n+1$）が未知数の数（$4n-1$）に足りず、不静定問題となってしまい、解くことができません。つまり、分割しただけでは問題を解くことはできません。

（1）スウェーデン法

そこで提案された分割法の一つが**スウェーデン法**（Swedish method）とよばれるもので、提唱者の名に因んで**フェレニウス法**（Fellenius method）ともよばれます。この方法では、

仮定①：スライス間力（$2(n-1)$個）はすべて無視する　⇒　未知数を $2n+1$ 個に

仮定②：底面平行方向の力のつり合い式（n 個）を無視する　⇒　条件式を $2n+1$ 個に

を設けることで、(条件式の個数)＝(未知数の個数）となり、図 23・7 のように安全率 F_s を求めることができます。仮定①については、「スライスの両側面にかかる力が釣り合っている（$H_i=H_{i-1}$、$V_i=V_{i-1}$）ので打ち消し合う」と見なしているとも考えることができます。なお、ある任意の円弧を仮定することで初めて上記の解析が可能になるわけであり、円の中心（x_0, y_0）と半径 R をいろいろと変えて、安全率 F_s を最小化したものが最終的な解であることは 23.2 節で述べた通りです。

（2）ビショップ（簡易）法

ビショップ法（Bishop's method）[31] は、しばしばスウェーデン法と対比して説明されます。ビショップ法には厳密法と簡易法があり、後者では、

仮定①：スライス間力はすべて無視する[注]　⇒　未知数を $2n+1$ 個に（スウェーデン法と同様）

仮定②：水平方向の力のつり合い式（n 個）を無視する　⇒　条件式を $2n+1$ 個に

を設けて、(条件式の個数)＝(未知数の個数）とすることにより、図 23・8 のように安全率 F_s を求めます。厳密法では、スライス間力を無視するのではなく、何らかの値を仮定して解いていきます。一般的にビショップ法と実務でよぶときは簡易法を指すことが多く、本講でも以降は簡易

注）ビショップ法では、水平方向の力のつり合いを考えないため、スライス間力の水平成分 H_i については存在しないあるいは H_i と H_{i-1} が等しいと考えて無視しているわけではなく、単に定式化に用いられない、というだけです。

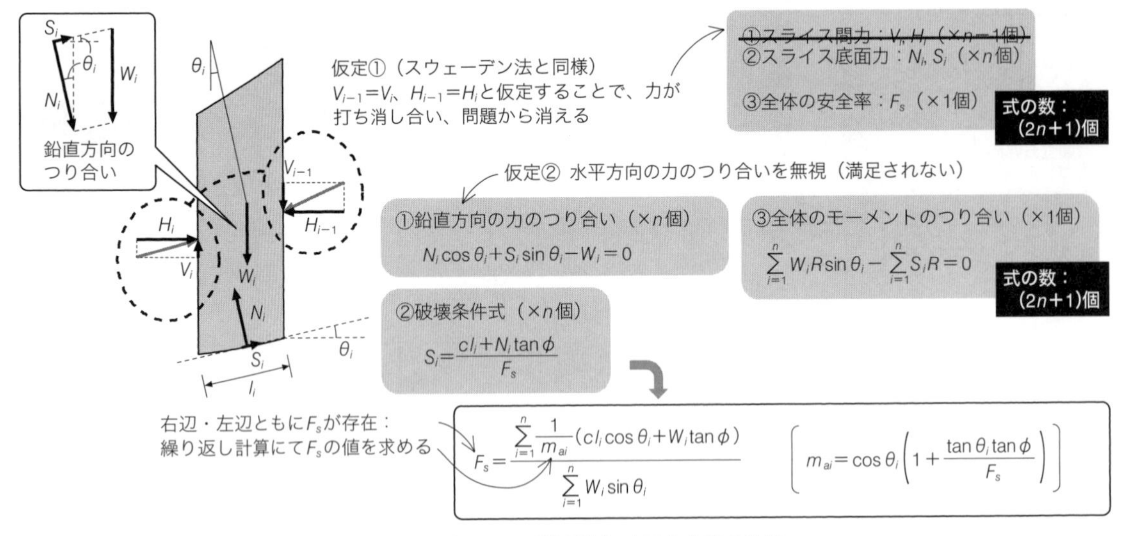

図 23・8　ビショップ簡易法による安全率の計算

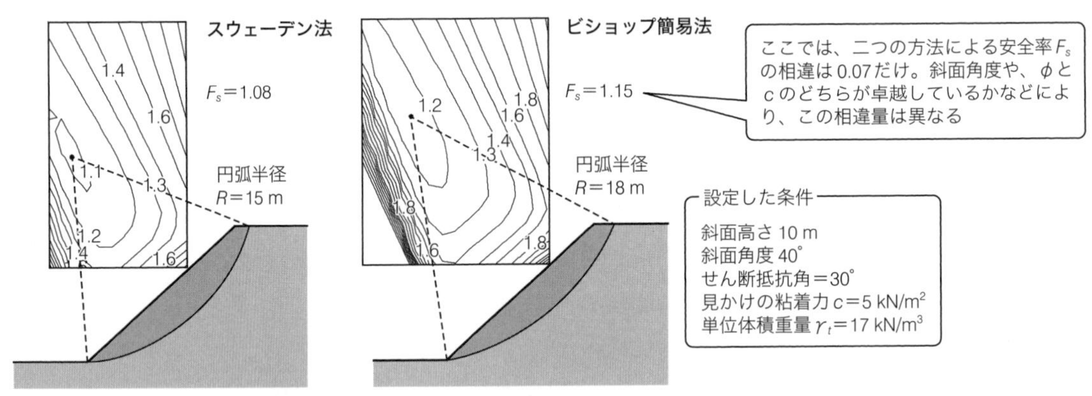

図 23・9　スウェーデン法とビショップ簡易法による安全率の計算例

法を考えていきます。

ビショップ法について注意が必要なのは、F_sを表わす最後の式で、両辺に未知数であるべきF_sが残ってしまい、直接に求められる形で表わされないことです。その数値を求めるには収束計算が必要です。すなわち、任意の数を右辺のF_sに代入し、その結果得られる左辺のF_sの値を再び右辺に代入することを繰り返します。多くの場合、数回繰り返すと、両辺でほぼ同じF_sの値に収束します。スウェーデン法と同様、このようにして求める安全率F_sを円の中心（x_0, y_0）と半径Rに対して最小化することで最終的な解とします。

（3）スウェーデン法とビショップ簡易法の比較

上記のように、スウェーデン法とビショップ簡易法では、力のつり合いを考慮する方向に違いがあることがわかります。どちらも厳密にすべての条件を満たす解法ではないので、どちらが「正しい」ということはできません。一般的な斜面の形状と強度定数（c・ϕ）値に対して、多くの場合、ビショップ簡易法はスウェーデン法よりもやや大きな安全率F_sを与えると言われています。実際に計算した例を図 23・9 に示しますが、この例ではビショップ簡易法はスウェーデン法よりも 0.07 程度大きな安全率 F_s を与えます。

（4）間隙水圧を考慮する場合

ここで先に示した図 22・8 のように斜面内の間隙水圧を考慮する場合の分割法について考えてみましょう。図 23・10 のように、各スライスの底面で、その位置に応じた大きさの間隙水圧 u_i [kN/m²] が働いています。この u_i による力 $u_i l_i$ [kN/m] と、土粒子間を通じて働く力 N_i' [kN/m] の和が図 23・7 や図 23・8 で考えていた N_i に相当します。一方で、有効応力にもとづくモール・クーロンの破壊規準を考えるので、c と ϕ には、排水条件（長期安定問題）なら c' と ϕ'、非排水条件（短期安定問題）なら c_{cu} と ϕ_{cu} を用います（表 14・1 参照）。もちろん、破壊条件式中の垂直応力としては全応力 σ ではなく有効応力 σ' を用います。

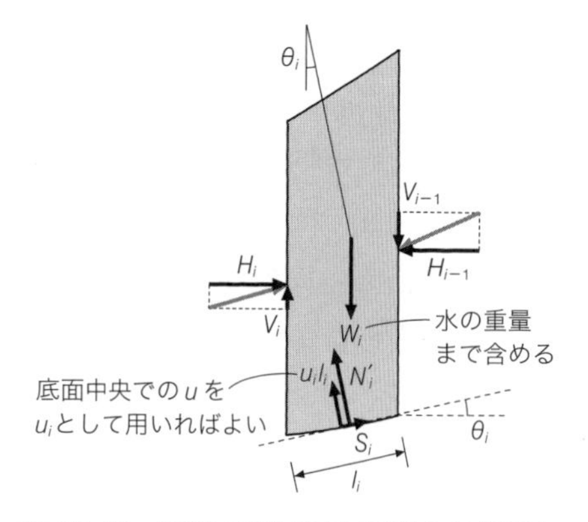

図 23・10　間隙水圧を考慮する場合の分割法

スウェーデン法とビショップ簡易法による安全率 F_s の式が具体的にどのように変わるかを示したのが図 23・11 です。それぞれ、式の分子の中で $u_i l_i$ の項が引かれていることから、間隙水圧が上がると安全率は低くなることがわかります。

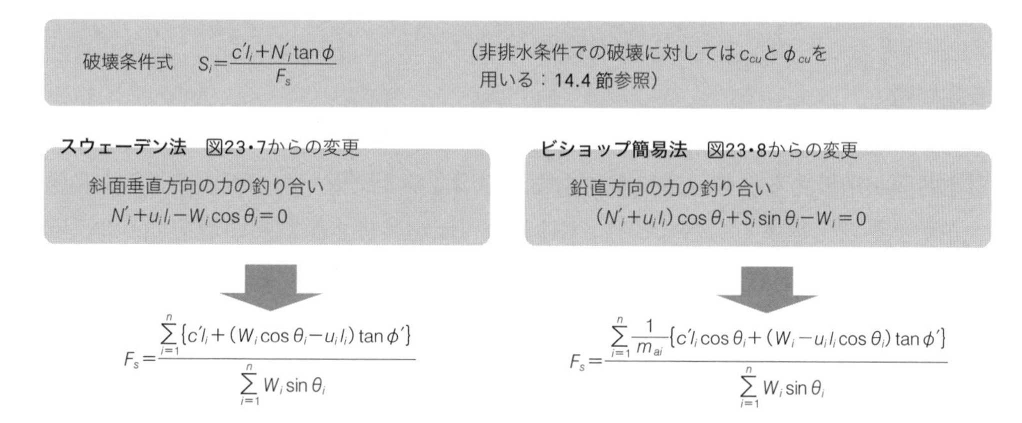

図 23・11　間隙水圧を考慮する場合のスウェーデン法とビショップ簡易法（排水条件を想定して c' と ϕ' により記述）

● COLUMN ●　複合すべり面の安定解析

土質が均一でなく、ある深さに局所的に軟弱層が存在するような場合には、例えば複数の直線すべり面、あるいは円弧と直線すべり面を組み合わせた複合すべり面が生じます。昔の水田の上に盛り土を造成する場合などが当てはまります。図のように複数の直線すべり面を組み合わせた複合すべり面の場合、斜面の安全率は次式で求められます。

$$F_s = \frac{cL + W\tan\Phi + P_P}{P_A}$$

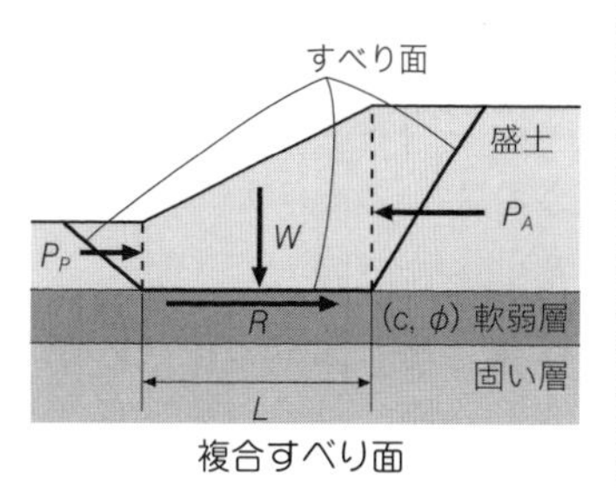

複合すべり面

ここで、P_A、P_P はそれぞれ主働土圧合力、受働土圧合力です。このほかに複合すべり面を有する場合の代表的な計算法にヤンブー法（Janbu's method）[32] などがあります。

（5）地震時の斜面安定解析

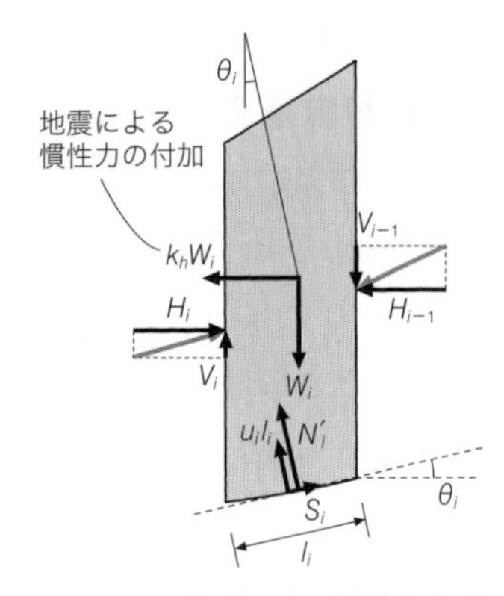

図 23・12　地震による慣性力を考慮したスライス

地震時の斜面の安定解析には、17.3 節で説明した、地震時土圧を求めるための物部・岡部の土圧式の計算と同じ考え方を用います。式（17.9）の水平震度係数 k_h を導入して、地震時の慣性力を、すべり面円弧内の斜面の重量 W に水平震度係数 k_h を乗じた k_hW によって表わします（図 23・12）。この力をすべり面に垂直な力 $k_hW_i\sin\theta_i$ と、すべり面に平行な力 $k_hW_i\cos\theta_i$ に分解して、例えば図 23・11 のスウェーデン法の安全率の式に代入すると、地震時の斜面の安全率として次式が得られます。

$$F_s = \frac{\sum\{c\,l_i + (W_i\cos\theta_i - k_hW_i\sin\theta_i - u\,l_i)\tan\phi'\}}{\sum(W_i\sin\theta_i + k_hW_i\cos\theta_i)} \quad [\text{無次元}] \tag{23.3}$$

（6）強度定数 c・ϕ の選択

モール・クーロンの破壊規準を想定して、強度定数としてせん断抵抗角 ϕ と見かけの粘着力 c あるいは有効応力表示の ϕ'、c' を斜面安定解析に用いてきました。どのような垂直応力（全応力・破壊時の有効応力・非排水せん断前の有効応力など）を考えるかによって、適切な ϕ と c を用いる必要があります。どのように使い分けるのか、以下の場合に分けて考えてみます。ここは、第 14 講を復習しながら読んで理解してください。

●短期安定問題

排水による体積変化にかかる時間に比べ、非常に早く起こる破壊の想定を短期安定問題とよびます。砂質土斜面が地震力などの急速な載荷を受ける場合や、圧密がある程度終了した粘性土斜面に荷重がかかり不安定化する場合などは、CU 試験（圧密非排水試験）が適切であり、安定解析に ϕ_{cu}、c_{cu} を用いるのが合理的です。この方法では、潜在的なすべり面に沿っての「不安定化前の有効反力」（例えば図 23・10 の N_i'）に応じて最終的に発揮される非排水せん断強さが、せん断中に生じる間隙水圧まで勘案された上で算出されます。粘性土斜面で、圧密による強度増加がまだ起こっていない（間隙水圧状態がまだ消散していない）場合は、UU 試験（非圧密非排水試験）が適切であり、解析では $\phi_u = 0$ として c_u を用いるのが合理的です。

なお、なんらかの方法で斜面の破壊時の間隙水圧 u_f が観測または予測できる場合には、$\overline{\text{CU}}$ 試験（間隙水圧測定を行う圧密非排水試験）を実施し、u_f と組み合わせて ϕ'、c' を用いることがあります。このような手法は**有効応力解析（effective stress analysis）**とよび、間隙水圧を予測する洗練された土のモデルとともに実施します。

●長期安定問題

排水による体積変化にかかる時間が十分に経った後に起こる破壊の想定を長期安定問題とよびます。砂質土斜面は排水性が非常に高いため、その安定性は地震時を除いては一般に長期安定問題と考えることができます。数年〜数十年のスケールで考えるとき、粘性土斜面の安定性も長期安定問題としてとらえる必要があります。長期安定問題では、過剰間隙水圧はせん断中に消散されるため常にゼロであり、間隙水圧が予測できます。そのため、CD 試験による ϕ_d、c_d あるいは $\overline{\mathrm{CU}}$ 試験（間隙水圧測定を行う圧密非排水試験）を実施し、ϕ'、c' を用いることが一般的です。以上は、斜面の安定問題に限らず、土圧や支持力の問題にも共通することです。

23・4 斜面災害の対策

（1）斜面災害対策の法律

22.1 節で紹介した土砂災害防止法は斜面災害に対するソフト対策を重視した法律であり、斜面災害の発生源よりも被害を受ける地域・場所に着目しています。具体的には「土石流」、「急傾斜地の崩壊」、「地すべり」の三つに分類して、それぞれの危険性がある区域を、表 23・1 の警戒区域（通称：イエローゾーン）もしくは特別警戒区域（通称：レッドゾーン）として都道府県が指定します。これらの区域では、具体的なソフト対策として、図 23・13 に示すような警戒避難体制の整備、建築・開発行為の規制、既存建築物の移転誘導などの施策が実施されます。

また法にもとづき指定される警戒区域とは別に、各都道府県が実施した調査で判明した、土石流、地すべり、急傾斜地の崩壊が発生するおそれのある箇所を土砂災害危険箇所とよびます。これは自主避難の判断や市町村の行う警戒避難体制の施策に使われています。

一方、斜面災害対策に直接関わる法律として、「砂防法」、「地すべり等防止法」、「急傾斜地の崩壊による災害の防止に関する法律」があります。これらの法律は、斜面災害の発生源での工事な

表 23・1　警戒区域（通称：イエローゾーン）と特別警戒区域（通称：レッドゾーン）

警戒区域	**急傾斜地の崩壊** イ 傾斜度が30度以上で高さが5m以上の区域 ロ 急傾斜地の上端から水平距離が10m以内の区域 ハ 急傾斜地の下端から急傾斜地高さの2倍（50mを超える場合は50m）以内の区域 **土石流** 土石流の発生のおそれのある渓流において、扇頂部から下流で勾配が2度以上の区域 **地滑り** イ 地滑り区域（地滑りしている区域または地滑りするおそれのある区域） ロ 地滑り区域下端から、地滑り地塊の長さに相当する距離（250mを超える場合は、250m）の範囲内の区域
特別警戒区域	急傾斜の崩壊にともなう土石などの移動などにより建築物に作用する力の大きさが、通常の建築物が土石などの移動に対して住民の生命または身体に著しい危害が生ずるおそれのある崩壊を生ずることなく耐えることのできる力を上回る区域 ※ただし、地滑りについては、地滑り地塊の滑りにともなって生じた土石などにより力が建築物に作用した時から30分間が経過した時において建築物に作用する力の大きさとし、地滑り区域の下端から最大で60m範囲内の区域

警戒区域

・土砂災害ハザードマップ（災害の発生危険度を地図上で示したもの）の作成・配布
・住民によるハザードマップの確認

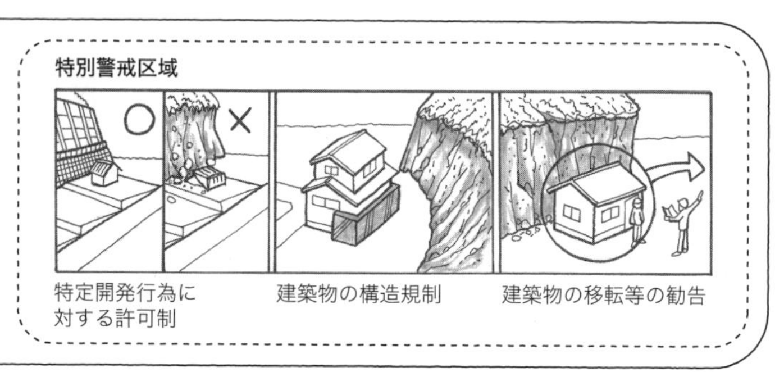

図 23・13　警戒区域・特別警戒区域における施策の例（国土交通省 web ページ[13] をもとに作成）

ど、ハード対策が中心です。また宅地造成にともなうがけ崩れや土砂の流出を防止するために宅地の造成工事などに必要な規制を行う「宅地造成等規制法」があります。

(2) 豪雨時の斜面災害の予測

大雨警報(土砂災害)が発表されている状況で、土砂災害発生の危険度がさらに高まったときに、土砂災害警戒情報を、都道府県と気象庁が共同で発表します。土砂災害警戒情報は、市町村長の避難勧告などの判断を支援するよう、また、住民の自主避難の参考となるよう、対象となる市町村を特定して警戒をよびかける情報です。

土砂災害警戒情報の判断基準は、過去の土砂災害発生時の雨量データにもとづき定めています。このとき、図23・14に示すスネークライン図とよばれるものが利用されています。スネークライン図とは、縦軸を短期降雨指標の60分間積算雨量(雨量観測局の10分間雨量データを最新のデータから60分積算したもの)、横軸を長期降雨指標の**土壌雨量指数(soil water index)**として、土壌中の水分量を評価し、土砂災害(土石流、がけ崩れなど)の起こりやすさを表示するものです。縦軸は地表面の水分量(降った雨がどれだけ地表面に残るかに関連する指標)、横軸は土壌中に浸み込んで貯留された水分量(降った雨がどれだけ地中にたまるかに関連する指標)を表現しており、どちらが多くなっても地盤がゆるみ、土砂災害が発生しやすくなるという考え方にもとづいています。土砂災害発生危険基準線CL(クリティカルライン)は過去の災

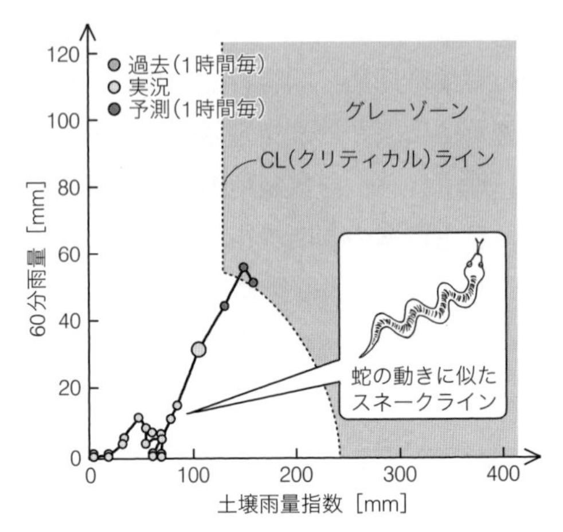

図23・14 スネークラインによる判断の例

COLUMN 土壌雨量指数

土壌雨量指数は、降水が土壌に浸み込み、土壌中の水分量としてどの程度蓄えられているかを把握するための指標です。右図の直列3段のタンクモデルによって、土壌中に蓄えられる水分量を求めているものであり、指数値が高いほど地すべり、がけ崩れなどの危険性が高くなります。土壌中の水分は、3段タンクの貯留量の合計値で表わしますが、実際に蓄えられている水分量を表わしているものではなく、概念的な指標となります。なお、貯留量の絶対値ではなく、過去の貯留量との比較により危険度を判断します。

タンクモデルは、もともと河川の水位予測のために開発されたモデルです。地上に降った雨が土壌中に浸み込んだ後、時間的遅延をもって川に流れ込む状況を表現し、降った雨から川へ流れ込んだ雨を引けば、土壌タンク)に残っている雨となります。

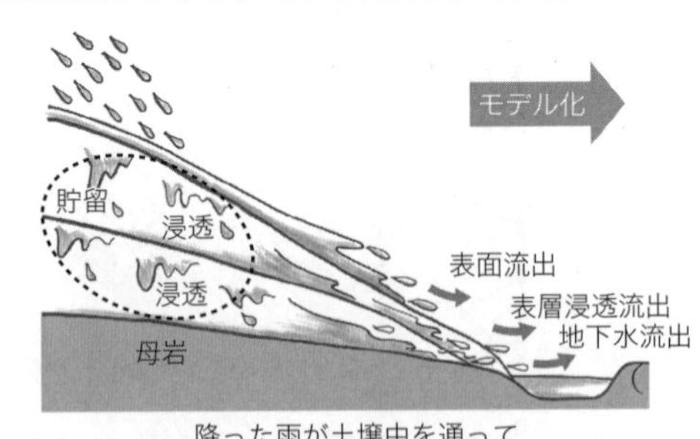

降った雨が土壌中を通って流れ出る様子(イメージ)

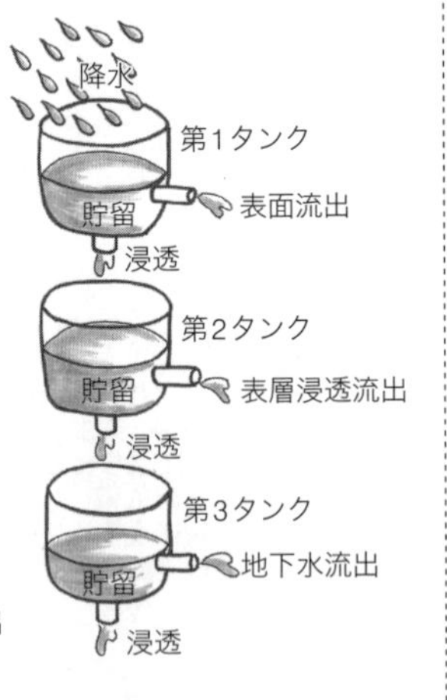

各タンクの貯留量の合計が土壌雨量指数

害発生状況から決定しています。同図のグレーゾーンにプロットされた場合には、最も警戒を強める必要があります。

（3）斜面災害のハード対策

図 23・15 は大規模盛土造成地におけるハード対策の例を示したものです。盛土の地すべり対策は、構造物の抵抗力を利用してすべり運動を強制的に抑止する工法（抑止工）と、地下水などの自然条件を変化させてすべり運動を緩和して抑制する工法（抑制工）に分けられます。前者には、擁壁工、杭工、グラウンドアンカー工、地盤改良工などがあり、後者には地表水排除工、暗渠工、集水井工、横ボーリング工などがあります（表 23・2）。

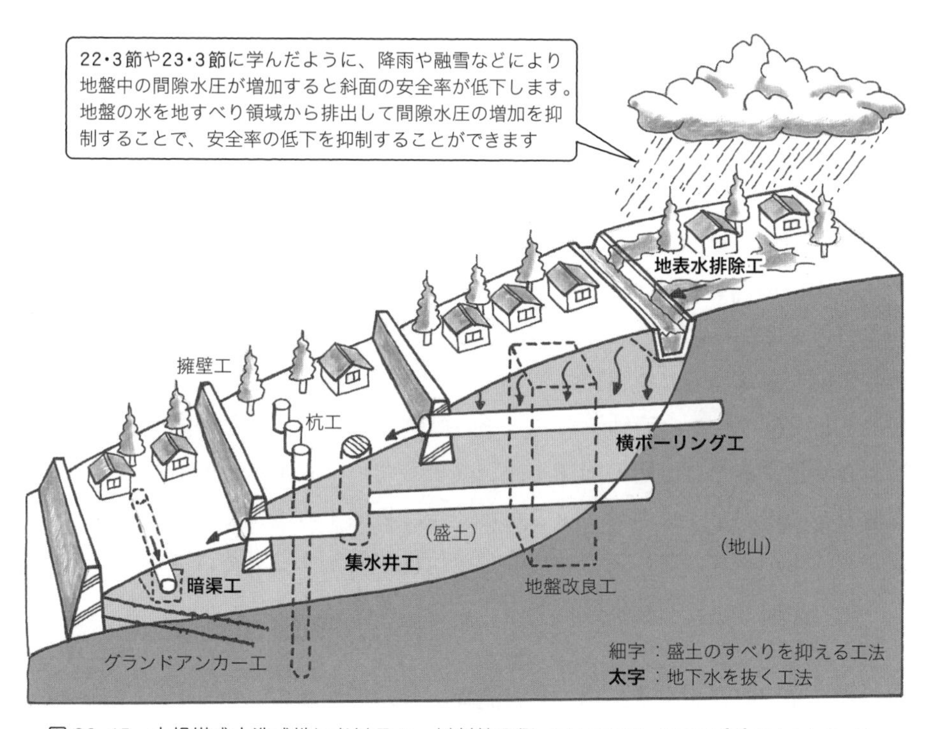

図 23・15　大規模盛土造成地におけるハード対策の例（国土交通省（2009）[14] をもとに作成）

表 23・2　盛土の地すべり対策工法の種類

工法	内容
擁壁工	壁状の土留め構造物を連続して設けます。斜面の崩壊を直接抑止するほか、崩壊土砂をしゃ断して人家などを守ります
杭工	杭を地山まで挿入することによって、せん断抵抗力や曲げ抵抗力を付加し、地すべり土塊の滑動力に対し、直接抵抗します
グラウンドアンカー工	引張材を地中に挿入し、先端は安定した地山にグラウト注入などにより固定し、もう一端（頭部）は擁壁などの構造物や（パネルを通して）地表に固定します。地表の不安定な土層や構造物が地山に直接結びつけられることになります
地盤改良工	セメントなどの固化材を地中に注入して地盤と混合し、地中に強固な固化体を造成し地盤のせん断強さを増加させてすべり抵抗力を向上させます
地表水排除工	降った雨などの地表水が浸透して地下水になる前に、水路を設けて地すべり領域の外に流します
暗渠工	地面の下に集水桝や排水路を設け、地すべり領域全体の浅層地下水を排除します
集水井工	深い縦井戸を掘って、地表からでは排除できないすべり面付近の地下水を排除します
横ボーリング工	水平やや上向きにボーリング孔を削孔し、すべり面付近の地下水を排除します

第 24 講　地震と液状化

(a) 車道の噴砂（東日本大震災、横浜）

(b) 歩道の噴砂（東日本大震災、東京）

図 24・1　液状化による噴砂現象

液状化（liquefaction）は、液状化現象ともいわれ、地震や強い衝撃による振動によって、ゆるく堆積した地下水位の高い砂地盤がせん断強さを失い、液体状になる現象です。1964 年に発生した新潟地震のときに、このような現象が確認され、それ以降広く知られるようになりました。

地中での液状化現象そのものを目にすることはほとんどないと思いますが、液状化にともなう典型的な現象として図 24・1 の噴砂があり、その痕跡を目にすることはあります。この現象は地盤中の砂層が液状化すると、砂層の間隙水圧が高まるため、間隙水とともに砂が地表の弱いところを探して地表面に亀裂を生じさせ、そこから地表に噴出する現象です。

本講では、液状化が引きおこす災害の種類や液状化が発生するメカニズム、そして液状化が発生するかどうかの予測方法、液状化の対策方法について学びます。

液状化が引き起こす災害は、大きく図 24・2 の四つのパターン、(a) 支持力の喪失、(b) 埋設物の浮き上がり、(c) 地表面沈下、(d) 側方流動に分けられます。

24・1 液状化のメカニズム

液状化が発生しやすい条件は、飽和したゆるい砂地盤です（図 24・3 (a)）。この飽和したゆるい砂地盤が、地下 20 m 程度より浅い位置に存在すると、拘束圧が低いためさらに液状化が発生しやすくなります。土にはせん断変形するときに体積が変化するダイレイタンシーの性質があります。ゆるい砂は排水条件のときに収縮し、非排水条件の場合には、収縮傾向を抑制するために間隙水圧が上昇して有効応力が減少します。

地盤が地震動を受けると、図 24・4 に示すように地盤に短時間にせん断応力が繰返し作用し、その結果、せん断変形が生じます（図 24・3 (b)）。砂地盤は透水性が高いので間隙水が排出されて体積減少を生じるのではないかと思う人がいるかもしれませんが、実際には地震動によるせん断変形は急激におきるので、ほぼ非排水条件でのせん断変形になります。その結果、先ほどの条件（水で飽和＋ゆるく堆積）がそろった砂地盤が地震動を受けると、間隙水圧が上昇して有効応

(a) 支持力の喪失
建物や構造物を支えていた砂地盤が、液体状になることによって支持力を失い建物や構造物が沈下または転倒します

(b) 埋設物の浮き上がり
砂の飽和単位体積重量γ_{sat}は、水の単位体積重量γ_wの2倍近くあり、液状化した砂地盤中に設置された埋設物（中空のマンホールなど）は、浮力によって浮き上がります

(c) 地表面沈下
地盤中の砂や水が地表に噴き出ることによって、地盤の体積が減少して地表面が沈下します。建物や構造物が杭を通して液状化層より下の安定した地盤で支えられていると、建物や構造物は沈下しませんが、周囲の地盤が沈下するため、相対的に抜け上がった状態になります

(d) 側方流動
地盤が傾斜していたりすると液状化した地盤が水平方向に流れるように移動し、水道管などの地下埋設物が破損したり、基礎杭が破壊されたりします。また河川や港湾施設では護岸の位置が移動し、施設の機能が失われます

図 24・2　液状化が引き起こす災害

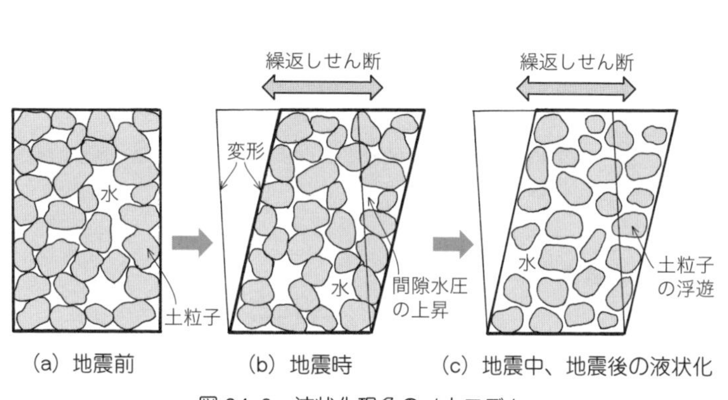

図 24・3　液状化現象のメカニズム

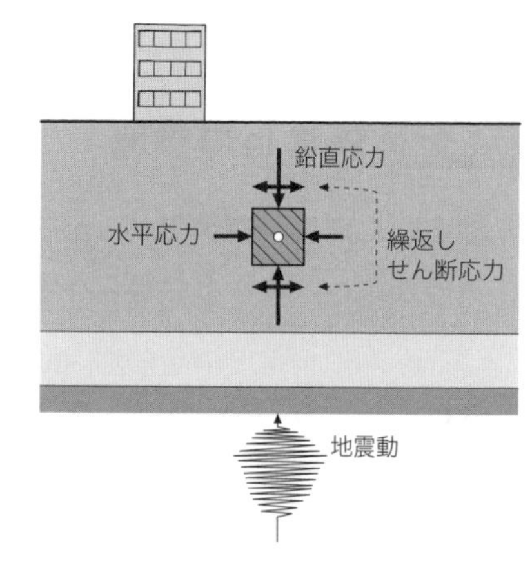

図 24・4　地震動による繰返しせん断応力

力が減少します。有効応力が完全になくなると、砂粒どうしの噛み合わせがはずれ、砂粒が地下水の中に浮いた状態になります（図 24・3（c））。これが、地盤が液状化した状態です。砂地盤はせん断強さを失い、建物や構造物を支えられなくなります。

実際の地震動は複雑で、図 24・5 のように地震動の継続時間とともに地震動のゆれの強さを表わす加速度の波形の周期や振幅は変化します。図 24・6 は地震動を単純化して正弦波とし、三軸試験で一定の振幅 ±40 kN/m² の偏差応力を、飽和したゆるい砂に非排水条件で繰返し与えた（13.3 節(2)参照）ときの過剰間隙水圧 Δu の変化を示しています。せん断を繰返し行うにつれてしだいに飽和砂の過剰間隙水圧が増加していきます。また、ひずみが急激に大きくなります。

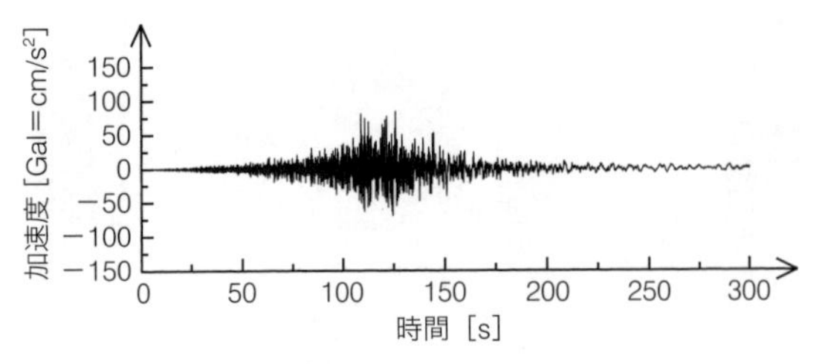

図 24・5　地震動の加速度の時刻歴の例

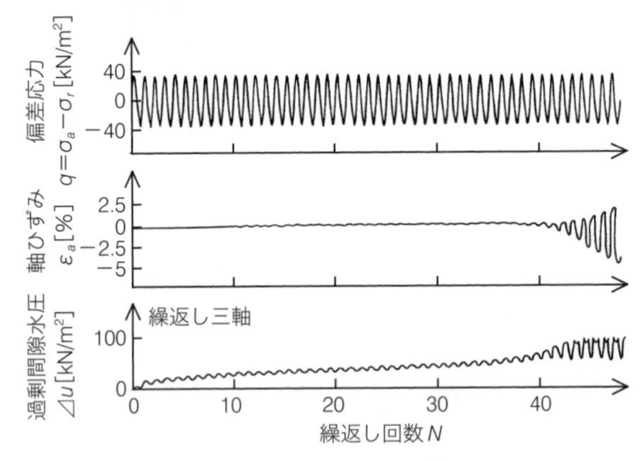

図 24・6　繰返し載荷にともなう過剰間隙水圧の増加（地盤工学会（2004）[15] をもとに作成）

図 24・7 は図 24・6 と同様に飽和したゆるい砂を、一定の振幅 ±60 kN/m² のせん断応力 τ で繰返しねじりせん断（表 13・1 参照）したときの飽和砂の有効応力経路を示しています。初期の有効平均応力 p' が 294 kN/m² ですが、繰返しせん断とともに過剰間隙水圧が増加して有効応力がしだいに減少しています。有効応力が 0 kN/m² になったとき、液状化にいたります。有効応力がゼロとは、すなわち、粒と粒の間のかみ合いがゼロということにほかなりません。実質上、粒子は水に浮いている状態になるのです。

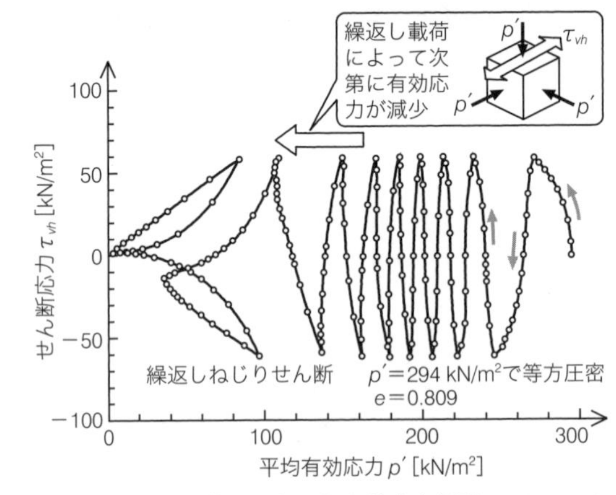

図 24・7　繰返し載荷にともなう有効応力経路（地盤工学会（1999）[16] をもとに作成）

24・2 液状化の予測

地震時に地盤が液状化するかどうかを予測する方法は、概略なものから詳細なものまで

● COLUMN ●　下水道管渠（かんきょ）・マンホールの液状化被害

2011 年の東北地方太平洋沖地震による液状化被害で、復旧に特に労力を要したのが下水道管渠・マンホールの被害です（図 23・2（b））。東京都や千葉県の埋め立て地でマンホールや管渠のずれが多く発生し、液状化した土砂が大量にこれら管路施設に流入しました。土砂の流入により流下能力が損なわれ、さらに流入した土砂が固化したりして管路の清掃作業は難航を極めました。

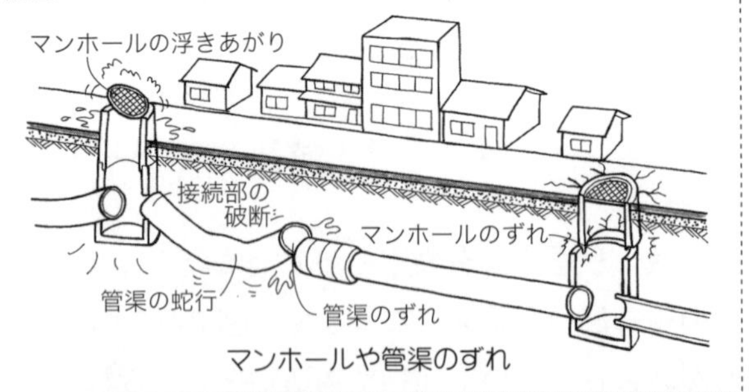

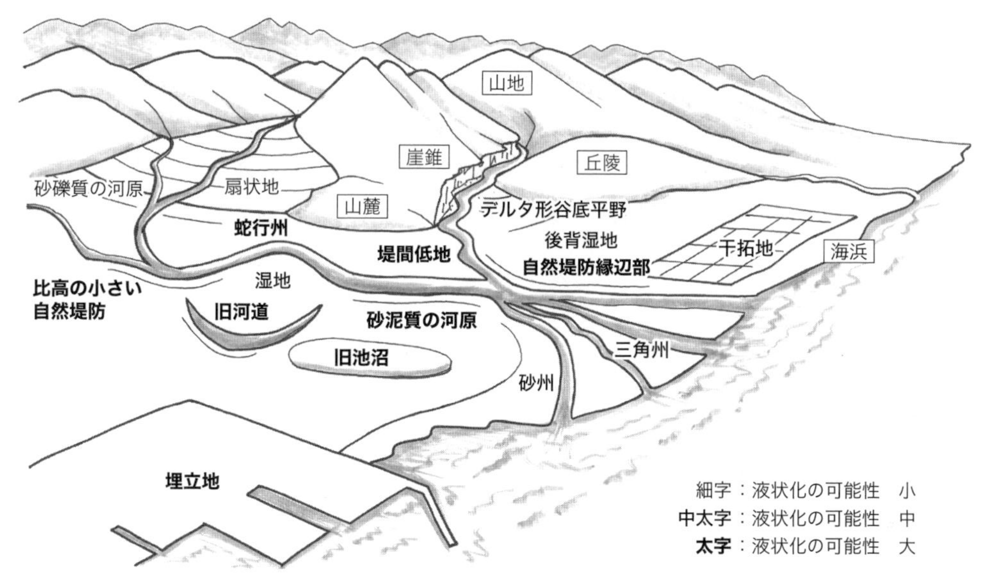

図 24・8　地形からみた液状化可能性（大・中・小）（日本建築学会 web ページ[17] をもとに作成）

あり、目的や、調査・設計といった事業段階の違いや、建物や構造物の重要度などを考慮して選択する必要があります。ここでは地形・地質による概略的な予測方法と、*N* 値・粒度による簡易な予測方法を紹介します。

（1）地形・地質による概略な予測

概略的な予測方法として地形や地質による予測があります。液状化しやすい場所は、先に述べました。地形で見ると、降雨・河川により侵食・運搬されてゆるく堆積した土砂が分布する低地・平野部が液状化判定の主な対象となります（図 24・8）。

一般に低地・平野部で地震による液状化の発生しやすい地形は、海岸沿いの埋め立て地、旧河道、旧池沼の低湿地などです。ただし、埋立て地などの人工地形と旧河道・旧池沼では、締固まっていない砂が介在するかどうか、液状化対策がなされているかどうかにより、液状化しやすさが異なってきます。このほか、比高が小さく地下水位の高い自然堤防や、砂と粘土が混じった海岸平野、氾濫平野、谷底平野、後背湿地は、砂の割合と締り具合、地下水位によっては液状化がしやすくなります。また、扇状地は一般的には礫を多く含む地盤ですが、ゆるやかな勾配の扇状地では主として中・細粒砂で構成されるので、地下水位の高い放射状旧流路内や扇端部において液状化の可能性があります。 一方、山地・丘陵地・台地は固い地盤（岩盤の他、粒子間の固結が進んだ土や、締まった砂礫など）で構成されていますので、基本的に液状化は発生しにくいです。ただし、丘陵地でも盛土箇所において液状化による被害が発生しているため、注意する必要があります。また地震により一度液状化した場所において、再度液状化したという事例があり、これも注意が必要です。

（2）*N* 値・粒度などによる簡易な予測

地震動が強いほど、あるいは砂の密度が低いほど、液状化は起りやすくなりますが、地震時に液状化が発生するかどうかを簡易に予測するには、図 24・9 に示す手順で地震時に地盤に作用するせん断応力の大きさと**液状化強度**（liquefaction strength）を比較します。具体的には地盤内のある深さの動的せん断強度比（せん断応力で表わした液状化強度 τ_l と鉛直有効応力 σ'_v の比）R を標準貫入試験の N 値（第 21 講参照）や粒径、細粒分含有率、塑性指数から推定します。一方、地震時に加わるせん断応力比（水平面に生じる等価な一定繰返しせん断応力振幅 τ_d と検討深さにおける鉛直有効応力 σ'_v の比）L を地表面加速度などから推定し、両者の比をとって液状化に対する安全率 F_L を算出します[33]。

$$F_L = \frac{R}{L} \ [\text{無次元}] \quad (24.1)$$

$F_L \leqq 1$ なら液状化の可能性があり、$F_L > 1$ なら液状化の可能性が少ないと判断します。

24・3 液状化への備えと対策

（1）液状化危険度マップ

液状化危険度マップは、液状化マップ、液状化ハザードマップなどの名称で公表されており、それぞれの地域の地形・地盤の特性を考慮して、地震時のその土地の揺れの大きさにもとづいて液状化の危険（影響）の度合いを地図上に色づけして塗り分けたものです。その地域の 50 m から 1 km 四方の土地を一つのメッシュとして危険度を評価したものが多く、地域の液状化の危険性がどの程度あるかを知ることができます。

液状化危険度マップは、都道府県や市区町村単位で作成され公表されているものが多く、多くの場合、自治体のホームページで公表されています。なお、マップで表示された液状化危険度は、あくまで広域において得られた地盤情報にもとづく予測値であり、実際には造成地などで局所的に発生することもあるため、液状化の発生箇所や規模は変動することがあります。

（2）液状化災害のハード対策

液状化が発生しやすい条件は、飽和したゆるい砂地盤であり、その砂地盤が地震動によって非排水条件でせん断変形することにより液状化が発生することから、これらの条件や状況に対応し

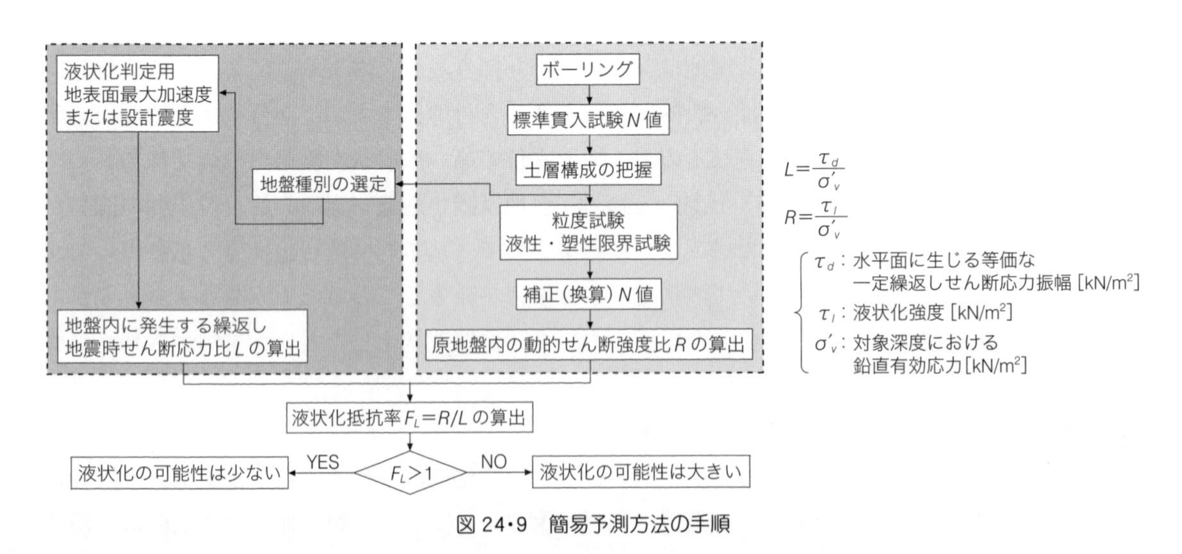

図 24・9　簡易予測方法の手順

た対策があります。現場の環境や土質特性、そして対策コストなどを総合的に考慮して、以下に述べるような対策[34)]の中から選択されますが、一つの現場で複数の対策が実施されることも珍しくありません。

●地盤の密実化

ゆるい砂地盤を締固めて密実化し、液状化が発生しないようにします。例えば、コンクリート製の重錘(じゅうすい)（約 50 ～ 300 kN）をクレーンなどによって吊り上げ、高所（5 ～ 30 m）から地表面に繰返し落下させ、地表面に加えられる衝撃力と発生する地盤振動によって締固める工法（重錘落下締固め工法）があります。

あるいは強固に締固めた砂杭を数 m おきに何本も地中に造成することで、その砂杭が締固められて拡径するときに周囲の地盤も横から押しつぶされ、同時に締固められます。このようにして砂地盤全体の相対密度を高め、せん断強さを増加させる工法をサンドコンパクションパイル（SCP）工法とよびます（図 24・10）。同様の原理ですが、極めて流動性の低い注入材（セメントモルタル）を地盤中に圧入して固化塊群を造成することにより、杭間地盤を締固めるコンパクショングラウチング工法もあります。

そのほかに各種の棒（異形鋼材を含む）と各種の振動機の組み合わせで地盤内に振動を与え、振動締固めによって生じた地盤の空隙に、地表面から砂などの補給材を充填する工法（振動棒工法、バイブロフローテーション工法）などがあります。

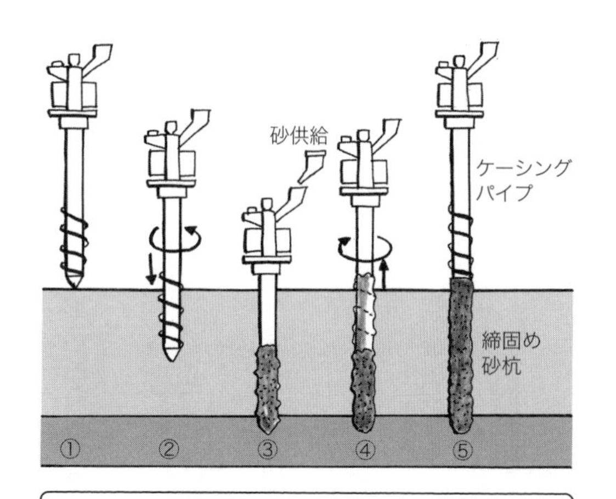

①ケーシングパイプを所定の位置にセット
②ケーシングパイプを振動させながら地盤に貫入
③ケーシングパイプを 2～3 m 引抜いて砂を投入
④ケーシングパイプを振動で打戻して、砂杭を締固める
⑤地表まで③④を繰り返す

図 24・10　サンドコンパクションパイル工法

●地盤の不飽和化

地下水をくみ上げて砂地盤を不飽和の状態にする工法として、図 24・11 に示す地下水位低下工法があります。砂地盤内の間隙に空気が含まれると、せん断変形のときに収縮しようとしても空気が圧縮するだけで間隙水圧は上がりにくくなります。このようにして液状化が起きづらくなります。

●地盤の排水促進

砂地盤中に透水係数の高い砕石の杭（パイル）を何本も設けることで水平方向の排水距離を短縮し、地震時に生じる間隙水圧の上昇を抑止して、液状化を防止します。グラベルドレーン工法とよばれます。10.5 節で説明

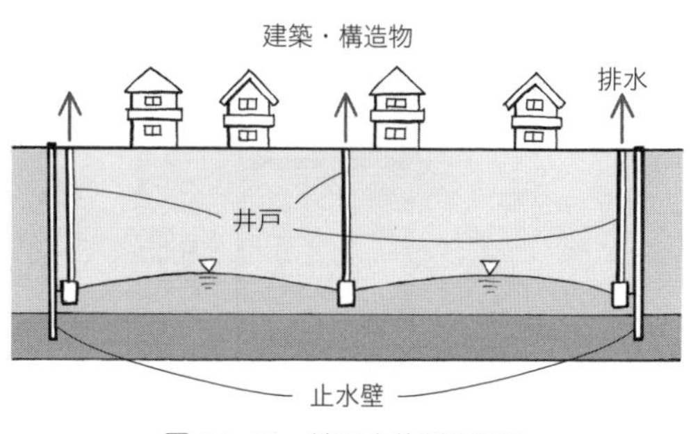

図 24・11　地下水位低下工法

した、粘土地盤に対するバーチカルドレーン工法と原理は同様ですが、砂地盤からの排水促進が目的である以上、排水杭はさらに透水性のよいものでなければ意味がありません。こちらはバーチカルドレーンの「超強力版」といえます。

● 地盤の固化

砂地盤にセメントを混合したり薬液を注入したりして砂を固結させます。せん断強さが増加することで液状化しにくくなります。スラリー化したあるいは粉体のセメント系固化材を砂地盤に注入し、砂地盤とともに攪拌(かくはん)混合し、化学的に地盤を固化する機械攪拌式の深層混合処理工法などがあります（図 24・12）。また砂地盤の間隙に薬液を浸透注入し（攪拌混合と違い、土粒子を動かすことはしません。じわじわと浸透させます）、注入した薬液が土粒子の間隙で固化し、それが接着剤となって地盤が固化する薬液注入工法などがあります（図 24・13）。

● 地盤のせん断変形抑制

砂地盤に矢板を挿入したり（図 24・14）、砂地盤を部分的にセメント改良したりして、地中に変形を抑制する構造体を形成し（例えば杭を格子状につなげて、液状化する砂地盤を壁で囲む形にしたもの（図 24・15）、地震時にせん断変形を起こしづらくします。大きなせん断変形が生じないので、土は図 24・3 における（a）の状態のまま左右に動くだけで、（b）の状態のようにはならずダイレタンシーが発揮されないので、間隙水圧の上昇が抑制されます。

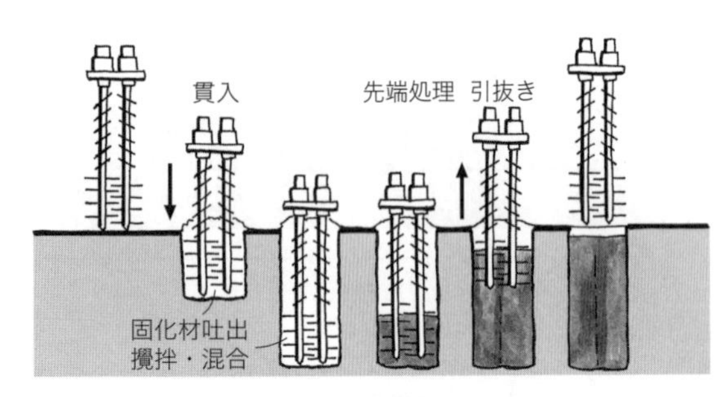

図 24・12　深層混合処理工法

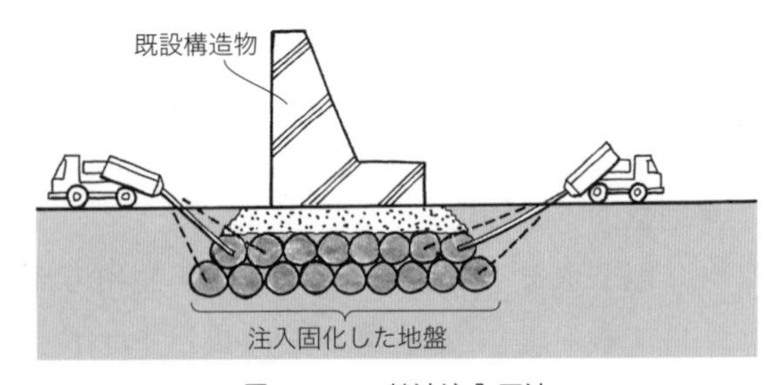

図 24・13　薬液注入工法

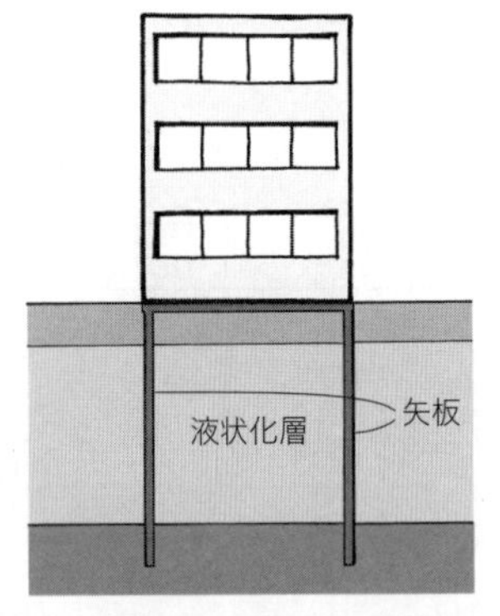

図 24・14　鋼矢板によるせん断変形抑制工法

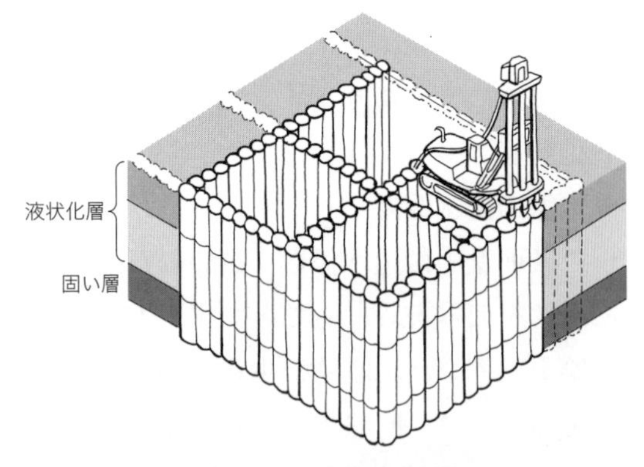

図 24・15　格子状連続壁地盤改良工法

出典・引用／参考図書

出典：引用

[1] 足立泰久・岩田進午『地盤工学会土のコロイド現象―土・水環境の物理化学と工学的基礎』学会出版センター、2003年

[2] 公益社団法人地盤工学会『土質試験―基本と手引き』2010年

[3] Blyth, F.G.H. and de Freitas, M. *A Geology for Engineers, 7th Edition*, CRC Press, 1984.

[4] 石原研而『土質力学』丸善、1988年

[5] Mitchell, J.K. and Soga, K., *Fundamentals of Soil Behavior, 3rd Edition*, John Wiley & Sons, 2005.

[6] © Klaus-Dieter Liss〈ThargomindahHydro〉2007
https://commons.wikimedia.org/wiki/File:ThargomindahHydro.jpg
この作品はCC：表示-継承ライセンス3.0で公開されています
https://creativecommons.org/licenses/by-sa/3.0/deed.en

[7] Coop, M.R., *The mechanics of uncemented carbonate sands*, Géotechnique 40(4), pp. 607-626, 1990.

[8] 江村剛・森川嘉之・先森弘樹「関西国際空港の建設と地盤工学的諸問題 5. 関西国際空港における地盤挙動の計測」『地盤工学会誌』Vol.56、No.7、pp. 67-76、2008年

[9] 稲田倍穂『軟弱地盤における土質力学』鹿島出版会、1981年

[10] Koto, B., *On the cause of the great earthquake in central Japan*, J. Coll. of Sci. Imp. Univ. Tokyo, 5, pp. 295-353, 1983.

[11] Wroth, C.P., *Soil behaviour during shear-existence of critical voids ratios*, Engineering, 186, pp. 409-413, 1958.

[12] © pyzhou〈Akashi-Bridge-3〉2001
https://commons.wikimedia.org/wiki/File:Akashi-Bridge-3.jpg
この作品はCC：表示-継承ライセンス3.0で公開されています
https://creativecommons.org/licenses/by-sa/3.0/deed.en

[13] 国土交通省『土砂災害防止法の概要』2015年11月現在
http://www.mlit.go.jp/river/sabo/sinpoupdf/gaiyou.pdf

[14] 国土交通省「わが家の宅地安全マニュアル(滑動崩落編)」2009年

[15] 公益社団法人地盤工学会『液状化対策工法―地盤工学実務シリーズ18』2004年

[16] 社団法人地盤工学会『地盤工学ハンドブック』1999年

[17] 一般社団法人日本建築学会『液状化被害の基礎知識』2015年11月現在
http://news-sv.aij.or.jp/shien/s2/ekijouka/index.html#index03

参考図書

1) 社団法人地盤工学会『地盤工学用語辞典』2006年

2) 公益社団法人地盤工学会『土質試験―基本と手引き』2010年

3) 公益社団法人地盤工学会『土質試験の方法と解説―第二回改訂版』2013年

4) Atkinson, J.H. and Bransby, P.L. *The mechanics of soils - An introduction to critical state soil mechanics*, McGraw Hill, 1977.

5) Wood, D.M., *Soil Behaviour and Critical Sate Soil Mechanics*, Cambridge Press, 1990.

6) Blyth, F.G.H. and de Freitas, M. *A Geology for Engineers, 7th Edition*, CRC Press, 1984.

7) Tarbuck, E.J., Lutgens, F.K. and Tasa, G.D., *An Introduction to Physical Geology, 11th Edition*, Prentice Hall, 2013.

8) Hazen, A., *Some physical properties of sand and gravel, with special reference to their use in filtration*, Massachusettes State Board of Health, 24th Annual Report, Boston, 1892.

9) Zunker, F., *Die Bestimmung der spezifischen Oberflache des Bodens,* Landw, Jahrbuch 58, 159-203, 1923.

10) Terzaghi, K. & Peck, R.B., *Soil Mechanics in Engineering Practice, 2nd edition*, John Wiley & Sons, Inc., 1967.

11) 木暮敬二『高有機質土の地盤工学』東洋書店、1995年

12) 神戸勉『工学者が書いた偏微分方程式』講談社、1987年

13) 三笠正人『軟弱粘土の圧密』鹿島出版会、1963年

14) 山添誠隆・田中洋行・林宏親・三田地利之「泥炭地盤の圧密沈下挙動と慣用予測式の適用性」『地盤工学ジャーナル』Vol.6、No.3、pp. 395-414、2011年

15) Terzaghi, K., Peck, R.B. and Mesri, G., *Soil mechanics in engineering practice*, 1996.

16) Skempton, A.W, *The sensitivity of clays*, Geotechnique, 3(1), pp. 30-53, 1952.

17) Skempton, A.W., *Pore-pressure coefficients A and B*, Geotechnique 4(4), pp. 143-147, 1954.

18) Jaky, J., *Pressure in soils,* Proc., 2nd Int. Conf. on Soil Mechanics and Foundation Engineering, Rotterdam, Vol.1, pp.103-107, 1948.

19) Newmark, N.M., *Influence charts for computation of stresses in elastic foundations*, University of Illinois, Engineering Experiment Station, Bulletin, No.338, 1942.

20) Osterberg, J.O., *Influence values for vertical stresses in a semiinfinite mass due to an Embankment Loading*, Proc., 4th Int. Conf. on Soil Mechanics and Foundation Engineering, Vol.1, pp. 393-394, 1957.

21) Rankine, W.J.M., *On the stability of loose earth*, Philosophical Transactions of the Royal Society of London, 147, pp. 9-27, 1857.

22) Coulomb, C.A., *Essai sur une application des regles de maximis & minimis a quelques problemes de statique*, relatifs a l'architecture, Memoires de mathematique & de physique, presentes a l'Acade-mie Royale des Sciences par divers savans, Paris, vol.7, pp. 343-382, 1776.

23) 物部長穂「地震上下動に関する考察並びに振動雑論」『土木学会誌』Vol.10, No.5, pp. 1063-1094, 1924年

24) Okabe, S., *General theory on earth pressure and seismic stability of retaining wall and dam*, Journal of Japan Society of Civil Engineers, Vol.10, No.6, pp. 1277-1323, 1924.

25) 社団法人日本道路協会『道路土工―仮設構造物工指針』1999年

26) 社団法人日本建築学会『建築基礎構造設計指針』2001年

27) Terzaghi, K., *Theoretical Soil Mechanics*, John Wiley & Sons, 1942.

28) 公益社団法人日本道路協会『道路橋示方書・同解説1・4共通編・下部構造編』2012年

29) Chang, Y.L., *Discussion on "Leteral pile-loading tests" by Feagin*, Trans., ASCE, pp. 272-278, 1937.

30) Taylor, D.W., *Stability of earth slopes*, J. Boston Soc. Civil Eng., 24, pp. 197-246, 1937.

31) Bishop, A.W., *The use of the slip circle in the stability analysis of slopes*, Geot., 6, pp. 7-17, 1955.

32) Janbu, N, *Application of composite slip surfaces for stability analysis*, Proc. European Conf. on Stability of Erath Slopes, Sweden, 3, pp. 43-49, 1954.

33) 公益社団法人日本道路協会『道路橋示方書・同解説（V耐震設計編）』2012年

34) 安田進「既設構造物のための液状化対策の考え方」『基礎工』Vol.34、No.4、pp. 5-7、2006年

索　引

【著者略歴】
菊本統（きくもと　まもる）
横浜国立大学教授。1977年山口県宇部市生まれ。京都大学大学院工学研究科土木工学専攻博士後期課程修了。博士（工学）。日本学術振興会特別研究員（PD）、横浜国立大学准教授等を経て、2022年より現職。

西村聡（にしむら　さとし）
北海道大学大学院教授。1978年埼玉県上福岡市生まれ。東京大学大学院工学系研究科社会基盤学専攻修士課程修了、英国インペリアルカレッジ土木環境工学科博士課程修了。PhD。インペリアルカレッジ研究員、港湾空港技術研究所研究官、北海道大学准教授を経て、2021年より現職。

早野公敏（はやの　きみとし）
横浜国立大学教授。1970年神奈川県横浜市生まれ。東京大学大学院工学系研究科社会基盤工学専攻博士後期課程中退。博士（工学）。港湾空港技術研究所主任研究官、横浜国立大学准教授等を経て、2014年より現職。

図説 わかる土質力学

2015年12月 1日　第1版第1刷発行
2021年 7月20日　第2版第1刷発行
2025年 3月20日　第2版第3刷発行

著　者　菊本統・西村聡・早野公敏
発行者　井口夏実
発行所　株式会社学芸出版社
京都市下京区木津屋橋通西洞院東入
〒600-8216　電話075-343-0811
http: //www.gakugei-pub.jp/
E-mail info@gakugei-pub.jp

印　刷　創栄図書印刷／製　本　新生製本
挿　画　野村彰
装　丁　KOTO DESIGN Inc.　山本剛史
編集協力　村角洋一デザイン事務所

ISBN978-4-7615-3221-5　Printed in Japan